面向数字化时代高等学校计算机系列教材·大数据与人工智能

人工智能通识教程

杨军 刘振晗　主编

赵学军 李策 张帆 张潇 张向阳 刘毅 唐继婷 张潇澜　编著

清华大学出版社

北京

内 容 简 介

本教材结合人才培养与计算机教育改革的新思想、新要求,以人工智能技术和应用为核心,融合计算机科学、软件工程、数据科学等多学科知识,旨在循序渐进地引导学生掌握人工智能的基础概念、支撑理论,并深入程序设计和新一代信息技术的专业应用实践,通过理论讲解、实践案例和习题练习,致力于培养学生的人工智能理论知识和实践技能,奠定学生在人工智能领域深入研究和创新的能力。

本书适合作为高等学校新生的第一门计算机类通识课程教材,也适合计算机爱好者自学使用。

图书在版编目(CIP)数据

人工智能通识教程/杨军,刘振晗主编. -- 北京:清华大学出版社,2025.7.
(面向数字化时代高等学校计算机系列教材). -- ISBN 978-7-302-69578-3

Ⅰ. TP18

中国国家版本馆 CIP 数据核字第 2025VB7237 号

责任编辑:郭　赛
封面设计:刘　键
责任校对:徐俊伟
责任印制:刘海龙

出版发行:清华大学出版社
　　　　网　　　址:https://www.tup.com.cn,https://www.wqxuetang.com
　　　　地　　　址:北京清华大学学研大厦 A 座　　　　邮　　编:100084
　　　　社 总 机:010-83470000　　　　邮　　购:010-62786544
　　　　投稿与读者服务:010-62776969,c-service@tup.tsinghua.edu.cn
　　　　质量反馈:010-62772015,zhiliang@tup.tsinghua.edu.cn
　　　　课件下载:https://www.tup.com.cn,010-83470236
印 装 者:三河市铭诚印务有限公司
经　　销:全国新华书店
开　　本:185mm×260mm　　　　印　　张:16.5　　　　字　　数:414 千字
版　　次:2025 年 7 月第 1 版　　　　印　　次:2025 年 7 月第 1 次印刷
定　　价:49.50 元

产品编号:110053-01

面向数字化时代高等学校计算机系列教材

编 委 会

主任：

蒋宗礼 教育部高等学校计算机类专业教学指导委员会副主任委员，国家级教学名师，北京工业大学教授

委员（按姓氏拼音排序）：

陈　武	西南大学计算机与信息科学学院
陈永乐	太原理工大学计算机科学与技术学院
崔志华	太原科技大学计算机科学与技术学院
范士喜	北京印刷学院信息工程学院
高文超	中国矿业大学（北京）人工智能学院
黄　岚	吉林大学计算机科学与技术学院
林卫国	中国传媒大学计算机与网络空间安全学院
刘　昶	成都大学计算机学院
饶　泓	南昌大学软件学院
王　洁	山西师范大学数学与计算机科学学院
肖鸣宇	电子科技大学计算机科学与工程学院
严斌宇	四川大学计算机学院
杨　炟	深圳大学计算机与软件学院
杨　燕	西南交通大学计算机与人工智能学院
岳　昆	云南大学信息学院
张桂芸	天津师范大学计算机与信息工程学院
张　锦	长沙理工大学计算机与通信工程学院
张玉玲	鲁东大学信息与电气工程学院
赵喜清	河北北方学院信息科学与工程学院
周益民	成都信息工程大学网络空间安全学院

前　言

在 21 世纪的今天,以物联网、大数据和人工智能为代表的新一代信息技术正以前所未有的速度发展,并深刻影响着社会的每一个角落。我们已迈入一个以人工智能为标志的"未来时代"。2018 年,教育部印发《高等学校人工智能创新行动计划》,明确提出要引导高等学校在人工智能领域实现科技创新和人才培养的重大突破,以满足国家战略需求。

本教材应运而生,结合人才培养与计算机教育改革的新思想、新要求,以人工智能技术和应用为核心,融合计算机科学、软件工程、数据科学等多学科知识,旨在循序渐进地引导学生掌握人工智能的基础概念、支撑理论,并深入程序设计和新一代信息技术的专业应用实践,适合作为高等学校新生的第一门计算机类课程教材,也适合计算机爱好者自学使用。

第 1 章　计算机与人工智能基础为本课程奠定基石,介绍计算机科学的基础知识与人工智能的历史背景,涵盖计算机的诞生、发展以及人工智能的起源和重要里程碑,为学生提供理解人工智能发展脉络的坚实基础。

第 2 章　计算机中的信息表示与编码深入信息在计算机中的表示与编码技术,为学生揭示数据预处理和特征工程的基本原理,为后续学习人工智能算法打下坚实基础。

第 3 章　计算机系统基础详细介绍计算机系统组成、操作系统工作原理及云计算技术,强调操作系统在人工智能应用中的关键作用,以及云计算对大规模数据处理和机器学习任务的支持。

第 4 章　Python 程序设计基础专注于人工智能领域首选编程语言 Python 的教学,从基础语法到高级特性,通过实践项目和案例分析,使学生能够运用 Python 解决人工智能问题。

第 5 章　计算机网络和物联网探讨网络技术在人工智能领域的应用,包括物联网的体系结构、关键技术和应用案例,强调网络技术在智能设备互联和数据收集中的重要性。

第 6 章　走进大数据聚焦大数据技术及其在人工智能中的核心作用,介绍大数据的基本概念、处理技术、分析和挖掘方法,帮助学生理解大数据如何支撑人工智能的发展。

第 7 章　探索人工智能介绍人工智能的主要研究领域和前沿技术,如机器学习、深度学习、自然语言处理、计算机视觉等,深入探讨其原理、应用和发展趋势,激发学生的创新思维和研究兴趣。

本教材通过理论讲解、实践案例和习题练习,致力于培养学生人工智能的理论知识和实践技能,奠定其在人工智能领域深入研究和创新的能力。

特别感谢中国矿业大学(北京)人工智能学院计算机科学与技术系研究生张潇澜、杨增龙、吴建国、陈佳悦、王燕、孙书龙、谢海珍、王薇、沈博韬、李晨尧、邱敏等,他们在本书的撰写过程中做了大量工作。

　　此外,还感谢中国矿业大学(北京)的赵学军、李策、张潇、唐继婷、张帆、张向阳、刘毅老师,他们提出了很多有价值的建议,对本书的内容形成起到了关键的引导和支撑作用。最后,特别感谢清华大学出版社的郭赛编辑对本书出版的大力支持和帮助。

作　者

2025 年 5 月于中国矿业大学(北京)

目 录

第1章　计算机与人工智能基础

20世纪40年代，随着第一台电子计算机 ENIAC（Electronic Numerical Integrator And Computer，电子数值积分计算机）的诞生，计算机科学开启了其飞速发展的历程，它不仅在各个领域取得了革命性的突破，更在全球范围内引起了广泛关注，赢得了极高的评价。计算机科学与互联网技术和移动通信技术并肩，被称为21世纪的三大支柱技术，它被视为继蒸汽机、电力、计算机之后的第四次工业革命的重要推动力，彻底改变了信息处理的方式，引领社会迈向数字化、智能化的新时代。

紧随其后，人工智能作为一门在计算机科学、控制论、信息论、神经心理学、哲学、语言学等多学科交叉融合下孕育而生的综合性学科，自1956年达特茅斯会议首次提出"人工智能"这一概念以来，其发展速度之快、影响之深远令人瞩目。人工智能不仅在理论上不断刷新着人们的认知边界，在实践中也取得了一系列令人惊叹的成就，被誉为20世纪的三大科学技术之一，与空间技术和原子能技术齐名，被看作继三次工业革命之后的又一次革命，不仅解放了人类的体力劳动，更拓展了人脑的功能，实现了脑力劳动的自动化。

本章旨在为读者提供一个全面的视角，首先回顾计算机的诞生和发展历程，然后介绍人工智能的基本概念及其发展简史，以期拓宽读者的视野，帮助大家构建对计算机和人工智能的宏观理解。

‖ 1.1　计算机的诞生

计算机（computer）是一类可以进行高速运算的计算机器，它不仅具备数值计算和逻辑计算的功能，同时它还是能够按照程序运行且高速处理大量数据的智能电子设备。由于电子计算机是人类脑力劳动的工具，因此又被称为电脑。如今，计算机不但已经成为现代化建设的必备工具，而且计算机的科学技术以及应用程度已经成为衡量一个国家国防、科技、经济技术水平的重要标志。

计算机的飞速发展同时带动了信息产业的发展。信息是人类一切生存活动和自然存在所传达的信号与消息，是人类社会所创造的全部知识的总和。而与信息息息相关的就是信息技术。信息技术是人类开发和利用信息的方法与手段，主要包括信息的产生、收集、表示、存储、传递、处理以及利用等方面的技术。如今，信息技术不仅涵盖通信技术、计算机技术、多媒体技术、信息处理技术等传统技术，同时还涉及自控技术、新材料技术、传感技术等前沿技术。在信息社会中，因特网的应用持续扩展，信息技术和信息产业也日新月异。

计算机是人类对计算工具的不断开拓创新和不懈努力追求的最好回报。在计算机研究初期，人们发明了一些用于计算的机器，被称为机械计算机，它们使用齿轮来表示"存储"在十进制各位上的数字,通过齿轮的啮合来解决进位问题,用发条解决动力问题。随着电子技术的突飞猛进,先进的电子数字技术代替了机械、机电技术,计算机开始了真正意义上的由机械向电子的"进化"。经过由量到质的变化,电子计算机才正式问世,现在提到的"计算机"实际上就是指"现代电子计算机"。

计算是指数据在运算符的操作下,按照计算规则进行数据的转换。当面对复杂或超大的数据时,其计算难度可能超出人的计算能力,因此需要借助机器来实现自动计算。现实世界中需要计算的问题有很多,有大量的工程问题需要计算,如机械设计、建筑设计、天气预报、卫星发射运行等,都包含着规模巨大的数值计算,现实世界中这些计算的需求促进了计算机技术的发展。

1.1.1 计算工具的演变

计算工具的产生源于人类对计算的需求。自古以来,人类就在不断地发明和改进计算工具。计算工具的发展经历了漫长的过程,从简单到复杂、从低级到高级、从手动到自动的发展过程,凝聚着劳动人民的智慧,至今还在不断发展。

1. 手动式计算工具

1)结绳记事

最早的计算工具诞生于中国,人类最初用手指进行计算,并采用十进制记数法。用手指计算虽然很方便,但计算范围有限,计算结果也无法存储。于是,人们用绳子、石子等作为工具来扩展手指的计算能力,如中国古书中记载的"上古结绳而治",结有大有小,每种结法、距离的大小以及绳子的粗细都表示不同的意思,如图1-1所示。

2)算筹

中国古代最早采用的一种计算工具叫作筹策,又称为算筹。算筹最早出现在何时现在已经无法考证,但在春秋战国时期,算筹的使用已经非常普遍了。根据史书的记载,算筹是一根根长短和粗细相同的小棍子,一般长为$13\sim14$cm,粗为$0.2\sim0.3$cm,多用竹子制成,也有木头、兽骨、象牙、金属等材料的。算筹约270枚一束,放在布袋里可随身携带,如图1-2所示。算筹采用十进制记数法,有纵式和横式两种摆法,这两种摆法都可以表示1、2、3、4、5、6、7、8、9这9个数字,数字0用空位表示。算筹的记数方法为:个位用纵式,十位用横式,百位用纵式,千位用横式,以此类推,从右到左,纵横相间,就可以表示任意大的自然数了。算筹的摆法如图1-3所示。算筹可以进行加、减、乘、除以及其他运算。当负数出现后,算筹

图1-1 结绳记事

图1-2 算筹

分为红和黑两种,红筹表示正数,黑筹表示负数。这种运算工具和运算方法是当时世界上独一无二的。

3）算盘

算盘是中国古代劳动人民发明创造的一种计算工具,是最早的体系化算法,早在公元15 世纪,算盘因其准确、灵便、迅速的优点在我国广泛使用,后来流传到日本、朝鲜等国。如图 1-4 所示,算盘的特点是结构简单,使用方便,它能计算数目较大和数目较多的加减法。算盘已经基本具备"软硬件结合的系统思想"。算盘就是硬件,它采用十进制记数法,并有一套计算口诀,如"三下五除二""七上八下"等。

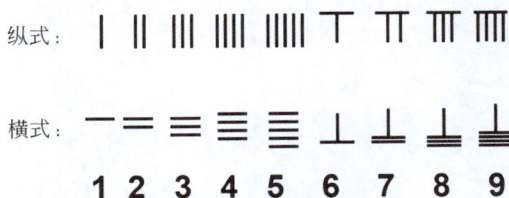

图 1-3　算筹摆法

图 1-4　算盘

算盘体系化算法的加法口诀如表 1-1 所示。当拨动算珠时,也就是向算盘输入数据,这时算盘起着"存储器"的作用。运算时,珠算口诀起着"运算指令"的作用,而算盘则起着"运算器"的作用。当然,算珠毕竟是要靠人手来拨动的,而且也根本谈不上"自动运算"。

表 1-1　算盘体系化算法的加法口诀

数　　值	不进位的加		进位的加	
	直　　加	满　五　加	进　十　加	破五进十加
一	一上一	一下五去四	一去九进一	
二	二上二	二下五去三	二去八进一	
三	三上三	三下五去二	三去七进一	
四	四上四	四下五去一	四去六进一	
五	五上五		五去五进一	
六	六上六		六去四进一	六上一去五进一
七	七上七		七去三进一	七上二去五进一
八	八上八		八去二进一	八上三去五进一
九	九上九		九去一进一	九上四去五进一

2. 机械式计算工具

基于齿轮技术设计的计算设备在西方国家逐渐发展成近代机械式计算机。1642 年,年仅 19 岁的法国物理学家布莱士·帕斯卡(Blaise Pascal,1623—1662)制造出了第一台机械式计算器——加法器,如图 1-5 所示,其原理对后来的计算工具产生了深远的影响。这种加法器与算盘的区别在于,它可以利用齿轮的转动来实现进位:用齿轮表示数字,齿轮之间有啮合装置,当低位的齿轮转动一圈时,高位的齿轮就旋转一个数位。这台计算机器是手摇式的,也称为手摇计算机器,只能用于计算加法和减法。布莱士·帕斯卡从加法器的成功中得到结论:人的某些思维过程与机械过程没有差别,因此可以设想用机械来模拟人的思维活动。

1671 年,德国数学家戈特弗里德·威廉·莱布尼茨(Gottfried Wilhelm Leibniz,1646—1716),改进了帕斯卡的加法器,研制出了一台能进行完整四则运算的乘法机,称为莱布尼茨四则运算器,如图 1-6 所示。这台机器在进行乘法运算时采用进位-加(Shift-Add)的方法,后来演化为二进制,被现代计算机采用。莱布尼茨四则运算器在计算工具的发展史上是一个小高潮。在此后的 100 多年中,虽然有不少类似的计算工具出现,但除了在灵活性上有所改进外,都没有突破手动机械的框架,使用齿轮、连杆组装起来的计算设备限制了其功能、速度以及可靠性。

图 1-5 加法器

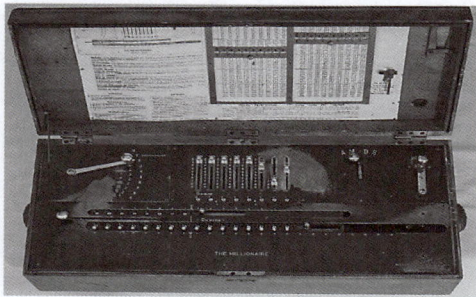

图 1-6 莱布尼茨四则运算器

图 1-7 差分机

1819 年,英国著名数学家、发明家查尔斯·巴贝奇(Charles Babbage,1791—1871)从提花纺织机上获得灵感,设计了差分机,如图 1-7 所示,并于 1822 年制造出了差分机模型。所谓"差分",就是把函数表的复杂算式转换为差分运算,用简单的加法代替平方运算。差分机是最早采用寄存器来存储数据的计算机器,体现了早期的程序设计思想,使计算工具从手动机械跃入自动机械的新时代。

3. 机电式计算机

随着电力技术的发展,电动式计算机逐步取代了以人工为动力的计算机。1880 年,为了完成美国人口普查的需求,德裔美籍统计学家赫尔曼·何乐礼(Herman Hollerith,1860—1929)发明了穿孔制表机,仅用 3 年时间就完成了人口普查,而人工统计要 10 年时间才能完成。制表机的发明实现了第一次把数据转换成二进制进行处理,这种方法一直沿用至今。何乐礼在 1896 年成立了制表机器公司,也就是后来的 IBM 公司的前身。何乐礼和制表机如图 1-8 所示。

1904 年,英国物理学家约翰·安布罗斯·弗莱明发明了第一支电子二极管,这是人类历史上的第一个电子器件。1907 年,美国发明家德福雷斯特在真空二极管的基础上加以改良,制造出第一支电子三极管。20 世纪 30 年代后期,许多研究者将目光投向制造电子管计算机这一领域。

　　1944 年,英国为了破译德军的密码,研制了"巨人"电子数字计算机,在"巨人"机研制前,英国破译德军的密码需要 6～8 周,而使用"巨人"机后仅需 6～8 小时。出于战争的需要,英国将"巨人"计算机视为国家机密,并在战争后秘密销毁。

1.1.2　第一台计算机的诞生

　　电子计算机的诞生要追溯到 20 世纪 40 年代第二次世界大战时期,出于军事科研和制造的需要,新武器的研制中涉及许多复杂的计算,手工计算远远不能满足要求,急需更快速、更精准的自动计算机器,这才催生了第一代电子计算机。在此背景下,诞生了世界上第一台用于炮弹弹道轨迹计算的电子数字式计

图 1-8　何乐礼和制表机

算机 ENIAC,它的诞生为人类开辟了一个崭新的信息时代。工作中的 ENIAC 如图 1-9 所示。

图 1-9　工作中的 ENIAC

　　ENIAC 体积巨大,有 30 个操作台,重达 30 吨,造价为 48 万美元。据传 ENIAC 每次一开机,整个费城西区的电灯都会为之停止工作。这台庞大的机器内置真空管,其损耗率相当高,几乎每 15 分钟就要报废一支真空管,而且想从诸多管道中找到坏掉的那支,需要花费 15 分钟以上的时间。然而,在当时,ENIAC 的计算速度却是手工计算的 20 万倍。美国军方也从中尝到了"甜头",60 秒射程的弹道计算用手工计算需要 20 分钟,而使用 ENIAC 计算只需 30 秒。当时,ENIAC 的运算速度、精确度和准确率是以前的计算工具所无法比拟的,它的问世意味着把科学家从奴隶般的计算中解放出来。除了常规的弹道计算外,ENIAC 后来还涉及诸多科研领域,曾在第一颗原子弹的研制过程中发挥了重要作用。

　　ENIAC 标志着电子计算机时代的到来,开辟了一个计算机科学技术的新纪元,有人将其称为人类第三次产业革命开始的标志。然而,ENIAC 仍有许多不完善之处,例如它的存

储器容量很小,而且存储单元仅可用来存放数据,不能存放程序;利用配线或开关来进行外部编程,每次解题都要靠人工改线,准备时间过长,降低了总体运行效率。所以,ENIAC 的应用面并不广泛,真正为现代计算机在体系结构和工作原理上奠定基础的是后来基于冯·诺依曼模型的计算机。

1955 年 10 月 2 日,ENIAC 宣告"退役"后,被陈列在华盛顿的一家博物馆里。1996 年 2 月 14 日,在世界上第一台电子计算机问世 50 周年之际,时任美国副总统艾伯特·戈尔再次启动了这台计算机,以纪念信息时代的到来。

1945 年,美国数学家冯·诺依曼以顾问的身份与研制 ENIAC 的原班人马合作,着手研制新机器 EDVAC(Electronic Discrete Variable Automatic Computer,离散变量自动电子计算机)。为了解决 ENIAC 的问题,冯·诺依曼在与工作组成员共同探讨的基础上,提出了程序和数据都应该存储在存储器中的方法。按照这种方法,当每次使用计算机完成一项新的任务时,工作人员只需改变程序,而不用重新布线或者调节成千上万的开关。冯·诺依曼提出的"程序 + 存储"的构建原理奠定了计算机硬件的基本结构规则,并沿用至今。几十年来,虽然计算机在运算速度、工作方式、应用领域等方面都有了很大改进,但基本体系结构方面没有改变。因此,人们将后来采用程序内存储原理的计算机统称为"冯·诺依曼计算机"。

早期的计算机仅有一台,而且仅用于军事,应用范围和社会影响有限。1951 年 6 月,在 ENIAC 的基础上生产了 UNIVAC(Universal Automatic Computer,通用自动计算机),共生产了 50 台,用于处理公共数据。在 1951 年的美国总统大选中,UNIVAC 成功预测了美国总统,这一事件的结果引起轰动。当时的报道认为 UNIVAC 诞生的意义远远超过了 ENIAC,它标志着两个根本性的变化:一是计算机已从实验室大步地走向社会,正式成为商品供客户使用;二是计算机已从单纯的军事领域进入公共数据处理领域。

1.1.3　计算机历史重要人物

电子计算机是人类历史上最伟大的发明之一,它不但广泛地应用于人们的生活中,而且直接引导着当今信息社会的发展,它已成为人们工作和生活不可或缺的一部分,并将在未来继续扮演重要的角色。

1. 图灵

艾伦·麦席森·图灵(Alan Mathison Turing,又译为阿兰·图灵)是英国数学家、逻辑学家,他被视为"计算机科学之父"和"人工智能之父"。1931 年,图灵进入剑桥大学国王学院,毕业后到美国普林斯顿大学攻读博士学位,"二战"爆发后回到剑桥大学,后曾协助军方破解德军著名的密码系统,帮助盟军取得了"二战"的胜利。图灵对于人工智能的发展有诸多贡献。著名的图灵机模型为现代计算机的逻辑工作方式奠定了基础。《自然》杂志称赞他是有史以来最具科学思想的人物之一。艾伦·麦席森·图灵如图 1-10 所示。

图 1-10　艾伦·麦席森·图灵

1936 年,图灵提出了理想计算机的数学模型——图灵机(Turing Machine)。图灵机不是一种具体的机器,而是一种思想模型、一个抽象的机器,可用于制造一种十分简单但运算能力极强的计算装置。通过某种一般的机械步骤,原则上能一个接一个地解决所有的数学问题。图灵把人在计算时所做的工作分解成简单的动作，把人的工作机械化，并用形式化方法成功地表述了计算这一过程的本质。图灵机反映的是一种具有可行性的用数学方法精确定义的计算模型，而现代计算机正是这种模型的具体实现。图灵机与冯·诺伊曼机齐名，被永远地载入计算机的发展史。

1950 年，图灵发表论文 *Computing Machinery and Intelligence*，为后来的人工智能科学提供了开创性的思想；提出著名的"图灵测试"，指出如果第三者无法辨别人类与人工智能机器反应的差别，则可以判定该机器具备人工智能。

1956 年，人工智能进入了实践研制阶段。随着人工智能领域的不断发展，人们越来越认识到图灵思想的深刻性。如今，图灵思想仍然是人工智能的主要思想之一。为了纪念图灵对计算机科学的巨大贡献，ACM（Association for Computing Machinery，计算机协会）于1966 年开始设立一年一度的图灵奖，以表彰在计算机科学中做出突出贡献的人，图灵奖被喻为"计算机界的诺贝尔奖"。

2. 冯·诺依曼

冯·诺依曼（John von Neumann）是美籍匈牙利数学家、计算机科学家、物理学家，布达佩斯大学数学博士，被誉为 20 世纪最重要的数学家之一，是现代计算机、博弈论、核武器和生化武器等领域内的科学全才之一，被后人称为"现代计算机之父"和"博弈论之父"。1946年，他提出了关于计算机组成和工作方式的基本设想，形成了将一组数学过程转变为计算机指令语言的基本方法。冯·诺依曼与 ENIAC 如图 1-11 所示。

图 1-11　冯·诺依曼与 ENIAC

冯·诺依曼由于在曼哈顿工程中需要大量的运算，因此使用了当时最先进的两台计算机——MarkI 和 ENIAC。在使用 MarkI 和 ENIAC 的过程中，他意识到了存储程序的重要性，从而提出了存储程序逻辑架构。当时的计算机缺少灵活性、普适性，而冯·诺依曼在关于机器中固定的、普适线路系统，关于"流图"概念，关于"代码"概念等关键性基础理论与方法方面做出了重大贡献。1945 年 3 月，冯·诺依曼以《关于 EDVAC 的报告草案》为题，起草了长达 101 页的总结报告，一个全新的"存储程序通用电子计算机方案"诞生了。报告广泛而具体地介绍了制造电子计算机和程序设计的新思想，这对后来计算机的设计起到了决定性的影响作用。

冯·诺依曼提出了一个"存储程序"的计算机方案，方案明确指出以下 3 点。

（1）计算机的基本工作原理是存储程序和程序控制自动执行。

（2）计算机使用二进制。冯·诺依曼根据电子元件双稳工作的特点，建议在电子计算机中采用二进制。报告提到了二进制的优点，并预言二进制的采用将大大简化机器的逻辑线路。

（3）计算机由 5 部分组成，运算器、控制器、存储器、输入设备和输出设备，并描述了这 5 部分的功能和相互关系。以运算器为中心，控制器负责解释指令，运算器负责执行指令。

▍1.2　计算机发展

要想了解计算机，首先应该了解计算机发展的历史，从第一台电子计算机 ENIAC 诞生后短短的几十年间，计算机技术的发展突飞猛进。虽然计算机变得速度更快、体积更小、价格更便宜，但原理几乎是相同的，都以冯·诺依曼结构为基础，改进主要表现在硬件和软件方面。计算机的主要部件（如电子管、晶体管到集成电路、超大规模集成电路）的不断发展，尤其是微型机的出现，使计算机深入人们的生活和工作。在学习计算机发展的过程中，不是要特意记住每一阶段的具体数据，而是要以此了解计算机的发展规律及其对人类社会的巨大影响。

计算机技术发展迅速，计算机类型不断分化，各种不同类型的计算机不断涌现。根据计算机结构原理的不同进行分类，可分为模拟计算机、数字计算机和混合式计算机；根据计算机的用途分类，可分为专用计算机和通用计算机；按照计算机的性能指标和作用来分类，可分为巨型机、大型计算机、小型机及微型机。但是，随着计算机技术的飞速发展，计算机的性能也在不断地改进。过去一台大型机的各项性能指标可能还不及今天的一台微型计算机，因此，计算机类别的划分很难有一个非常精确的标准。根据计算机的性能指标，同时结合计算机的应用领域，可以将计算机分为五大类：高性能计算机、微型计算机、工作站、服务器和嵌入式计算机。

1.2.1　计算机发展的 4 个阶段

计算机要实现自动计算，首先要解决数据的自动存储、规则表示等问题，存储二进制数仅需要进行两种状态变化的元器件，并且二进制计算规则简单、易实现，所以计算机硬件的发展以用于构建计算机硬件的元器件的发展为主，而元器件的发展与电子技术的发展紧密相关，每当电子技术有突破性的进展，就会给计算机硬件的发展带来一次重大变革。

因此，计算机硬件发展史中的"代"通常指其所使用的主要元器件，电子计算机研究者也不断追求更优异的二进制元器件。自 1946 年以来，计算机主要电子器件相继使用了真空电子管、晶体管、中小规模集成电路、大规模和超大规模集成电路，引起了计算机的 4 次更新换代。每一次更新换代都使计算机的体积和耗电量大大降低，功能极大增强，应用领域进一步拓宽。

1. 第一代电子管计算机（1946—1957 年）

第一代电子计算机采用电子管作为基本器件，运算速度为每秒数千次至数万次。在这个时期，计算机只有专家才能使用，主要应用于科学、军事和财务等领域。电子管计算机的主要特点如下。

（1）采用电子管作为基本逻辑部件，如图 1-12 所示。但它成本高、体积大、耗电量大、寿命短、可靠性低,需要频繁进行维护工作。

（2）采用电子射线管作为存储部件,容量很小。后来,外存储器使用了磁鼓,扩充了容量。磁鼓不是随机存储设备,每一次读写操作所需的时间都不相同。

（3）输入/输出设备落后。早期使用读卡机和打卡机作为输入/输出设备,使用穿孔卡片表示二进制数值速度慢、易出错,后期引入磁带机,但仍然很不方便。

（4）没有系统软件,只能用机器语言和汇编语言编程。

2. 第二代晶体管计算机（1958—1964 年）

随着半导体技术的发展,20 世纪 50 年代中期,晶体管取代了电子管。晶体管计算机的体积大为缩小,大约只有电子管计算机的 1/100,耗电量也只有电子管计算机的 1/100 左右,但它的运算速度大为提高,达每秒几十万次至上百万次。主要特点如下。

（1）晶体管形状如图 1-13 所示,计算机的成本下降、体积减小、重量减轻、能耗降低,计算机的可靠性和运算速度均得到提高。

（2）普遍采用比磁鼓读写速度快得多的磁芯作为存储器,采用磁盘、磁鼓作为外存储器。

（3）使用磁盘驱动器作为输入/输出设备,磁盘驱动器的读写速度比卡片机和磁带快得多。

（4）开始有了系统软件（监控程序）,提出了操作系统的概念;出现了高级语言,除了FORTRAN 语言外,用于事务处理的 COBOL、用于人工智能领域的 Lisp 等高级语言开始进入实用阶段。高级语言的发明使得编程和计算机运算分离开来,而且高级语言的语法结构类似自然语言,使得编程更加容易。

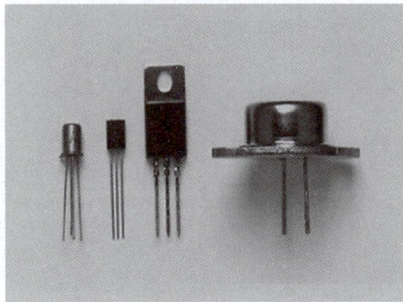

图 1-12　电子管

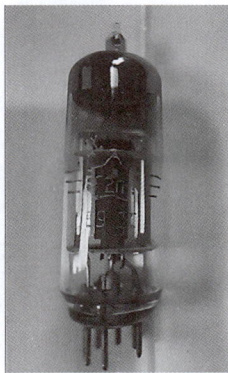

图 1-13　晶体管

3. 第三代集成电路计算机（1965—1970 年）

第二代计算机的生产过程中需要将各种晶体管和其他电子元件组装在印刷电路板上。而随着固体物理技术的发展,集成电路工艺已可以在几平方毫米的单晶硅片上集成由几十个甚至上百个电子元件组成的逻辑电路。第三代计算机的体积进一步缩小,运算速度可达每秒几百万次。其主要特点如下。

（1）采用中、小规模集成电路制作各种逻辑部件,如图 1-14 所示,从而使计算机的体积更小、重量更轻、耗电更省、寿命更长、成本更低,运算速度有了更大的提高。

（2）采用半导体存储器作为主存,取代了原来的磁芯存储器,使存储器容量的存取速度有了大幅提高,增强了系统的处理能力。

（3）输入/输出设备进一步升级,使用者可以通过键盘和显示器与计算机交互。

（4）系统软件有了很大的发展,出现了分时操作系统,多用户可以共享计算机软、硬件资源。

（5）在程序设计方面采用了结构化程序设计方法,为研制更加复杂的软件提供了技术上的保证。一个新兴行业——软件行业诞生了,小型公司可以直接购买需要的软件包(如会计程序),而不用自己编程。

4. 第四代大规模、超大规模集成电路计算机（1971 年至今）

1971 年,Intel 公司的工程师把计算机的算术与逻辑运算电路集合在一片小小的硅片上,制成了世界上第一片微处理器(Intel 4004),这片硅片上相当于集成了 2250 支晶体管,从此掀起了信息革命浪潮的微型电子计算机(简称为微机)诞生了。第四代计算机的体积更小,运算速度达每秒上亿次,其主要特点如下。

（1）基本逻辑部件采用大规模、超大规模集成电路,如图 1-15 所示,使计算机的体积、重量、成本均大幅降低,出现了微型计算机。

（2）作为主存的半导体存储器的集成度越来越高,容量越来越大。外存储器除广泛使用软、硬磁盘外,还引进了光盘、U 盘等。

（3）各种使用方便的输入/输出设备相继出现。

（4）软件产业高度发达,各种实用软件层出不穷,极大地方便了用户。

（5）计算机技术与通信技术相结合,出现了计算机网络,它把世界紧密地联系在了一起。

（6）集图像、图形、声音和文字处理于一体的多媒体技术迅速崛起。

图 1-14　中、小规模集成电路

图 1-15　大规模集成电路

从 20 世纪 80 年代开始,多用户大型机的概念被小型机器连接成的网络所代替,这些小型机器通过互联网共享打印机、软件和数据等资源。计算机网络技术使计算机应用从单机走向网络,并逐渐地从独立网络走向互联网络。一些国家都宣布开始新一代计算机的研究,普遍认为新一代计算机应该是智能型的,它能模拟人的智能行为,理解人类的自然语言,并继续向着微型化、网络化发展。

微型计算机的诞生和计算机网络的产生是第四代计算机发展中的重要事件。微型计算机的诞生是超大规模集成电路应用的直接结果,微型计算机的“微”主要体现在它的体积小、价格低、功能强,这使得微型计算机迅速普及,进入了办公室和家庭,在办公室自动化和多媒体应用方面发挥了很大的作用,给计算机的发展和应用带来革命性的变化。1977 年,苹果公司成立,先后成功开发了 APPLE-I 型和 APPLE-Ⅱ型微型计算机。1980 年,IBM 公司与微软公司合作,为微型计算机 IBM PC 配置了专门的操作系统。从 1981 年开始,IBM 公司连续推出 IBM PC、PC/XT、PC/AT 等机型。时至今日,酷睿处理器成为主流,这使得现在的微型计算机的体积越来越小、性能越来越强、可靠性越来越高、价格越来越低。

微型计算机因其体积小、结构紧凑而得名,它的一个重要特点是将中央处理器(CPU)制作在一块集成芯片上,这种芯片称为微处理器。根据微处理器的集成规模和处理能力,又形成了微型计算机的不同发展阶段。1971 年,Intel 公司首先研制出 Inter 4004 微处理器,它是一种 4 位微处理器。随后又研制出 8 位微处理器 Intel 8008。由这种 4 位或 8 位微处理器制成的微型机都属于第一代微型机。第二代微型机(1973—1977 年)的微处理器都是 8 位的,但其集成度有了较大的提高。典型产品有 Intel 公司的 Inter 8080,Motorola 公司的 6800 和 Zilog 公司的 Z80 等微处理器芯片。以这类芯片为 CPU 生产的微型机,其性能较第一代有了较大提高。1978 年,Intel 公司生产出 16 位微处理器 8086,标志着微处理器进入第三代,其性能比第二代提高近 10 倍,典型产品有 Intel 8086、Z8000、M68000 等。用 16 位微处理器生产出的微处理器支持多种应用,如数据处理和科学计算等。随着半导体技术工艺的发展,集成电路的集成度越来越高,众多 32 位高档微处理器被研制出来,典型产品有 Intel 公司的 Pentium 系列等。用 32 位微处理器生产的微型机一般归于第四代,其性能可与 20 世纪 70 年代的大中型计算机相媲美。目前,64 位微处理器已应用到计算机中。

由于计算机仍然在使用电路板,仍然在使用微处理器,仍然没有突破冯·诺伊曼体系结构,所以不能为这一代计算机画上休止符。但是,生物计算机、量子计算机等新型计算机已经出现,期待第五代计算机的到来。

1.2.2　摩尔定律

从计算机发展的 4 个阶段可以看出,从 1946 年到现在,计算机经历了飞速的发展。那么,计算机的集成度、价格和时间这三者之间有什么样的关系呢? Intel 公司的创始人之一戈登·摩尔(GordonMoore)对其进行了研究,揭示了信息技术进步的速度。

1. 戈登·摩尔

戈登·摩尔(Gordon Moore,1929—2023)如图 1-16 所示,出生于美国旧金山佩斯卡迪诺,是美国科学家、企业家、Inter 公司创始人之一,毕业于加州伯克利分校化学专业,1950 年获得了学士学位,1954 年获得物理化学博士学位,1965 年提出"摩尔定律"。

2. 摩尔定律

摩尔定律被称为计算机第一定律,其内容为:当价格不变时,集成电路上可容纳的元器件的数目约每隔 18～24 个月便会增加一倍,性能也将提升一倍。换言之,每一美元所能买到的计算机性能将每隔 18～24 个月翻一番。这一定律揭示了信息技术进步的速度,尽管这种趋势已经持续了超过半个世纪,但摩尔定律仍被认为是观测或推测,而不是一个物理或自然法则。

图 1-16　戈登·摩尔

摩尔定律的定义归纳起来,主要有以下 3 种版本。

(1)集成电路芯片上所集成的电路的数目,每隔 18 个月就翻一番。

(2)微处理器的性能每隔 18 个月提高一倍,或价格下降一半。

(3)用 1 美元所能买到的计算机性能,每隔 18 个月翻两番。

以上几种说法中,以第一种说法最为普遍,第二、三两种说法涉及价格因素,其实质是一样的。这三种说法虽然各有千秋,但在一点上是共同的,即"翻倍"的周期都是 18 个月,至于翻倍的是集成电路芯片上所集成的"电路的数目",还是整个"计算机的性能",又或者是"1 美元所能买到的计算机性能"就见仁见智了。

摩尔定律揭示了信息技术进步的速度,在过去的几十年里,半导体芯片的集成化趋势就像摩尔预测的那样,微型计算机的功能越来越强,价格越来越低,进入了千家万户。摩尔定律对整个计算机行业影响深远,在回顾多年来半导体芯片业的进展并展望其未来时,信息技术专家认为,未来"摩尔定律"可能还会适用。但随着晶体管电路逐渐接近性能极限,这一定律终将走到尽头。

性能极限的接近给摩尔定律带来了新的思考机会,芯片厂商试图通过并行计算来提升处理器的计算性能,新款微型机 CPU 的研发人员更多地专注于改善处理器能耗和集成的图形性能,而不是单纯地提升处理器频率。下一步,对 CPU 性能的关注将逐渐减弱,微型机可以在其他技术领域自由创新,移动设备,包括超级本、平板电脑、触控变形本之间的界限正逐渐模糊,Intel 公司也正在发展"无所不在的计算",包括手势控制和语音识别等。时代的发展和信息技术的进步正在逐渐改变人们对微型计算机的认识。

在中国 IT 界,近年来流行着一种新的说法——新摩尔定律。这一概念并非指代传统意义上摩尔定律所描述的半导体晶体管密度的增长,而是指中国互联网的快速发展。具体来说,它指的是中国互联网联网主机数量和上网用户人数的增长速度,这一数字大约每半年就会翻倍。这种迅猛的增长势头不仅令人瞩目,而且据专家预测,在未来几年内,这一趋势仍将持续。

1.2.3　中国计算机的发展

1956 年,计算机被列为发展科学技术的重点之一。1957 年,中国第一个计算技术研究所成立。虽然中国计算机事业的起步比美国晚了 13 年,但是经过老一辈科学家的艰苦努力,中国与美国的差距不是某些人所歪曲的"拉大了",而是缩小了。

提到中国计算机,就不得不提起华罗庚教授,他是中国计算技术的奠基人和最主要的开拓者之一。早在 1947 年,华罗庚在美国普林斯顿高级研究院任访问研究员时,就和冯·诺依曼等交往甚密。华罗庚在数学上的造诣和成就深受冯·诺依曼等的赞赏。当时,冯·诺依曼正在设计世界上第一台存储程序的通用电子数字计算机。冯·诺依曼让华罗庚参观实验室,并常和他讨论有关的学术问题。这时,华罗庚的心里已经开始勾画中国电子计算机事业的蓝图。

华罗庚教授于 1950 年回国,1952 年,他从清华大学电机系召集了闵乃大、夏培肃和王传英 3 位科研人员在他任所长的中国科学院数学所内建立了中国第一个电子计算机科研小组。

1958 年,中国科学院计算所成功研制出中国第一台小型电子管通用计算机 103 机(八一型),如图 1-17 所示,标志着中国第一台电子计算机的诞生。

图 1-17　103 机

1. 中国计算机发展的历程

1）起步阶段：电子管计算机的诞生（1958—1964 年）

中国计算机技术的起步可以追溯到 1957 年，当时中国科学院计算技术研究所着手研制通用数字电子计算机。1958 年 8 月 1 日，中国首台电子数字计算机成功运行了短程序，这一历史性时刻标志着中国计算机技术的诞生。随后，该机型在 738 厂开始小规模生产，并被命名为 103 型计算机（DJS-1 型），如图 1-17 所示。紧接着，1958 年 5 月，中国启动了第一台大型通用电子数字计算机（104 机）的研发。与此同时，夏培肃院士领导的团队独立设计并成功研制了小型通用电子数字计算机 107 机，于 1960 年 4 月完成。1964 年，中国自主研发的大型通用数字电子管计算机 119 机也宣告研制成功。

2）发展阶段：晶体管计算机的研制（1965—1972 年）

1965 年，中国科学院计算技术研究所成功研制了中国首台大型晶体管计算机 109 乙机，这标志着中国计算机技术从电子管向晶体管的转变。109 乙机经过改进，两年后推出了性能更优的 109 丙机，它在中国"两弹"的研制中发挥了关键作用，被誉为"功勋机"。华北计算技术研究所在此期间也取得了显著成就，成功研制了 108 机、108 乙机（DJS-6）、121 机（DJS-21）和 320 机（DJS-8），并在 738 厂等 5 家工厂实现了生产。1965—1975 年间，738 厂共生产了 320 机等第二代产品 380 余台。此外，哈尔滨军事工程学院在 1965 年 2 月成功推出了 441-B 晶体管计算机，并小批量生产了 40 多台，进一步丰富了中国晶体管计算机的产品线。109 乙型晶体管计算机如图 1-18 所示。

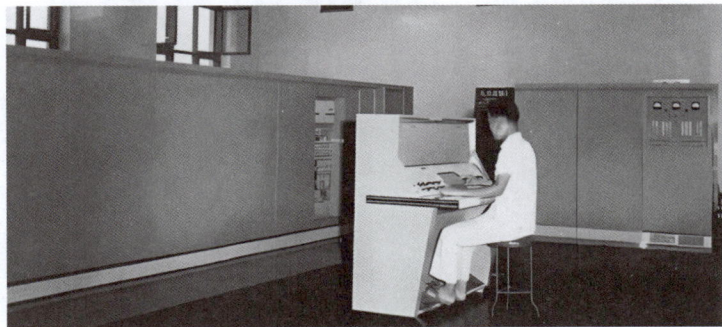

图 1-18　109 乙型晶体管计算机

3）中小规模集成电路的计算机研制（1973 年至 20 世纪 80 年代初）

1973 年，北京大学与北京有线电厂等单位合作，成功研制了运算速度为每秒 100 万次的大型通用计算机。1974 年，清华大学等单位联合设计，成功研制了 DJS-130 小型计算机，并组织全国 57 个单位联合设计 DJS-200 系列计算机，同时也设计开发了 DJS-180 系列超级小型机。20 世纪 70 年代后期，信息产业部三十二所和国防科技大学分别研制成功了 655 机和 151 机，速度都在百万次级。进入 20 世纪 80 年代，中国高速计算机，特别是向量计算机有了新的发展，这标志着中国计算机技术开始向更高速、更高效的方向发展。

4）超大规模集成电路的计算机研制

中国第四代计算机研制也是从微型计算机开始的。1980 年初，中国不少单位也开始采用 Z80、X86 和 6502 芯片研制微型计算机。1983 年 12 月，信息产业部六所成功研制了与 IBM 计算机兼容的 DJS-0520 微型计算机。40 多年来，中国微型计算机产业走过了一段不平凡的道路，现在以联想微型计算机为代表的国产微型计算机已占领了国内市场的大部分份额。这一阶段的发展不仅展示了中国在集成电路技术领域的进步，也体现了中国计算机产业的快速成长和市场竞争力。

这四个阶段的发展历程不仅展示了中国计算机技术的起步和发展，也反映了中国在高科技领域自力更生、勇于创新的精神。随着技术的不断进步，中国计算机技术也在不断向前迈进，为国家的现代化建设做出了重要贡献。

2. 超级计算机

超级计算机（Super Computers）通常是指由成百上千甚至更多的处理器组成的、能计算普通计算机和服务器不能完成的大型复杂任务的计算机。它们能够处理普通计算机和服务器难以企及的复杂计算任务，是衡量一个国家科技实力和综合国力的重要标志，被誉为"国之重器"。这些超级计算机以其卓越的并行计算能力，在科学计算领域发挥着不可替代的作用，广泛应用于气象预测、军事模拟、能源勘探、航天工程、矿产探测等多个关键领域。

中国是第一个制造了超级计算机的发展中国家，从 1983 年研制出第一台超级计算机"银河一号"开始，中国成为继美国、日本之后第三个能独立设计和研制超级计算机的国家。进入 21 世纪后，中国超级计算机的发展进入了快车道，2011 年，我国拥有超级计算机 74 个。

2013 年 6 月，国防科技大学研制的"天河二号"超级计算机是中国超级计算机领域的杰出代表，如图 1-20 所示，在同年 11 月的全球超级计算机 500 强排行榜中首次亮相，便以其卓越的性能位列榜首，并在 2013—2015 年间连续 6 次排名全球第一，成为世界超算史上的一个重要里程碑。

图 1-19 "天河二号"超级计算机

图 1-20 "神威·太湖之光"超级计算机

　　然而,随着时间的推移,中国超级计算机在全球排名中的位置有所变化。截至 2018 年 11 月,中国的"神威太湖之光"以每秒 93.0 千万亿次浮点运算的性能位列世界最快超级计算机第三名,而"天河-2A"则以每秒 61.44 千万亿次浮点运算的性能位列第四。"太湖之光"的研发不仅全面提升了中国在气候变化和自然灾害减灾防灾方面的能力,还能较为精准地预测地震等自然灾害,减少了不必要的损失。同时,它为中国的航空航天、医疗药物研发等多个领域提供了强有力的支持,成为推动国家科技进步和产业发展的重要力量。截至 2023 年,最新的全球超级计算机 500 强榜单显示,"神威·太湖之光"位列第七。

　　值得注意的是,中国超级计算机的发展也面临着国际竞争和技术封锁的挑战。美国政府曾在 2015 年禁止向中国出口高性能计算芯片,这促使中国加快了超级计算机技术的自主化进程。

　　展望未来,中国超级计算机的发展趋势将更加注重提升算力、优化能效和扩展应用领域。新一代超级计算机,如"天河星逸"和"神威·海洋之光"预计将带来更强大的计算能力和更广泛的应用前景。这些超级计算机将继续为中国的科技创新和经济社会发展提供强有力的支撑。同时,中国也在积极推动超算互联网的建设,以实现全国联网,进一步提升超级计算机的应用服务能力。随着技术的不断进步和应用的深入,中国超级计算机将在全球科技舞台上发挥更加重要的作用。

1.3　人工智能的起源

1.3.1　人类智能与人工智能

　　人类之所以能主宰地球,是因为人类祖先早就有了比较高级的智能,但谁也不知道人类的智能是怎么产生的。因此,智能及智能的本质成为古今中外许多哲学家、脑科学家努力探索和研究的问题,但至今仍然没有完全得到答案。智能的产生与物质的本质、宇宙的起源、生命的本质一起被列为自然界的四大奥秘。

　　近年来,随着脑科学、神经心理学等研究的进展,人们对人脑的结构和功能有了初步认识,但对整个神经系统的内部结构和作用机制,特别是脑的功能原理还没有认识清楚,有待进一步探索。因此,我们还是不完全了解人类自己的智能,即使要给智能下一个确切的定义也是很难的。

　　目前,根据对人脑已有的认识,结合智能的外在表现,人们从不同的角度、不同的侧面、用不同的方法对智能进行了研究,提出了不同的定义,可以分为思维理论、知识阈值理论及进化理论等视角。

1. 思维理论

　　思维理论认为,智能的核心是思维,人的一切智能都来自大脑的思维活动,人类的一切知识都是人类思维的产物,因此通过对思维规律与方法的研究有望揭示智能的本质。

2. 知识阈值理论

　　知识阈值理论认为,智能行为取决于知识的数量及其一般化的程度,一个系统之所以有智能,是因为它具有可运用的知识。因此,知识阈值理论把智能定义为:智能就是在巨大的搜索空间中迅速找到一个满意解的能力。这一理论在人工智能的发展史中有着重要的影响,知识工程、专家系统等都是在这一理论的影响下发展起来的。

3. 进化理论

进化理论认为,人的本质能力是在动态环境中的行走能力、对外界事物的感知能力以及维持生命和繁衍生息的能力。正是这些能力为智能的发展提供了基础,因此智能是某种复杂系统所浮现的性质,是由许多部件交互作用产生的,智能仅仅由系统总的行为以及行为与环境的联系所决定,它可以在没有明显可操作的内部表达的情况下产生,也可以在没有明显推理系统出现的情况下产生。该理论的核心是用控制取代表示,从而取消概念、模型及显式表示的知识,否定抽象对于智能及智能模拟的必要性,强调分层结构对于智能进化的可能性与必要性。该理论是由美国麻省理工学院的布鲁克(R.A. Brook)教授提出来的。1991 年,他提出了"没有表达的智能";1992 年,他又提出了"没有推理的智能",这是他根据对人造机器动物的研究和实践提出的与众不同的观点,因此引起了人工智能界的注意。

综合上述各种观点,下面给出一个比较直观的定义:智能是知识与智力的总和,其中,知识是一切智能行为的基础,而智力是获取知识并应用知识求解问题的能力。

人工智能是一门新思想、新观念、新理论、新技术不断涌现的新兴前沿学科,是在计算机科学、控制论、信息论、神经心理学、哲学、语言学等多种学科研究的基础上发展起来的综合性学科。人工智能自诞生之日起就引起了人们无限的想象和憧憬,但其理论发展跌宕起伏,像许多新兴学科一样,不同学科背景的人对人工智能有着不同的理解。在介绍人工智能的定义和内涵之前,先从词语结构上来简单分析一下"人工智能"的含义:"人工智能"的核心是"智能","人工"是定语,简单来讲,"人工智能"的字面意思就是"人工的智能",也可以说是"人造的智能"。众所周知,"人造"即人类通过模仿自然而创造出来的事物。例如,人类模仿鸟类制造了飞机,模仿天然河流开凿了人工运河,模仿人类器官培植了人造器官,模仿真实的卫星创造了人造卫星,模仿天然蚕丝制造了人造丝,等等。与此相似,"人工智能"也是人类通过模仿创造出来的人造智能,模仿的对象就是人类智能。

人类智能是人类在漫长的进化过程中发展起来的,是人类认识世界和改造世界的关键。关于人类智能的起源和内涵,也有着诸多来自不同学科、学派的探讨,这里不做具体展开,仅给出以下简要定义。

人类智能是指人类所具有的认识、理解客观事物并运用知识、经验等解决问题的能力,包括记忆、观察、想象、思考、判断等。既然人工智能是模仿人类智能创造的,那么人工智能也应该具有上述特征,即能够认识事物且运用知识和经验解决问题。

通过与人类智能的类比,"人工智能"已经有了一个较为模糊的影像,但仍然是缥缈而不可触及的。众所周知,人类智能的核心是大脑,而人工智能也有"大脑",但它的"大脑"与人类的不同,人工智能的"大脑"是由一段段计算机算法构成的,人工智能思考的过程也就是计算程序执行的过程。人类依靠思考获得解决问题的方法,人工智能则依靠程序的运行结果获得解决问题的方法。人类智能与人工智能的初步对比如表 1-2 所示。

表 1-2　人类智能与人工智能的对比

	人 类 智 能	人 工 智 能
智能来源	自然与进化	人类创造
智能核心	人脑	计算机算法

	人 类 智 能	人 工 智 能
感知事物的途径	视觉、听觉等感觉器官	摄像头、麦克风等各种电子传感器
知识的保存	大脑的记忆系统	计算机存储设备
寻找解决方法的过程	大脑的思维活动	运行计算机程序
采取行动的载体	人体	各种计算机硬件、机械装置等

　　人类创造人工智能的目的就是让机器能够像人类一样思考,代替人类解决部分问题。那么什么样的机器才算是智能的呢? 这个问题也困扰了很多人。1950 年,计算机科学的创始人之一图灵就发表了一篇名为《计算机器与智能》的论文,提出了一个"模拟游戏"来测试和评定机器智能,这个模拟游戏被后人称为图灵测试。图灵测试的示意图如图 1-21 所示。

图 1-21　图灵测试示意图

　　图灵测试有 A、B、C 这 3 个参与者,A 是机器设备,B、C 是人类。A 和 B 被分别安置在不同的房间里,C 在房间外当裁判,C 不断地向 A 和 B 提出相同的问题。A 和 B 同时作答,提问和回答都通过纸条传递,C 并不能从感官上进行直接判断,只能通过问题的回答情况来进行判断。如果在若干轮问答之后,C 仍然无法判断出 A 和 B 谁是人类、谁是机器,那么就可以认为机器 A 具有智能。显然,图灵测试的核心并不是机器能否和人对话,而是机器能不能表现出与人等价或无法区分的智能。图灵测试常被认为是判断机器是否能够思考的标志性试验。图灵首次对于"机器"和"思考"的含义进行了探索,从而为后来的人工智能科学提供了一种创造性的思考方法。论文中,图灵还对人工智能的发展给出了非常有益的建议。他认为,与其研制模拟成人思维的计算机,不如试着制造更简单的系统,例如类似于一个幼儿智能的人工系统,然后让这个系统不断学习。这种思路正是今天用机器学习方法来求解人工智能问题的核心指导思想。从图灵测试的设计可以看出,图灵理想中的人工智能应能够实现与人类智能的无差异化。图灵开启了人类对于人工智能未来的美好想象,从那时起,人类便前赴后继地开展着与人工智能相关的一系列研究。目前,人工智能技术尚没有实现图灵的伟大愿景,本书所探讨的人工智能更为宽泛,并不把通过图灵测试作为机器具有智能的严格准则,但图灵测试仍是帮助大家认识人类智能与人工智能关系的一个重要辅助。

1.3.2　人工智能的诞生

人工智能的起步是从什么时候开始的呢？准确的时间谁也说不清。其实，自古以来人们就一直试图用各种机器代替人的部分脑力劳动，以提高人类征服自然的能力。人类社会早在两千多年前就出现了人工智能的萌芽。伟大的哲学家和思想家亚里士多德（Aristotle）就在他的名著《工具论》中提出了形式逻辑的一些主要定律，他提出的三段论至今仍是演绎推理的基本依据。

在人工智能的发展史上，图灵让人工智能从 0 走到 1，而在人工智能从 1 扩展到无限大的过程中，则包含无数科学家共同的努力。图灵提出了让机器思考的问题，也描述了智能系统的雏形，但他并没有明确提出"人工智能"这一概念。一般认为，现代人工智能（Artificial Intelligence，AI）起源于 1956 年夏季在美国达特茅斯学院召开的一场学术研讨会。

1. 达特茅斯会议的组织者

1956 年夏季，由麦卡锡（J.McCarthy）、明斯基（M，1.Minsky）、洛切斯特（N.Rochester）和香农（C.E.Shannon）共同发起，邀请莫尔（T.Moore）、塞缪尔（A. L.Samuel）、塞尔夫里奇（O.Selfridge）、索罗莫夫（R.Solomonff）、纽厄尔（A. Newell）、西蒙（H.A. Simon）等年轻学者，在美国达特茅斯学院召开了一次为期两个月的"人工智能夏季研讨会"（Summer Research Project on Artificial Intelligence），讨论关于机器智能的问题。这次会议被称为达特茅斯会议。

2. 达特茅斯会议的预期目标

麦卡锡等在提交给洛克菲勒基金会的资助申请书《人工智能的夏季研究》中给出了人工智能的预期目标："制造一台机器，该机器可以模拟学习或者智能的任何方面，只要这些方面可以从原理上精确描述。"（Every aspect of learning or any other feature of intelligence can, in principle, be so precisely described that a machine can be made to simulate it.）

40 年后，麦卡锡以他特有的直率否定了自己当时的愿景和期望。他认为这次会议设定的目标完全不切实际，经过一个夏天的讨论就能确定整个项目是不可能的。实际上，这次会议和那种以研究国防为名义的军事夏令营没什么区别。创造一台真正具有智能的机器是一个极为困难的过程。

3. 术语"人工智能"的诞生

在达特茅斯会议上，经麦卡锡提议，正式提出了 Artificial Intelligence（人工智能）这一术语。在此之前，即使有相关的名词术语，也不是大家对人工智能学科的共识命名。例如，图灵曾经提出的"机器智能"（machine intelligence）如今已经很少使用。但随着近期人工智能的蓬勃发展，有些专家认为"机器智能"这个术语更加确切。

4. 达特茅斯会议的意义

尽管达特茅斯会议并未解决任何具体问题，但它确立了一些目标和技术方法，使人工智能获得了计算机科学界的重视，成为一个独立且充满活力的新兴研究领域，极大地推动了人工智能的研究。这是一次具有历史意义的重要会议，它标志着人工智能作为一门新兴学科正式诞生了，人工智能迎来了它的第一个春天。麦卡锡因此被称为"人工智能之父"。

1.3.3　人工智能的定义

所谓人工智能就是用人工的方法在机器（计算机）上实现的智能，也称为机器智能

(Machine Intelligence,MI)。

简单地说,人工智能的目标是用机器实现人类的部分智能。显然,人工智能和人类智能的产生机理是大相径庭的。那么,人工智能是智能吗?早在"人工智能"这个术语被正式提出之前,这方面的争论就非常激烈。

2011 年,IBM 公司的沃森超级计算机在美国的电视智力竞赛节目中击败人类,成为图灵测试里程碑式的证明,标志着人工智能的历史性飞跃。2014 年,英国雷丁大学宣称居住在美国的俄罗斯人弗拉基米尔·维塞洛夫(Vladinmir Veselov)创立的软件尤金·古斯特曼(Eugene Goostman)通过了图灵测试,该软件让 33% 的测试者相信它是人类。

几十年来,许多人尝试真正实现图灵测试,但每当有人宣称自己开发的人工智能系统通过了图灵测试时,就会遭到许多人的质疑。许多人认为图灵测试仅仅反映了结果,没有涉及思维过程。他们认为,即使机器通过了图灵测试,也不能说机器就有了智能。这一观点最著名的论据是美国哲学家约翰·塞尔勒(John Searle)在 1980 年设计的"中文屋"(Chinese Room)思想实验。

实际上,要使机器达到人类智能的水平是非常困难的。但是,人工智能的研究正朝着这个方向前进,图灵的梦想总有一天会变成现实。特别是在专业领域,人工智能能够充分利用计算机的特点,具有显著的优越性。

人工智能是一门研究如何构造智能机器(智能计算机)或智能系统,使它能模拟、延伸,扩展人类智能的学科。通俗地说,人工智能研究如何使机器具有能听、能说、能看、能写、能思维、能学习、能适应环境变化、能解决人类面临的各种实际问题的功能。

1.4　人工智能的发展

1.4.1　人工智能的起源与发展

本节按照时序来介绍国际人工智能的起源和发展过程,将人工智能划分为孕育时期、形成时期、暗淡时期、知识应用时期、集成发展时期和融合发展时期这 6 个阶段。

1. 孕育时期(1956 年前)

人类对智能机器和人工智能的梦想和追求可以追溯到 3000 多年前。早在我国西周时代(公元前 1066—公元前 771 年),就流传着有关巧匠偃师献给周穆王一个歌舞艺伎的故事。作为第一批自动化动物之一的能够飞翔的木鸟是在公元前 400—前 350 年间制成的。在公元前 2 世纪出现的书籍中,描写过一个具有类似机器人角色的机械化剧院,这些人造角色能够在宫廷仪式上进行舞蹈和列队表演。我国东汉时期(25—220 年),张衡发明的指南车是世界上最早的机器人雏形。

我们不打算列举 3000 多年来人类在追梦智能机器和人工智能道路上的万千遐想、实践和成果,而是跨越 3000 年转到 20 世纪,时代思潮直接帮助科学家去研究某些现象。对于人工智能的发展来说,20 世纪 30 年代和 40 年代的智能界发生了两件最重要的事:数理逻辑(从 19 世纪末起就获得了迅速发展)和关于计算的新思想。弗雷治(Frege)、怀特赫德(Whitehead)、罗素(Russell)和塔斯基(Tarski)以及另外一些人的研究表明,推理的某些方面可以用比较简单的结构加以形式化。1913 年,年仅 19 岁的维纳(Wiener)在他的论文中把数理关系理论简化为类理论,为发展数理逻辑做出了贡献,并向机器逻辑迈进一步,与后来图灵提出的逻辑机不谋而合。1948 年,维纳创立的控制论(Cybernetics)对人工智能的早期思潮产生了重要影响,后来成为人工智能行为主义学派。数理逻辑仍然是人工智能研究的一个活跃领域,其部分原因是一些逻辑演绎系统已经在计算机上实现过。不过,即使在计算机出现之前,逻辑推理的数学公式就为人们建立了计算与智能关系的概念。

丘奇(Church)、图灵和其他一些人关于计算本质的思想提供了形式推理概念与即将发明的计算机之间的联系,这方面的重要工作是关于计算和符号处理的理论概念。1936 年,年仅 26 岁的图灵创立了自动机理论(后来人们又称之为图灵机),提出了一个理论计算机模型,为电子计算机设计奠定了基础,促进了人工智能的发展,特别是对思维机器的研究。第一批数字计算机(实际上为数字计算器)看起来不包含任何真实智能。早在这些机器设计之前,丘奇和图灵就已发现,数字并不是计算的主要方面,它们仅仅是一种解释机器内部状态的方法。被称为"人工智能之父"的图灵不仅创造了一个简单、通用的非数字计算模型,而且直接证明了计算机可能以某种被理解为智能的方法工作。

20 年之后,道格拉斯·霍夫施塔特(Douglas Hofstadter)在 1979 年写的《永恒的金带》(An Eternal Golden Braid)一书对这些逻辑和计算的思想以及它们与人工智能的关系给予了透彻而又引人入胜的解释。

麦卡洛克(McCulloch)和皮茨(Pitts)于 1943 年提出的 McCulloch-Pitts 神经网络模型是世界上第一个神经网络模型(称为 MP 模型),开创了从结构上研究人类大脑的途径。神经网络连接机制后来发展为人工智能连接主义学派的代表。

值得一提的是控制论思想对人工智能早期研究的影响。正如艾伦·纽厄尔(AllenNewell)和赫伯特·西蒙(Herbert Simon)在他们的优秀著作《人类问题求解》(Human Problem Solving)的"历史补篇"中指出的那样,20 世纪中叶人工智能的奠基者在人工智能研究中出现了几股强有力的思潮。维纳、麦卡洛克和其他一些人提出的控制论和自组织系统的概念集中地讨论了"局部简单"系统的宏观特性。尤其重要的是,1948 年维纳所著的《控制论——或关于动物和机器中控制与通信的科学》一书不但开创了近代控制论,而且为人工智能的控制论学派(行为主义学派)树立了新的里程碑。控制论影响了许多领域,因为控制论的概念跨接了许多领域,把神经系统的工作原理与信息理论、控制理论、逻辑以及计算联系了起来。控制论的这些思想是时代思潮的一部分,而且在许多情况下影响了许多早期和近期人工智能工作者,成为他们的指导思想。

从上述情况可以看出,人工智能开拓者在数理逻辑、计算本质、控制论、信息论、自动机理论、神经网络模型和电子计算机等方面做出的创造性贡献,奠定了人工智能发展的理论基础,孕育了人工智能的胎儿。人们将很快听到人工智能婴儿呱呱坠地的哭声,看到这个宝贝降临人间的可爱身影。

2. 形成时期(1956—1970 年)

20 世纪 50 年代,人工智能已躁动于人类科技社会的母胎,即将分娩。1956 年夏季,在美国的达特茅斯(Dartmouth)大学举办了一次长达两个月的研讨会,人们认真热烈地讨论用机器模拟人类智能的问题。会上,由麦卡锡提议正式使用"人工智能"这一术语。这是人类历史上的第一次人工智能研讨会,标志着人工智能学科的诞生,具有十分重要的历史意义。这些从事数学、心理学、信息论、计算机科学和神经学研究的杰出年轻学者,后来绝大多数都成为著名的人工智能专家,为人工智能的发展做出了重要贡献。

最终把这些不同思想连接起来的是由巴贝奇、图灵、冯·诺依曼和其他一些人所研制的计算机本身。在机器的应用成为可行之后不久,人们就开始试图编写程序以解决智力测验难题、数学定理和其他命题的自动证明、下棋以及把文本从一种语言翻译成另一种语言,这是第一批人工智能程序。对于计算机来说,促使人工智能发展的是出现在早期设计中的许多与人工智能有关的计算概念,包括存储器和处理器的概念、系统和控制的概念以及语言的程序级别概念。不过,引起新学科出现的新机器的唯一特征是这些机器的复杂性,它促进了对描述复杂过程方法的新的、更直接的研究(采用复杂的数据结构和具有数以百计的不同步骤的过程来描述这些方法)。

1965年,被誉为"专家系统和知识工程之父"的费根鲍姆(Feigenbaum)所领导的研究小组开始研究专家系统,并于1968年成功研究第一个专家系统DENDRAL,用于质谱仪分析有机化合物的分子结构。后来他们又开发出其他一些专家系统,为人工智能的应用研究做出了开创性贡献。

被誉为"国际模式识别之父"的傅京孙(King-sunFu)除了在句法模式识别方面的创新性贡献外,又于1965年把人工智能的启发式推理规则用于学习控制系统,并论述了人工智能与自动控制的交接关系,为智能控制做出了奠基性贡献,成为国际公认的"智能控制奠基者"。

1969年召开了第一届国际人工智能联合会议(International Joint Conference on AI, IJCAI),标志着人工智能作为一门独立学科登上国际学术舞台。此后,IJCAI每两年召开一次。1970年,《人工智能》(*International Journal of AI*)创刊。这些事件对开展人工智能国际学术活动和交流、促进人工智能的研究和发展起到了积极作用。

上述事件表明,人工智能经历了从诞生到成人的热烈(形成)期,已成为一门独立学科,为人工智能建立了良好的环境,打下了进一步发展的重要基础。虽然人工智能在前进的道路上仍将面临不少困难和挑战,但只要有了这个基础,就能够迎接挑战,抓住机遇,推动人工智能不断发展。

3. 暗淡时期(1966—1974年)

在形成期和后面的知识应用期之间,交叠地存在一个人工智能的暗淡(低潮)期。在取得"热烈"发展的同时,人工智能也遇到了一些困难和问题。

一方面,由于一些人工智能研究者被"胜利冲昏了头脑",盲目乐观,对人工智能的未来发展和成果做出了过高的预言,而这些预言的失败给人工智能的声誉造成了重大伤害。同时,许多人工智能理论和方法未能得到通用化与推广应用,专家系统也尚未获得广泛开发,因此看不出人工智能的重要价值。究其原因,当时的人工智能主要存在下列3个局限性。

(1)知识局限性。早期开发的人工智能程序包含太少的主题知识,甚至没有知识,而且只采用简单的句法处理。例如,对于自然语言理解或机器翻译,如果缺乏足够的专业知识和常识,就无法正确处理语言,甚至会产生令人啼笑皆非的翻译。

(2)解法局限性。人工智能试图解决的许多问题因其求解方法和步骤的局限性,往往使得设计的程序无法求得问题的解答,或者只能得到简单问题的解答,而这种简单问题并不需要人工智能的参与。

(3)结构局限性。用于产生智能行为的人工智能系统或程序存在一些基本结构上的严重局限，如没有考虑不良结构、无法处理组合爆炸问题等，因此只能用于解决比较简单的问题，影响到推广应用。

另一方面，科学技术的发展对人工智能提出了新的要求甚至挑战。例如，当时认知生理学研究发现，人类大脑含有 10^{11} 个以上神经元，而人工智能系统或智能机器在现有技术条件下无法从结构上模拟大脑的功能。此外，哲学、心理学、认知生理学和计算机科学各学术界对人工智能的本质、理论和应用各方面一直抱有怀疑和批评，也使人工智能四面楚歌。例如，1971 年英国剑桥大学数学家詹姆士按照英国政府的旨意，发表了一份关于人工智能的综合报告，声称"人工智能就算不是骗局，也是庸人自扰"。在这个报告的影响下，英国政府削减了人工智能的研究经费，解散了人工智能研究机构。在人工智能的发源地美国，连在人工智能研究方面颇有影响的 IBM 公司也被迫取消了所有人工智能研究。由此可见，人工智能研究在世界范围内陷入困境，处于低潮。

任何事物的发展都不可能一帆风顺，冬天过后，春天就会到来。通过总结经验教训，开展更为广泛、深入和有针对性的研究，人工智能必将走出低谷，迎来新的发展时期。

4. 知识应用时期（1970—1988 年）

费根鲍姆研究小组自 1965 年开始研究专家系统，并于 1968 年成功研制第一个专家系统 DENDRAL。1972—1976 年，他们又成功开发 MYCIN 医疗专家系统，用于抗生素药物治疗。此后，许多著名的专家系统，如斯坦福国际人工智能研究中心的杜达（Duda）开发的 PROSPECTOR 地质勘探专家系统，拉特格尔大学的 CASNET 青光眼诊断治疗专家系统，MIT 的 MACSYMA 符号积分和数学专家系统，以及 R1 计算机结构设计专家系统。ELAS 钻井数据分析专家系统和 ACE 电话电缆维护专家系统等被相继开发，为工矿数据分析处理、医疗诊断、计算机设计、符号运算等提供了强有力的工具。在 1977 年举行的第五届国际人工智能联合会议上，费根鲍姆正式提出了知识工程（knowledge engineering）的概念，并预言 20 世纪 80 年代将是专家系统蓬勃发展的时代。

事实果真如此，整个 20 世纪 80 年代，专家系统和知识工程在全世界得到迅速发展。专家系统为企业等用户赢得巨大的经济效益。例如，第一个成功应用的商用专家系统 R1 于 1982 年开始在美国数字装备集团公司（DEC）运行，用于进行新计算机系统的结构设计。1986 年，R1 每年为该公司节省 400 万美元。1988 年，DEC 公司的人工智能团队开发了 40 个专家系统。更有甚者，杜珀公司已使用 100 个专家系统，正在开发 500 个专家系统。几乎每个美国大公司都拥有自己的人工智能小组，并应用专家系统，或投资专家系统技术。20 世纪 80 年代，日本和西欧也争先恐后地投入用于专家系统的智能计算机系统的开发，并应用于工业部门。其中，日本于 1981 年发布的"第五代智能计算机计划"就是一例。在开发专家系统的过程中，许多研究者获得共识，即人工智能系统是一个知识处理系统，而知识表示、知识利用和知识获取则成为人工智能系统的三个基本问题。

5. 集成发展时期（1986—2010 年）

20 世纪 80 年代后期，各个争相进行的智能计算机研究计划先后遇到严峻挑战和困难，无法实现其预期目标，这促使人工智能研究者对已有的人工智能和专家系统的思想和方法进行反思。已有的专家系统存在缺乏常识、应用领域狭窄、知识获取困难、推理机制单一、未能分布处理等问题。他们发现，困难反映出人工智能和知识工程的一些根本问题，如交互问题、扩展问题和体系问题等，都没有很好地解决。对存在问题的探讨和对基本观点的争论有助于人工智能摆脱困境,迎来新的发展机遇。

　　人工智能应用技术应当以知识处理为核心,实现软件的智能化。知识处理需要对应用领域和问题求解任务有深入的理解,扎根于主流计算环境。只有这样,才能促使人工智能研究和应用走上持续发展的道路。

　　自 20 世纪 80 年代后期以来,机器学习、计算智能、人工神经网络和行为主义等研究的深入开展不时形成高潮。有别于符号主义的连接主义和行为主义的人工智能学派也乘势而上,获得新的发展。不同人工智能学派间的争论推动了人工智能研究和应用的进一步发展。以数理逻辑为基础的符号主义,从命题逻辑到谓词逻辑再到多值逻辑,包括模糊逻辑和粗糙集理论,已为人工智能的形成和发展做出历史性贡献,并已超出传统符号运算的范畴,表明符号主义在发展中不断寻找新的理论、方法和实现途径。传统人工智能(称为 AI)的数学计算体系仍不够严格和完整。除了模糊计算外,近年来,许多模仿人脑思维、自然特征和生物行为的计算方法(如神经计算、进化计算、自然计算、免疫计算和群计算等)已被引入人工智能学科。我们把这些有别于传统人工智能的智能计算理论和方法称为计算智能(Computational Intelligence,CI)。计算智能弥补了传统 AI 缺乏数学理论和计算的不足,更新并丰富了人工智能的理论框架,使人工智能进入了一个新的发展时期。人工智能的不同观点、方法和技术的集成是人工智能发展所必需的,也是人工智能发展的必然。

　　在这个时期,特别值得一提的是神经网络的复兴和智能体(intelligent agent)的崛起。麦卡洛克和皮茨于 1943 年提出“似脑机器”,构建了一个表示大脑基本组成的神经元模型。由于当时神经网络的局限性,特别是硬件集成技术的局限性使人工神经网络研究在 20 世纪70 年代进入低潮。直到 1982 年霍普菲尔德(Hopfield)提出离散神经网络模型,1984 年又提出连续神经网络模型,才促进了人工神经网络研究的复兴。布赖森(Bryson)和何(He)提出的反向传播(Back Propagation,BP)算法及鲁梅尔哈特(Rumelhart)和麦克莱伦德(McClelland)于 1986 年提出的并行分布处理(Parallel Distributed Processing,PDP)理论是人工神经网络研究复兴的真正推动力,人工神经网络再次出现研究热潮。1987 年在美国召开了第一届神经网络国际会议,并发起成立了国际神经网络学会(INNS)。这表明神经网络已置身于国际信息科技之林,成为人工智能的一个重要子学科。如果人工神经网络硬件能够在大规模集成上取得突破,那么其作用不可估量。

　　智能体(以前称为智能主体)是 20 世纪 90 年代随着网络技术,特别是计算机网络通信技术的发展而兴起的,并发展为人工智能又一个新的研究热点。人工智能的目标就是要建造能够表现出一定智能行为的真体,因此,智能体(agent)应是人工智能的一个核心问题。人们在人工智能的研究过程中逐步认识到,人类智能的本质是一种具有社会性的智能,社会问题,特别是复杂问题的解决需要各方人员共同完成。人工智能,特别是比较复杂的人工智能问题的求解也必须通过各个相关个体的协商、协作和协调来完成。人类社会中的基本个体“人”对应于人工智能系统中的基本组元“真体”,而社会系统所对应的人工智能“多真体系统”也就成为人工智能新的研究对象。

　　上述这些新出现的人工智能理论、方法和技术,其中包括人工智能三大学派,即符号主义、连接主义和行为主义,已不再是单枪匹马打天下,而是携手合作,走综合集成、优势互补、共同发展的康庄大道。人工智能学界势不两立的激烈争论局面已经一去不复返了。

6. 融合发展时期（2011 年至今）

人类进入 21 世纪后，迎来了第二次机器革命的新时期和人工智能的新时代。这个新时期和新时代的重要特征是：初步形成人工智能产业化基础，人工智能企业数量大幅增长；人工智能的投融资环境空前看好，投融资金额不断攀升；国家出台先进工业与科技政策助推人工智能发展，人工智能行业发展机遇空前；人工智能产业化技术起点更高，感知智能领域相对成熟，认知智能有待突破；人工智能人才紧缺，高端人工智能人才争夺激烈等。

上述特征能够保证人工智能产业化持续发展，保证新一代人工智能产业起点高、规模大、质量优、平稳快速地全面发展。

与人工智能历史上各次发展时期不同的是实现人工智能各个核心技术的大融合以及人工智能与实体经济的深度融合。知识（如原知识、宏知识、专业知识和常识）、算法（如深度学习算法和进化算法）、大数据（如海量数据和活数据）、网络（互联网和物联网）、云计算、算力（如超大规模集成 CPU 和 GPU）的快速发展及其相互渗透，促使人工智能进入一个崭新的融合发展新时期，推动新一代人工智能科技与产业前所未有地蓬勃发展。

上述人工智能融合发展过程是逐步形成的，计算智能的出现使人工智能与数据紧密结合，智能计算实现了"知识＋算法＋数据"的融合，大数据为"知识＋大数据＋算法"的融合创造了条件，网络的升级使"知识＋大数据＋算法＋网络"的人工智能融合成为可能。

算法研究的突破性进展为人工智能注入了新的活力，其中尤以深度学习（deep learning）算法最为突出。十多年来，深度学习的研究逐步深入，并已在自然语言处理和图像处理等领域获得比较广泛的应用。这些研究成果活跃了学术氛围，推动了机器学习和整个人工智能的发展。

2006 年，加拿大多伦多大学的杰弗里·欣顿（Geoffrey Hinton）提出：①多隐含层的人工神经网络具有非常突出的特征学习能力，得到的特征数据能够更深层次和更有效地描述数据的本质特征；②深度神经网络在训练上的难度可以通过"逐层预训练"（layer-wise pre-training）来有效克服。这些思想开启了深度学习在学术界和工业界的研究与应用热潮。深度学习算法已在图像处理、语音识别和大数据处理等领域获得日益广泛的应用。

人工智能已获得越来越广泛的应用，深度渗透到其他学科和科学技术领域，为这些学科和领域的发展做出了不可磨灭的贡献，并为人工智能理论和应用研究提供了新的思路与借鉴。例如，对生物信息学、生物机器人学和基因组的研究就是如此。

产业的提质改造与升级、智能制造和服务民生的需求促进了人工智能产业的发展，一股人工智能产业化的热潮正在全球汹涌澎湃，席卷全世界。展望新时期人工智能发展的新趋势，可以归纳出下列几个热点：人工智能核心技术加速突破，人工智能产业强劲发展；智能化应用场景从单一向多元发展；人工智能和实体经济深度融合进程进一步加快；智能服务呈现线下和线上的无缝结合；逐步实现人工智能的全产业链布局；加快高素质人工智能人才培养步伐；重视开发和应用人工智能共享平台；加紧人工智能法律的研究与建设等。

我们有理由相信，在人工智能发展新时期，人工智能一定能创造出更多、更大的新成果，开创人工智能融合发展的新时期。

1.4.2　中国人工智能的发展

中国的人工智能到底经历了怎样的发展过程？与国际上人工智能的发展情况相比，中国的人工智能研究不仅起步较晚,而且发展道路曲折坎坷,历经了质疑、批评甚至打压的十分艰难的发展历程。直到改革开放之后,中国的人工智能才逐渐走上发展之路。

1. 迷雾重重

20 世纪 50 至 60 年代,人工智能在西方国家得到重视和发展,而在苏联却受到批判,将其斥为"资产阶级的反动伪科学"。20 世纪 60 年代后期和 70 年代,虽然苏联解禁了控制论和人工智能,但因中苏关系恶化,中国学术界将苏联的这种解禁斥为"修正主义",人工智能研究继续停滞。那时,人工智能在中国要么受到质疑,要么与"特异功能"一起受到批判。

1978 年 3 月,全国科学大会提出"向科学技术现代化进军"的战略决策,开启了思想解放的先河,促进了中国科学事业的发展,使中国科技事业迎来了春天,人工智能也在酝酿着进一步的解禁。

20 世纪 80 年代初期,中国的人工智能研究进一步活跃起来。但是,由于当时社会上把"人工智能"与"特异功能"混为一谈,而使中国人工智能走过了一段很长的弯路。

2. 艰难起步

20 世纪 70 年代末至 80 年代末,知识工程和专家系统在欧美发达国家得到迅速发展,并取得重大的经济效益。而在中国仍然处于艰难起步阶段。不过,一些人工智能的基础性工作得以开展。

1)派遣留学生出国研究人工智能

自 1980 年起,中国派遣大批留学生赴西方发达国家研究现代科技,学习科技新成果,其中包括人工智能和模式识别等学科领域。这些人工智能"海归"专家已成为中国人工智能研究与开发应用的学术带头人和中坚力量,为发展中国人工智能做出了举足轻重的贡献。

2)成立中国人工智能学会

1981 年 9 月,来自全国各地的科学技术工作者 300 余人在长沙出席了中国人工智能学会(CAAI)成立大会,秦元勋当选第一任理事长。1982 年,中国人工智能学会刊物《人工智能学报》在长沙创刊,成为中国首份人工智能学术刊物。

直到 2004 年,中国人工智能学会才得以"返祖归宗",挂靠到中国科学技术协会,这足以表明 CAAI 成立后经历的 20 多年岁月是多么艰辛。

3)开始人工智能的相关项目研究

20 世纪 70 年代末至 80 年代前期,一些人工智能相关项目已经纳入国家科研计划,这表明中国人工智能研究已开始起步,打开了思想禁区。

3. 迎来曙光

20 世纪 80 年代中期,中国的人工智能迎来曙光,开始走上比较正常的发展道路。国防科工委于 1984 年召开了全国智能计算机及其系统学术讨论会,1985 年又召开了全国首届第五代计算机学术研讨会,1986 年起把智能计算机系统、智能机器人和智能信息处理等重大项目被列入国家高技术研究发展计划("863"计划)。

1986 年前后,清华大学校务委员会经过三次讨论,决定同意在清华大学出版社出版《人工智能及其应用》,科学出版社也同意出版该专著。1987 年 7 月,《人工智能及其应用》在清华大学出版社公开出版,成为中国首部具有自主知识产权的人工智能专著,标志着中国人工智能著作的解禁。中国首部人工智能、机器人学和智能控制著作分别于 1987 年、1988 年和 1990 年问世。1988 年 2 月,主管国家科技工作的国务委员兼国家科委主任宋健亲笔致信蔡自兴,对《人工智能及其应用》的公开出版和人工智能学科给予高度评价,体现出他对发展中国人工智能的关注和对作者的鼓励,对中国人工智能的发展产生了重大和深远的影响。

1987 年,《模式识别与人工智能》杂志创刊,1989 年首次召开了中国人工智能控制联合会议(CJCAI),至 2004 年共召开了 8 次。此外,还联合召开了 6 届中国机器人学联合会议。自 1993 年起,智能控制和智能自动化等项目被列入国家科技攀登计划。

4. 蓬勃发展

21 世纪后,更多的人工智能与智能系统研究课题获得了国家自然科学基金重点项目和重大项目、国家"863"计划和"973"计划项目、科技部科技攻关项目、工信部重大项目等各种国家基金计划的支持,并与中国国民经济和科技发展的重大需求相结合,力求为国家做出更大贡献。

2006 年 8 月,中国人工智能学会联合兄弟学会和有关部门,在北京举办了"庆祝人工智能学科诞生 50 周年"大型庆祝活动。除了人工智能国际会议外,纪念活动的一台重头戏是由中国人工智能学会主办的首届中国象棋计算机博弈锦标赛暨首届中国象棋人机大战。同年,《智能系统学报》创刊,这是继《人工智能学报》和《模式识别与人工智能》之后中国第 3 份人工智能类期刊,它们为国内人工智能学者和高校师生提供了一个学术交流平台,对我国的人工智能研究与应用起到了促进作用。

5. 国家战略

自 2014 年起,中国的人工智能已发展成为国家战略。国家领导人发表了重要讲话,对发展中国人工智能给予高屋建瓴的指示与支持。

2016 年 5 月,国家发展改革委和科技部等 4 部门联合印发《"互联网＋"人工智能三年行动实施方案》,明确未来 3 年智能产业的发展重点与具体扶持项目,进一步体现出人工智能已被提升至国家战略高度。

2016 年 4 月,中国人工智能学会联合 20 余家国家一级学会在北京举行"2016 全球人工智能技术大会暨人工智能 60 周年纪念活动启动仪式"。这次活动恰逢国际人工智能诞辰 60 周年,谷歌 AlphaGo 与世界围棋冠军李世石上演"世纪人机大战",将人工智能的关注度推到了前所未有的高度。启动仪式共同庆祝了国际人工智能诞辰 60 周年,传承和弘扬人工智能的科学精神,开启了智能化时代的新征程。

2017 年 7 月 8 日,国务院发布《新一代人工智能发展规划》,提出了面向 2030 年中国新一代人工智能发展的指导思想、战略目标、重点任务和保障措施,部署构筑中国人工智能发展的先发优势,加快建设创新型国家和世界科技强国。

国家领导人对人工智能的高度评价和对发展中国家人工智能的指示,《新一代人工智能发展规划》和《"互联网＋"人工智能三年行动实施方案》的发布与实施,都体现了中国已把人工智能技术提升到国家发展战略的高度,为人工智能的发展创造了前所未有的优良环境,也赋予人工智能艰巨而光荣的历史使命。

2019 年 3 月 19 日,习近平主持召开了中央全面深化改革委员会第七次会议,通过了《关于促进人工智能和实体经济深度融合的指导意见》,提出构建"智能经济形态"的决策。2020 年 3 月 4 日,中央政治局常委会会议强调要加快推进包括人工智能在内的新型基础设施建设(新基建),对于全面夯实人工智能基础建设,更好地服务经济和社会具有重大意义。

当前,人工智能已成为全球各国竞相发展的战略领域。在中国,成千上万的科研人员和高等教育机构的师生正积极投身于人工智能的各个层面,包括研究、教学、开发和应用。中国的人工智能研究和应用正在迅速扩展,已在多个领域取得显著成就,如机器定理证明、机器学习、机器博弈、自动规划、虹膜识别、语音识别、进化优化算法和可拓数据挖掘等,这些成果在国际上产生了深远的影响。同时,人工智能的产业化进程也呈现出蓬勃的活力,在图像处理、语音识别、智能制造、智慧医疗和智能驾驶等关键领域,人工智能技术已经实现了广泛的应用,并取得了丰硕的成果。这些进展不仅推动了相关学科的发展,也为中国的现代化进程以及全球人工智能技术的进步做出了重要贡献。随着技术的不断进步和创新,人工智能有望在未来发挥更加关键的作用,为社会带来更多的变革和价值。

习题

1. 什么是计算和计算机?什么是计算机科学和计算科学?什么是计算机学科?它们有什么差异?

2. 计算机的发展经历了哪几个阶段?各阶段的主要特征是什么?

3. 简述计算机的几种主要类型以及它们的主要应用领域。

4. 简述冯·诺依曼提出的计算机方案。

5. 什么是人类智能?它有哪些特点?

6. 什么是人工智能?它的发展过程经历了哪些阶段?

7. 举一个计算机与某个学科结合而开辟出新的研究领域的例子,并简述该研究领域的发展历程。

第 2 章　计算机中的信息表示与编码

计算机中的信息表示与编码是人工智能发展不可或缺的基础。信息表示是数据在计算机系统中存储和表征的方式,包括数字、文本、图像、声音等多种形式。编码可以将这些信息转换为计算机能够理解和操作的格式,通常是二进制形式。这种转换是确保信息准确无误地在计算机系统中传输和存储的关键。

人工智能系统高度依赖精确的信息表示和高效的编码机制。在机器学习领域,算法需要对大量数据进行编码,以便能够从数据中学习和识别模式。自然语言处理(Natural Language Processing,NLP)技术则依赖于对语言的精确编码,使计算机能够理解和生成人类语言。在计算机视觉中,图像数据的正确编码对于人工智能系统识别和分析视觉信息至关重要。

信息表示与编码的质量直接关系到人工智能系统的性能。良好的数据表示可以减少信息损失,提高算法的准确性和效率。编码的标准化也促进了不同人工智能系统和算法之间的互操作性,有助于技术的整合和应用推广。

综上所述,信息表示与编码不仅是实现人工智能功能的技术基础,而且随着人工智能技术的进步,它们也在不断演化和优化,以适应更高级的智能处理需求。

2.1　计算机中的信息表示

计算机中的信息表示及运算数据的数制均为二进制。

2.1.1　数制

数制就是用一组固定的数字和一套完整统一的规则来表示数目的方法。

按照进位方式来记数的数制叫作进位技术支持。二进制就是逢二进一,八进制就是逢八进一。日常生活中还有十进制、十六进制等。

进位记数包含两个要素:基数和位权。

基数是指进制中允许使用的数码个数。每种进制中都有固定的记数符号。

- 二进制 B(binary)基数为 2,记数符号为 0 和 1。每个数码符号都是根据它在数中的数位,按照"逢二进一"来决定它的实际数值。
- 八进制 O(octal)基数为 8,记数符号为 0,1,2,3,4,5,6,7。每个数码符号都是根据它在数中的数位,按照"逢八进一"来决定它的实际数值。
- 十进制 D(decimal)基数为 10,记数符号为 0,1,2,3,4,5,6,7,8,9。每个数码符号都是根据它在数中的数位,按照"逢十进一"来决定它的实际数值。

- 十六进制 H(hexadecimal)基数为 16,记数符号为 0~9,A,B,C,D,E,F。每个数码符号都是根据它在数中的数位,按照"逢十六进一"来决定它的实际数值。

我们知道,在进制表示法中,处在不同位置的相同数字所代表的意义是不同的,位权表示的就是和这个位置有关的常数的大小(所处位置的价值)。例如十进制的 234.56,2 在百位,它的位权是 10^2;3 在十位,它的位权是 10^1;以此类推,4 的位权是 10^0,5 的位权是 10^{-1},6 的位权是 10^{-2}。二进制中的 1001,从左往右第一位 1 的位权是 2^3,第二位 0 的位权是 2^2,第三位 0 的位权是 2^1,第四位 1 的位权是 2^0。对于 k 进制数,整数部分从右往左数第 i 位的位权为 k^{i-1},小数部分从左往右数第 i 位的位权是 k^{-i}。

2.1.2　不同数制之间的转换

下面我们来看看各数制之间是怎么转换的。

1. 非十进制数转换为十进制数

k 进制数转换为十进制数采用位权展开法进行转换,即将 k 进制按位权展开,然后各项相加求和,即可得到相应的十进制数。

【例 2-1】　将 $(10101.101)_2$ 转换为十进制数。

$$(10101.101)_2 = 1\times2^4+0\times2^3+1\times2^2+0\times2^1+1\times2^0+1\times2^{-1}+0\times2^{-2}+1\times2^{-3}$$
$$=16+0+4+0+1+0.5+0+0.125=(21.625)_{10}$$

2. 十进制数转换成非十进制数

将非十进制数分为两部分,即整数部分和小数部分。

(1) 整数部分:将待转换数的整数部分除以新进制的基数,将余数作为新进制的最低位;将上一步得到的商再除以新进制的基数,将得到的余数作为新进制的次低位;不断重复上述步骤,直到最后的商为 0,此时的余数就是新进制数的最高位。

(2) 小数部分:将待转换数的小数部分乘以新进制的基数,把得到的整数部分作为新进制小数部分的最高位;将上一步得到的小数部分再乘以新进制的基数,把得到的整数部分作为新进制小数部分的次高位;不断重复上述步骤,直到小数部分变成 0 并取到有效数位(达到一定精度)为止,此时的余数就是新进制数的最低位。

1) 十进制数转换为二进制数

【例 2-2】　将 $(10.25)_{10}$ 转换为二进制数。

```
        整数部分              余数
  2 |    10                  0
    2 |    5                 1
      2 |    2               0
        2 |    1             1
            0
```

所以 $(10)_{10} = (1010)_2$。

小数部分　　　　　整数

0.25

×　2

0.5　　　　　整数 0

×　2

1.00　　　　　整数 1

所以 $(0.25)_{10} = (0.01)_2$。

结果为 $(10.25)_{10} = (1010.01)_2$。

注意：十进制小数并不一定能够转换成完全等值的二进制小数，有时需要取近似值。

2）十进制数转换成八进制数和十六进制数

与十进制数转换成二进制数的方法相同，采用"除 8 取余，乘 8 取整"和"除 16 取余，乘 16 取整"的方法进行转换。

3. 非十进制数之间的转换

两个非十进制数之间的转换方法是采用以上方法的组合运算，即先将需要转换的非十进制数转换为对应的十进制数，然后将十进制数转换为所求进制数。因为二进制数、八进制数和十六进制数存在内在关系，所以这三种进制数之间的相互转换比较容易。希望读者牢记表 2-1。

表 2-1　二进制、八进制和十六进制之间的转换关系

二　进　制	八　进　制	二　进　制	十六进制	二　进　制	十六进制
000	0	0000	0	1000	8
001	1	0001	1	1001	9
010	2	0010	2	1010	A
011	3	0011	3	1011	B
100	4	0100	4	1100	C
101	5	0101	5	1101	D
110	6	0110	6	1110	E
111	7	0111	7	1111	F

1）二进制数与八进制数之间的转换

1 位八进制数等同于 3 位二进制数，因此当二进制数转换为八进制数时，只需要以小数点为界，整数部分按从右往左的顺序、小数部分按从左往右的顺序每 3 位划分成一组，不足 3 位的用 0 补足。八进制数转换成二进制数的方法正好相反。读者参照表 2-1 即可完成转换。

【例 2-3】 将 $(10101110.01001110)_2$ 转换为八进制数。

([0]10 101 110 .010 011 10[0])₂

↓　↓　↓　↓　↓　↓

(2　5　6 . 2　3　4)₈

【例 2-4】 将 $(472.321)_8$ 转换为二进制数。

$$(4 \quad 7 \quad 2 . 3 \quad 2 \quad 1)_8$$

$$(100 \ 111 \ 010 . 011 \ 010 \ 001)_2$$

2) 二进制数与十六进制数之间的转换

二进制数与十六进制数之间转换与二进制数与八进制数转换的方法类似,只是每 4 位划分成一组,不足 4 位的补 0。

【例 2-5】 将 $(110101110.010011101)_2$ 转换为十六进制数。

$$(0001 \ 1010 \ 1110 . 0100 \ 1110 \ 1000)_2$$

$$(1 \quad A \quad E . 4 \quad E \quad 8)_{16}$$

2.1.3　二进制数的运算规则

1. 计算机采用二进制数的原因

日常生活中,人们已经习惯使用十进制数,其书写方便而且计算方法一目了然,但是计算机中是采用二进制数的,其原因主要是二进制编码有如下特点。

(1) 易于技术实现。二进制数只需要两个数字符号 0 和 1。计算机是由逻辑电路组成的,具有两种稳定状态的物理器件比较容易实现,例如开关的接通与断开,电压的高和低。这两种状态正好可以用 1 和 0 表示。

(2) 简化运算规则。十进制加法和乘法的运算规则各有 55 条,而二进制数加法和乘法的运算组合各只有 3 条,运算规则简单,有利于简化运算器的物理设计,提高运算速度。

(3) 适合逻辑运算。逻辑代数是逻辑运算的理论依据,二进制的 0 和 1 两种状态正好与逻辑代数中的"真"和"假"相吻合,因此非常适合逻辑运算。

(4) 工作可靠性高。用二进制表示数据具有抗干扰能力强、可靠性高等优点。电压的高低、电流的有无非常容易分辨,二进制的每位数据只有高和低两个状态,即便受到一定程度的干扰,也能可靠地分辨出它是高还是低。

2. 二进制数的算术运算

在计算机内部,二进制加法是基本运算,减法其实就是加上一个负数,而乘、除运算可以通过加减运算实现,这样就可以使运算器的结构更为简单和稳定。

下面以二进制数的加法运算为例进行说明。

二进制数的加法运算规则为:

0+0=0;0+1=1;1+0=1;1+1=10(两个 1 相加,结果本位为 0,按照逢二进一的原则向高位进 1)。

【例 2-6】 二进制数 1001+1101 计算如下。

被加数	1001
加数	+ 1101
和	10110

由上述加法计算过程可知,两个二进制数相加,按照从低位到高位的规则逐位相加,每一位上都有被加数、加数以及来自低位的进位。

2.1.4　计算机中的数据存储单位

程序和数据在计算机中都以二进制数的形式存放于存储器中,下面介绍数据的存储单位。

位(bit,简写为 b)是计算机中存储数据的最小单位,它是量度信息的单位,也是表示信息量的最小单位,只有 0 和 1 两种二进制状态。由于机器设备的限制,计算机只能用有限的二进制位来存储数据,称为机器数。1 位二进制数只能表示 2^1 种状态。每增加 1 位,所能表示的信息量就增加一倍。

字节(byte。简写为 B)是数据处理中最常用的单位,通常以字节为单位存储和解释信息。字节是由相连的 8 位二进制位组成的信息单位,即 1B＝8b。

存储容量的大小通常以字节为单位衡量。我们日常见到的 KB(千字节)、MB(兆字节)、GB(吉字节)、TB(太字节)之间的关系如下:

8bit＝1Byte,1 字节

1024B＝1KB(KiloByte),千字节

1024KB＝1MB(MegaByte),兆字节

1024MB＝1GB(GigaByte),吉字节

1024GB＝1TB(TeraByte),太字节

字(word,简写为 W)是指计算机处理数据时,处理器通过数据总线一次存取、加工和传送的数据。一个字一般由若干字节组成。字长是指计算机一次所能够加工处理的二进制数据的实际位数,字长由 CPU 的寄存器和数据总线的宽度决定,所以字长是衡量计算机性能的重要标志,字长越长,性能越好。常见的计算机字长有 8 位、16 位、32 位、64 位等。

由于计算机内部采用二进位的数制,所以它只能识别出 0 和 1。我们常人又都是习惯生活当中的十进制的进位规律,所以计算机就被设定成了 2 的 10 次方的进位,也就是说,$1K＝2^{10}$(10 个 2 进行相乘,最后的结果是 1024)。

2.1.5　数值型数据的表示与处理

计算机中的数据包括数值型数据和非数值型数据两大类。数值型数据分为整数(定点数)和实数(浮点数)两种。下面分别介绍这两种数据类型的二进制表示方法。

1. 定点数表示

所谓定点数,就是小数点在数中的位置固定不变的数,它总是隐含在预定位置上。定点数有两种:定点整数和定点小数。对于整数,小数点固定在数值部分的最右端。整数又分为两类:无符号整数和有符号整数。

对于小数,在计算机中并不是利用某个二进制位来存储小数点,而是用隐含的规则来确定数值中小数点的位置。作为特殊的小数,定点小数一般是将小数点固定在数值部分的最左端,但如果最左位是符号位,则要将小数点放在符号位的后面,即在数的符号位之后、最高数位之前。

1）无符号整数

无符号整数通常用于表示地址等正整数，可以是 8 位、16 位或者更多位数。8 位正整数的表示范围为 $0\sim255(2^8-1)$，16 位正整数的表示范围为 $0\sim65535(2^{16}-1)$。

2）有符号整数

有符号整数的规则：用一个二进制位作为符号位，一般最高位是符号位，0 代表正号"+"，1 代表负号"−"，其余各位表示数值的大小。有符号整数采用不同的方法表示，通常有原码、反码和补码。

（1）原码表示。

数 X 的原码记作 $[X]_原$，如果机器字长为 n，则由原码的定义如下。

例如，X_1、X_2 的真值为 $X_1=+1110110$，$X_2=-1011010$

$$[X_1]_原=\begin{cases}X & 0\leqslant X<2^{n-1}-1 \\ 2^{n-1}+|X| & -(2^{n-1})\leqslant X\leqslant 0\end{cases}$$

$[X_1]_原=[+1110110]_原=01110110$

$[X_2]_原=[-1011010]_原=11011010$

由此可得，原码的最高位是符号位，正数的最高位为 0，负数的最高位为 1，其余 $n-1$ 位表示数的真值的绝对值。需要注意的是，0 的原码表示有两种：$[+0]_原=00000000$，$[-0]_原=10000000$。

采用原码的优点是简单易懂，与真值转换方便，用于乘除法运算方便。但是对于加减法运算就麻烦了，因为当两个同号数相减或两个异号数相加时，就必须判断两个数的绝对值哪个大，用绝对值大的数减去绝对值小的数，而运算结果的符号则应与绝对值大的数符号相同。完成这些操作不仅相当麻烦，而且还会增加运算器的复杂性。同时，0 的表示不唯一也给计算机的判断带来了弊端。

（2）反码表示。

数制 X 的反码定义如下。

若 X 是纯整数，则

$$[X_1]_反=\begin{cases}X & 0\leqslant X\leqslant 2^{n-1}-1 \\ 2^n-1+X & -(2^{n-1})\leqslant X\leqslant 0\end{cases}$$

若 X 是纯小数，则

$$[X_1]_反=\begin{cases}X & 0\leqslant X<1 \\ 2-2^{-(n-1)}+X & -1<X\leqslant 0\end{cases}$$

由定义可知，反码是将负数原码（除符号位外）逐位取反所得的数，正数的反码则与其原码形式相同。

例如：X_1、X_2 的真值为 $X_1=+1110110$、$X_2=-1011010$，反码表示为

$$[X_1]_反=01110110，\qquad [X_2]_反=10100101$$

同样，反码表示方式中，0 也有两种表示方法：$[+0]_反=00000000$，$[-0]_反=11111111$。

（3）补码表示。

数 X 的补码记作 $[X]_补$，如果机器字长为 n，则补码的定义如下：

$$[X_1]_补=\begin{cases}X & 0\leqslant X\leqslant 2^{n-1}-1 \\ 2^n-|X| & -2^{n-1}\leqslant X\leqslant 0\end{cases}$$

其中,正数的补码等于其原码本身,而负数的补码等于 2^n 减去它的绝对值,即等同于对它的原码(符号位除外)各位取反,并将得到的反码加 1 所得到的数。

例:X_1、X_2 的真值为 $X_1 = +1110110$、$X_2 = -1011010$,补码表示为

$$[X_1]_补 = 01110110$$
$$[X_2]_补 = 10100110$$

注意:在补码中,0 有唯一的编码,即 $[+0]_补 = [-0]_补 = 00000000$。

补码可以将减法运算转换为加法运算,即可以实现类似代数中 $x - y = x + (-y)$ 的运算。补码的加减法运算规则:$[X+Y]_补 = [X]_补 + [Y]_补$,$[X-Y]_补 = [X]_补 + [-Y]_补$。

2. 浮点数表示

当机器字长为 n 时,定点数的补码可以表示 2^n 个数,而它的原码和反码只能表示 $2^n - 1$ 个数(正负 0 占了两个编码)。定点数所能表示的数值范围小,容易溢出,所以引入了浮点数的概念。浮点数是小数点位置不固定的数,它能表示更大的范围。

二进制数 M 的浮点数表示方法为

$$M = 2^E \times F$$

其中,E 称为阶码,F 称为尾数。

在浮点数表示法中,阶码通常为带符号的整数,尾数为带符号的小数。浮点数的一般表示格式如下:

阶码符号	阶码	数符号	尾数

浮点数的表示并不是唯一的。当小数点的位置改变时,阶码也随之改变,所以可用多种浮点形式表示同一个数。

浮点数所能表示的数值范围主要是由节数决定,表示数值的精度则由尾数决定。为了利用尾数来表示更多的有效数字,通常会对浮点数进行规格化。规格化就是将尾数的绝对值限定在区间 $[0.5, 1]$。当尾数用补码表示时,需要注意:

- 若尾数 $F \geqslant 0$,则其规格化的尾数形式为 $F = 0.1 \times \times \times \times \cdots \times$,其中"×"可为 0,也可为 1,即把尾数 F 的范围限定在区间 $[0.5, 1]$ 内;
- 若尾数 $F < 0$,则其规格化的尾数形式为 $F = 1.0 \times \times \times \times \cdots \times$,其中"×"可为 0,也可为 1,即把尾数 F 的范围限定在区间 $[-1, -0.5)$ 内。

2.2 计算机信息编码

数字化信息编码是将少量二进制符号(代码)根据一定规则进行组合,用来表示大量复杂多样的信息的一种编码。通常来讲,根据描述信息种类的不同,可将其分为字符编码、数字编码、汉字编码、多媒体信息编码等。

2.2.1 字符编码

现在,计算机的大部分工作已经不再是简单的科学计算,而是掺杂着大量符号、文字等非数值型数据的操作,因此需要将这些字符用二进制来表示,然而二进制并不能直接表示非数值型数据,其解决办法就是给这些字符编号,并且用二进制数来表示这个编号,这样表示

字符的方式称为字符编码。

1. ASCII 码

ASCII 码(American Standard Code of Information Interchange)是"美国标准信息交换代码"的缩写,后来被国际标准化组织 ISO 采纳,作为国际通用的字符信息编码方案。ASCII 码利用 7 位二进制数的不同编码来表示 128 个不同的字符($2^7=128$)。ASCII 码中,每个编码转换为十进制数的值被称为该字符的 ASCII 码值。ASCII 码表如表 2-2 所示。

表 2-2　ASCII 码表

$d_7 d_6 d_5$ / $d_4 d_3 d_2 d_1$	000	001	010	011	100	101	110	111
0000	NUL	DLE	SP	0	@	P	、	p
0001	SOH	DC	!	1	A	Q	a	q
0010	STX	DC	"	2	B	R	b	r
0011	ETX	DC	#	3	C	S	c	s
0100	EOT	DC	$	4	D	T	d	t
0101	ENQ	NAK	%	5	E	U	e	u
0110	ACK	SYN	&	6	F	V	f	v
0111	BEL	ETB	'	7	G	W	g	w
1000	BS	CAN	(	8	H	X	h	x
1001	HT	EM	)	9	I	Y	i	y
1010	LF	SUB	*	:	J	Z	j	z
1011	VT	ESC	+	;	K	[	k	{
1100	FF	FS	,	<	L	\	l	|
1101	CR	GS	—	=	M	]	m	}
1110	SO	RS	.	>	M		n	~
1111	SI	US	/	?	O		o	DEL

这 128 个字符又可分为两类:可显示或可打印字符 95 个和控制字符 33 个。所谓可显示或可打印字符,是指包括 0～9 这 10 个数字符,a～z、A～Z 共 52 个英文字母符号,"+""—""≠""/"等运算符号,"。""?"",""；"等标点符号,"♯""%"等商用符号在内的 95 个可以通过键盘直接输入的符号,它们都能在屏幕上显示或通过打印机打印出来。

控制字符可以用来实现数据通信时的传输控制、打印或显示的格式控制,以及对外部设备的操作控制等特殊功能,共有 33 个控制字符,它们均是不可直接显示或打印(不可见)的字符。如编码为 7DH(最后一个字母 H 表示前面的 7D 用十六进制表示)的 DEL 用作删除操作,编码为 08H 的 BS 用作退格控制等。ASCII 码表(表 2-2)一共有 2^4(16)行、2^3(8)列。低 4 位编码 $d_3 d_2 d_1 d_0$ 用作行编码,而 $d_7 d_6 d_5$ 高 3 位用作列编码。

值得注意的是数字 0 到 9 的编码:它们都位于第 3 列(011),从 0 行(0000)排列到 9 行(1001),即 0 的 ASCII 码为 $(0110000)_2=(30)_{16}$,9 的 ASCII 码为 $(0111001)_2=(39)_{16}$,将高3 位屏蔽掉,第 4 位恰好是 0～9 的二进制码,这个特点使得在数字符号(ASCII 码)与数字值(二进制码)之间进行转换非常方便。

2. EBCDIC 码

EBCDIC(Extended Binary Coded Decimal Interchange Code)就是扩展的二/十进制交换码,采用 8b 编码来表示一个字符,总共可以表示 $2^8=256$ 个不同符号,但 EBCDIC 码中并没有使用全部编码,只选取了其中一部分,剩下的保留用作扩充。EBCDIC 码常用于 IBM 大型计算机中。在 EBCDIC 码制中,数字 0~9 的高 4 位编码都是 1111,而低 4 位编码则依次为 0000 到 1001。将高 4 位屏蔽掉,也很容易实现从 EBCDIC 码到二进制数字值的转换。

2.2.2　数字编码

数字编码是采用二进制数码按照某种规律来描述十进制数的一种编码。最常用的是 8421 码,或称之为 BCD 码(Binary Code Decimal),它利用 4 位二进制代码进行编码,从高位到低位的位权分别为 23、22、21、20,即 8、4、2、1,并用来表示 1 位十进制数。

BCD 码通过二进制数的形式来满足数字系统的要求,同时又具有十进制的特点(只有 10 种有效状态)。在某些情况下,计算机也可对这种形式的数据直接进行运算。

常见的 BCD 码有以下几种表示。

1. 8421BCD 码

这是使用最为广泛的 BCD 码,是一种有权码,其各位的权分别是(从最高有效位开始到最低有效位)8、4、2、1。

在使用 8421BCD 码时,一定要注意其有效的编码只有 10 个,即 0000~1001。4 位二进制数的其余 6 个编码 1010、1011、1100、1101、1110、1111 不是有效编码。

2. 2421BCD 码

2421BCD 码也是一种有权码,从高位到低位的权分别为 2、4、2、1,它也可以用 4 位二进制数来表示 1 位十进制数。

3. 余 3 码

余 3 码也是一种 BCD 码,但它是无权码,由于该编码的每一个码与对应的 8421BCD 码之间相差 3,故称为余 3 码,通常使用较少,故只做一般性了解即可。

常见的 BCD 编码见表 2-3。

表 2-3　BCD 编码表

十进制数	8421BCD 码	2421BCD 码	余 3 码
0	0000	0000	0011
1	0001	0001	0100
2	0010	0010	0101
3	0011	0011	0110
4	0100	0100	0111
5	0101	1011	1000
6	0110	1100	1001
7	0111	1101	1010
8	1000	1110	1011
9	1001	1111	1100

2.2.3　汉字编码

汉字在计算机内也采用二进制编码形式进行数字化信息编码。由于汉字的数量庞大，常用的也有几千个之多，因此汉字编码远比 ASCII 码表要复杂得多，用一个字节（8bit）是不够的。目前的汉字编码方案有二字节、三字节甚至四字节的方案。在汉字处理系统中，由于汉字具有特殊性，在输入、内部处理、输出过程中对汉字的要求不同，所用代码也不尽相同。汉字信息处理系统在处理汉字以及汉字词语时，要进行输入码、国标码、机内码、字形码等一系列的汉字代码转换。

1. 国标码

1981 年，中国国家标准局制定了《中华人民共和国国家标准信息交换汉字编码》，代号为 GB2312-80。这种编码称为国标码。国标码字符集中共收录了字符符号 7445 个，其中一级常用汉字 3755 个，二级常用汉字 3008 个，西文和图形符号 682 个。

GB2312-80 规定，所有的国标汉字与字符符号组成一个 94×94 的矩阵。在此矩阵中，每一行称为一个区（区号分别为 01～94），每个区内有 94 个位（位号分别为 01～94）的汉字字符集。

汉字与符号在矩阵中的分布情况如下。

1～15 区为图形符号区；16～55 区为一级汉字和常用的二级汉字区；56～87 区为不常用的二级汉字区；88～94 区为自定义汉字区。

2. 输入码（外码）

输入码也称为外码，用来将汉字由各种输入设备以不同方式输入计算机。每种输入码都与相应的输入方案有关。根据输入编码方案的不同，一般可分为数字编码（如区位码）、字形码（如五笔字型编码）、音码（如拼音编码）及音形混合码等。每个人都可以根据自己的需求进行选择。

3. 机内码

计算机内部对汉字信息的存储和处理采用了统一的编码方式，即汉字机内码（简称为机内码）。机内码与国标码稍有区别，如果计算机中直接使用国标码作为内码，就会与 ASCII 码冲突。在汉字输入时，根据输入码通过计算或查找输入码表即可完成输入码到机内码的转换。

4. 字形码

汉字在显示和打印输出时，都是以汉字字形信息表示的，每个汉字都可以写在同样大小的方块中，即以点阵的方式形成汉字图形。汉字字形码是指确定一个汉字字形点阵的代码（汉字字模）。

图 2-1 所示是一个 16×16 点阵的汉字"中"，其中用 1 表示黑点，0 表示白点，则黑白信息就可以用二进制数来表示。每个点都是用 1 位二进制数来表示，则一个 16×16 的汉字字模要用 32 字节来存储。国标码中的 6763 个汉字及图形符号要用 261696 字节存储。利用这种形式存储所有汉字字形信息的集合称为汉字字库。显然，随着点阵的增

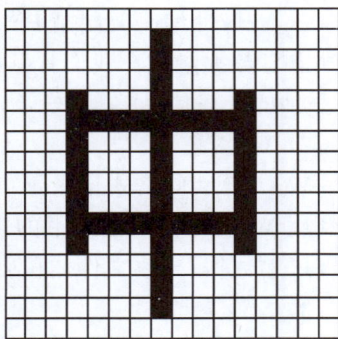

图 2-1　16×16 点阵的汉字"中"

大，所需存储容量也快速增加，其字形质量也更好，但成本也更高。如今的汉字信息处理系统中，屏幕显示一般用 16×16 点阵，打印输出时采用 32×32 点阵，在质量要求较高时，可以采用更高的点阵。

2.2.4　多媒体信息编码

在信息大爆炸的今天，多媒体信息充斥着人们的生活。我们日常所用的手机、影音播放器等设备都依靠多媒体信息进行传输。多媒体信息的编码大致分为音频编码和图像编码两种。

1. 音频编码

音频编码是一种将声音信号转换成计算机或数字设备可以存储、处理和传输的数字格式的技术。这个过程可以通俗地理解为对声音进行"压缩打包"，以便在不同的设备和网络环境中高效地使用。

以下是音频编码的一般步骤，下面用一个比较通俗的比喻来说明。

（1）采集声音：就像用麦克风录制声音，以捕捉到原始的声音波形。

（2）数字化：将模拟的声音波形转换成数字信号。这个过程就像用相机拍摄跳跃的波形，将其变成一系列照片（数字数据）。

（3）编码：通过特定的算法对数字化的声音数据进行压缩。这就好比把一本书的内容压缩成简短的摘要，以减少存储空间和传输时间。

（4）封装：将编码后的数据按照一定的格式封装起来，形成音频文件。这就像把摘要装订成册，以便阅读和使用。

（5）传输：通过网络或其他媒介发送封装好的音频文件。这个过程就像邮寄书籍一样，把音频文件发送给接收者。

（6）解码：接收方收到音频文件后，使用相应的解码器将压缩的数据还原成原始的声音波形。这就像读者阅读摘要后能够理解原始书籍的主要内容一样。

（7）播放：将解码后的声音波形转换成模拟信号，通过扬声器播放出来。这相当于听众听到了原始的声音。

音频编码技术有很多，包括但不限于 PCM、MP3、AAC 等。每种编码技术都有其特点，如压缩率、音质、兼容性等，适用于不同的场景和需求。

1）PCM

PCM 脉冲编码调制是 Pulse Code Modulation 的缩写。其最大的优点是音质好，最大的缺点是数据量大。我们常见的 AudioCD 就采用了 PCM 编码，一张光盘的容量只能容纳 72 分钟的音乐信息。

2）WAVE

WAVE 编码格式记录了声音的波形，只要机器处理速度快、采样率高、采样字节长，那么利用 WAVE 格式记录下的声音文件就可以和原声保持一致。WAVE 格式的缺点是不可以压缩数据，导致文件体积巨大。

3）MOD

MOD 格式及其播放器应用大约开始于 20 世纪 80 年代初，该格式利用 Modplayer 通过 LPT 口自制"声卡"，或者通过机器自带的喇叭直接播放乐曲。MOD 仅仅是这类音乐文

件的一个总称,这是因为该格式早期的文件扩展名是 MOD,只是后来经过发展逐渐产生了
ST3、S3M、XT、669、FAR 等扩展格式,但其基本原理和原来是一样的。该格式的文件中既
存放了乐谱,又存放了乐曲使用到的音色样本。

4) MP3

MP3 利用的是 MPEG Audio Layer 3 的技术,由于它较大程度地压缩了人耳不敏感的
部分,导致其音质并不令人满意。MP3 是一种有损压缩格式,但是 MP3 格式能够在音质丢
失很小的情况下把文件压缩到更小的程度,而且保持了原来的音质。由于 MP3 格式具有体
积小、音质高等特点,使得其几乎成为网上音乐的代名词。

5) AAC

AAC(Advanced Audio Coding)是一种被广泛使用的音频编码标准,由 MPEG-2 和
MPEG-4 标准定义,旨在提供比 MP3 格式更高的音频质量和更低的比特率,通过结合多种
音频编码技术,如变换编码、心理声学模型和量化等来实现高效压缩。AAC 格式使用基于
块的编码方法,将音频信号分成小块进行处理,并利用心理声学模型来减少人耳不太敏感的
音频成分。它支持多种比特率和采样率,以适应不同的应用场景。AAC 格式的主要优点包
括能在较低的比特率下提供与 MP3 相当或更好的音质,支持多种采样率和比特率,适用于
多种音频应用场景,具有错误恢复功能,能够在传输过程中处理数据包丢失等。

2. 图像编码

图像格式可以分为两类:一类是描绘类、矢量类或面向对角的图像;另一类是位图。前
者由几何元素组成,并且用数学方法描述图像,后者用像素形式描述图像。通常情况下,前
者对图像的表达真实细致,图像的分辨率在缩小后不发生变化,因此被较多地应用在专业级
的图像处理中。

图像的主要指标为灰度、分辨率与色彩位深。分辨率通常有多种类型,包括输出分辨
率、屏幕分辨率、打印分辨率等。输出分辨率用每英寸所包含的像素点数(DPI)表示,数值
越大,表示输出设备的精度越高,图像越细腻。屏幕分辨率通常用每英寸的像素点数(PPI)
表示,数值越大,图像质量越好。我们常见的色彩位深包括 1 位、8 位、16 位、24 位和 32 位。
如果图像是 16 位色彩深度,则每个像素有 16 位信息,能够表示 65536 种颜色。假如图像达
到 24 位色彩深度,则可以表现出 16777216 种颜色,也称为真彩色。有代表性的图形格式主
要有以下几种。

1) BMP(Bit Map Picture)

该格式是 PC 机上最为常用的位图格式,它有压缩和不压缩两种形式,是 Windows 附
件中的绘画应用程序默认的图形格式。一般的 PC 图像软件都可以访问它,但 BMP 格式存
储的文件容量相对较大。

2) PCX(PC Paintbrush)

这是一种由 Zsoft 公司创建的 PC 位图格式,其优点是可以压缩、节约磁盘空间,其最高
可以表现 24 位图像。

3) GIF(Graphics Interchange Format)

在不同平台的不同图形处理软件上均可处理的压缩的图形格式。GIF 作为一种标准位
图格式,其优点是可以在 IBM、Macintosh 等机器间进行移植,但是这个格式存储的色彩最
高仅能达到 256 种。由于这个缺点,只有像 AnimatorPro 和 Web 网页这类的二维图形软件

还在使用它,其他系统已经很少用到它了。

4)JPEG(Joint Photographic Experts Group)

这是一种广泛应用于互联网和数码相机的图像压缩标准,正式名称为 ISO10918-1。它使用有损压缩技术,能够有效地减小图像文件的大小,适合于照片和网络图像的传输与存储。JPEG 压缩通常会导致一些图像质量的损失,特别是在高压缩率下,图像可能会出现明显的压缩伪影,如块效应和马赛克现象。

5)JPEG2000

正式名称为 ISO/IEC15444,是 JPEG 的升级版,提供了更高效的压缩性能和更高级的特性。它支持无损和有损压缩,能够在保持图像质量的同时提供更高的压缩比。JPEG2000还支持渐进式传输,允许图像按分辨率或质量层次逐步加载,非常适合网络环境。此外,它还具备可缩放性、感兴趣区域编码、错误恢复能力等高级功能,适用于更广泛的应用场景,包括医学成像、卫星图像处理和数字电影等。

习题

一、填空题

1. 标准 ASCII 字符集共有_____个编码。

2. 在计算机内部,用_____字节的二进制数码代表一个汉字。

3. 二进制数 11110 转换为十进制数是_____。

4. 在计算机内部,数字和符号都用_____代码表示。

5. 汉字编码包括汉字输入码、国标码、_____和_____几方面内容。

二、计算题

1. 将下列二进制数转换为八进制数、十进制数和十六进制数。

① $(10110101101011)_2$;   ② $(111111111000011)_2$。

2. 将下列十进制数转换为二进制数、八进制数和十六进制数。

① $(223)_{10}$;   ② $(137)_{10}$;   ③ $(65.625)_{10}$。

3. 将下列十六进制数转换为二进制数、八进制数和十进制数。

① $(4E1)_{16}$;   ② $(11A)_{16}$;   ③ $(5F25)_{16}$。

4. 假设计算机字长为 8 位,采用补码进行表示,请写出下列十进制数在计算机中的二进制表示。

34   0 -03 -10 -127

三、简答题

1. 简述计算机内部的信息为什么要采用二进制数编码来表示。

2. 汉字有哪几种常用的编码方式?请简述它们的编码规则和用途。

第3章　计算机系统基础

人工智能作为计算机科学的一个分支,其核心在于模仿人类智能行为,赋予计算机执行学习、推理、感知和决策等高级任务的能力。这一领域的进步依赖于强大的计算资源和高效的数据处理机制,而这正是由计算机系统所提供的。计算机系统由硬件和软件构成,硬件包括 CPU、内存和存储设备等,而软件则包括操作系统和其他应用程序。

操作系统在计算机系统中扮演着至关重要的角色,它不仅管理着计算机的硬件资源,确保人工智能程序能够高效地访问和处理数据,还通过优化算法和系统调用提升了人工智能程序的执行效率。此外,操作系统提供的接口和服务,如文件系统访问、网络通信等,对于机器学习、自然语言处理、计算机视觉等人工智能应用的运行至关重要。同时,操作系统的安全性和稳定性也是确保人工智能系统可靠运行的关键。

计算机系统和操作系统构成了人工智能发展的物质基础与技术平台。缺乏强大的硬件支持,人工智能的复杂算法和对大数据的处理将难以实现;而没有高效的操作系统,人工智能程序就无法有效地与硬件交互,也无法最大限度地利用系统资源。人工智能的快速发展同样反哺了计算机系统和操作系统的进步。硬件制造商为了满足人工智能对计算速度和数据处理能力的需求,不断推出性能更强大的处理器和存储解决方案。操作系统开发者也在持续优化系统架构,以更好地适应和支持人工智能应用的需求。

综上所述,计算机系统和操作系统不仅是人工智能发展的基础设施,而且人工智能的创新也在不断推动着计算机系统和操作系统的演进。三者形成了一种相互促进、共同发展的动态关系,共同构成了现代信息技术的支柱。

▎ 3.1　计算机的基本组成

3.1.1　计算机的工作原理

最早的计算机只包含固定用途的程序,它既不能拿来当作文字处理软件,也不能拿来玩游戏。若想改变此机器的程序,必须更改线路和结构,甚至重新设计此机器。存储程序型计算机的概念改变了这一切。这种思想促成了现代计算机工作原理的完善与发展。简言之,计算机的基本原理就是存储程序和程序控制。根据这一原理,科学家与设计者有针对性地提出了计算机的设计思想,并且据此开发出了不同功能的部件。下面介绍在计算机发展史上最具有影响力的设计思想。

图灵机又称为图灵计算机,是 1936 年由数学家阿兰·麦席森·图灵(1912—1954)提出的一种抽象的计算模型,它能将人们使用纸笔进行数学运算的过程进行抽象,由一个虚拟的机器替代人们进行数学运算。

图灵机被公认为现代计算机的原型,这台机器可以读入一系列的 0 和 1,这些数字代表解决某一问题所需要的步骤,按这个步骤走下去,就可以解决某一特定问题。这种观念在当时是具有决定性意义的,因为即使在 20 世纪 50 年代,大部分计算机还只能解决某一特定问题,而不是通用性的,而图灵机在理论上却是通用机。在图灵看来,这台机器只用保留一些最简单的指令,一个复杂的工作只需把它分解为这几个最简单的操作就可以实现了,在当时能够提出这样的思想确实是很了不起的。

图灵机的构造如图 3-1 所示,它有一条无限长的纸带,纸带分成了尺寸一样的小方格,每个方格有不同的颜色。有一个机器头在纸带上来回移动。机器头有一组内部状态,还有一些固定的程序。在每个时刻,机器头都要从当前纸带上读入一个方格信息,然后结合其内部状态查找程序表,根据程序输出信息到纸带方格上,并转换其内部状态,然后进行移动。

图 3-1　图灵机示意图

图灵的基本思想是用机器来模拟人们用纸笔进行数学运算的过程,为了模拟人的这种运算过程,图灵构造出一台假想的机器,该机器由以下 4 部分组成。

1. 一条无限长的纸带

纸带(Tape)被划分为一个接一个的小格子,每个格子上包含一个来自有限字母表的符号,字母表中有一个特殊的符号表示空白。纸带上的格子从左到右依次被编号为 0,1,2,…,纸带的右端可以无限长伸展。

2. 一个读写头

读写头(Head)可以在纸带上左右移动,它能读出当前所指的格子上的符号,并能改变当前格子上的符号。

3. 一套控制规则

根据当前机器所处的状态以及当前读写头所指的格子上的符号来确定读写头下一步的动作,并改变状态寄存器的值,令机器进入一个新的状态。

4. 一个状态寄存器

用来保存图灵机当前所处的状态。图灵机的所有可能状态的数目都是有限的,并且有一个特殊的状态,称为停机状态。

不难看出,图灵机的核心思想是通过抽象机器模拟人的思维过程。图灵将人类解决数学问题的过程抽象为两个步骤。

一是在纸上写上或擦除某个符号；二是把注意力从纸的一个位置移动到另一个位置。而这两个步骤在图灵机中是通过读写头的擦写和左右移动来实现的，读写头的动作又由纸带上记录的内容和内部控制规则共同决定。控制者要做的就是改变控制规则以实现不同的功能。这个机器的每部分都是有限的，但它有一个潜在的无限长的纸带，因此这种机器只是一个理想的设备。图灵认为这样的一台机器就能模拟人类所能进行的任何计算过程。然而一套控制规则一旦实现，就可以让机器按人的思想进行重复计算和自动运行。尽管当时存在拥有更多功能的计算工具，但图灵机这种朴素的"程序"思想，使其大大超越了其他计算工具。

图灵机的思想与运行原理看起来似乎并不深奥，可能有些人会觉得它不能解决高深而复杂的问题，只能对比较简单的问题进行求解。但从原理上讲，可以通过组合若干图灵机完成更大、更复杂的计算，如果把一个图灵机对纸带信息变换的结果又输入另一台图灵机，然后再输入其他图灵机，不断地重复这一过程，就是把计算进行了组合。实际上，面对可能出现的无限多的内部状态、无限复杂的程序，并不需要写出无限复杂的程序列表，而仅仅将这些图灵机组合到一起就可以产生复杂的行为了。图灵机的产生一方面奠定了现代数字计算机的基础，另一方面，根据图灵机这一基本简洁的概念，还可以看到可计算的极限是什么，即实际上计算机的本领从原则上讲是有限的。这里说到极限并不是指计算机硬件方面的极限，而是仅仅就信息处理这个角度，计算机也存在着极限。

现代计算机之父冯·诺依曼生前曾多次谦虚地说："如果不考虑查尔斯·巴贝奇等早先提出的有关思想，现代计算机的概念当属于阿兰·麦席森·图灵"。冯·诺依曼能把"计算机之父"的桂冠戴在比自己小 10 岁的图灵头上，足见图灵对计算机科学影响之巨大。虽然计算机并不是图灵发明的，但计算机发展的基石就是"图灵机模型"，其基础作用最为重要。

冯·诺依曼的核心思想是采用二进制作为计算机数值计算的基础，以 0、1 代表数值。不采用人类常用的十进制记数方法，而采用二进制可以使计算机容易实现数值的计算。程序或指令按照顺序执行，即预先编好程序，然后交给计算机按照程序中预先定义好的顺序进行数值计算。

根据冯·诺依曼体系结构构成的计算机，必须具有如下功能。

（1）把需要的程序和数据送至计算机中。

（2）必须具有长期记忆程序、数据、中间结果及最终运算结果的能力。

（3）能够完成各种算术运算、逻辑运算和数据传送等数据加工处理。

（4）能够根据需要控制程序走向，并能根据指令控制机器的各部件协调操作。

（5）能够按照要求将处理结果输出给用户。

为了实现计算机的上述功能，计算机必须具备五大基本组成部件，包括运算器、控制器、存储器、输入设备和输出设备。

五大基本组成部件之间通过指令进行控制，并在不同部件之间进行数据传递。冯·诺依曼计算机结构如图 3-2 所示。

计算机的发展也在很大程度上归功于冯·诺依曼的这种构造思想。现代计算机中存储与基本指令的选取以及线路之间相互作用的设计，都深深受到冯·诺依曼思想的影响。

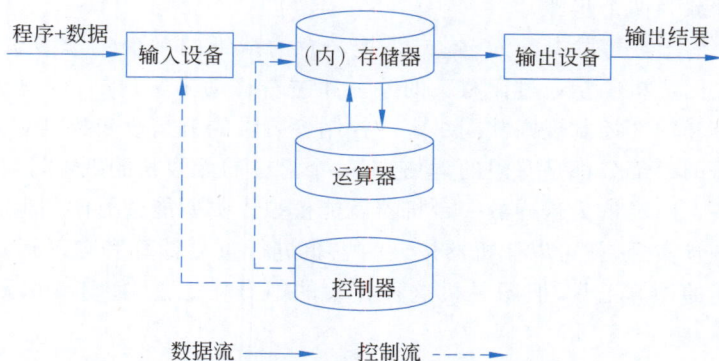

图 3-2　冯·诺依曼计算机结构图

现代计算机系统就是在冯·诺依曼思想的基础上经过不断发展和完善形成的。一个完整的计算机系统由硬件系统和软件系统组成,其具体结构如图 3-3 所示。

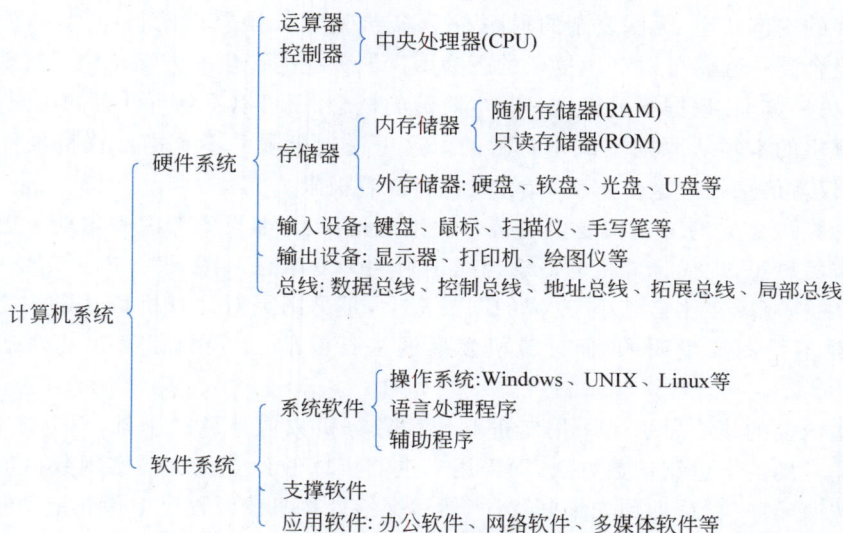

图 3-3　计算机系统构成图

3.1.2　计算机硬件系统

计算机硬件系统是指构成计算机的所有实体部件的集合。通常这些部件由电路(电子元件)、机械等物理部件组成,它们都是能看得见、摸得着的,因此称为“硬件”,是进行一切工作的基础。计算机的硬件系统一般由运算器、控制器、存储器、输入设备和输出设备,以及起到连接与传送信息作用的总线共同组成。

1. 运算器

运算器也称为算术逻辑部件(ALU),是计算机中执行各种算术和逻辑运算操作的部件。运算器的基本操作包括加、减、乘、除四则运算;与或、非、异或等逻辑操作;算术和逻辑移位操作;比较数值、变更符号、计算主存地址等。运算器中的寄存器用于临时保存参加运算的数据和运算的中间结果等。运算器中还要设置相应的部件,用来记录一次运算结果的特征情况,如是否溢出、结果的符号位、结果是否为零等。一般计算机都采用二进制运算器,随着计算机广泛应用于商业和数据处理,越来越多的机器都扩充了十进制运算的功能,使运算器既能完成二进制运算,也能完成十进制运算。运算器是计算机的核心部件,其技术性能的高低直接影响着计算机的运算速度和性能。

2. 控制器

控制器是指挥计算机的各个部件按照指令的功能要求协调工作的部件,是计算机的神经中枢和指挥中心,它按照人们事先给定的指令步骤统一指挥各部件有条不紊地协调工作。控制器的主要功能是从内存中取出一条指令,并指出当前所取指令的下一条指令在内存中的地址,对所取指令进行译码和分析,并产生相应的电子控制信号,启动相应的部件执行当前指令规定的操作,周而复始地使计算机实现程序的自动执行。控制器的功能决定了计算机的自动化程度。

随着大规模集成电路技术的发展,运算器和控制器通常集成在一块半导体芯片上,称为中央处理器或微处理器,简称为 CPU。CPU 是计算机的核心和关键,计算机的性能主要取决于 CPU。

3. 存储器

在计算机的组成结构中,有一个很重要的部分,那就是存储器。存储器是用来存储程序和数据的部件。对于计算机来说,有了存储器,才有记忆功能,才能保证正常工作。计算机在运行过程中需要的大量数据和计算程序,都以二进制编码形式存于存储器中。存储器分为许多小的单元,称为存储单元。每个存储单元都有一个编号,称为地址。存储器中的数据被读出以后,原存储器中的数据仍能保留,只有重新写入,才能改变存储器存储单元的存储状态。

存储器的种类很多,按其用途可分为主存储器和辅助存储器。主存储器又称为内存储器,简称为内存;辅助存储器又称为外存储器,简称为外存。内存是程序存储的基本要素,存取速度快,但价格较贵,容量不可能配置得非常大,目前市场上的内存条,单条容量以 8GB、16GB 为主流产品。而外存的响应速度相对较慢但容量可以做得很大,目前的主流硬盘容量为 500GB～2TB。外存价格比较便宜并且可以长期保存大量程序或数据,是计算机中必不可少的重要设备。

4. 输入设备

计算机在与人进行会话、接收人的命令或接收数据时需要的设备叫作输入设备。常用的输入设备有键盘、鼠标、扫描仪、手写笔、游戏杆等。

5. 输出设备

输出设备是将计算机处理的结果以人们能够识别的方式输出的设备。常用的输出设备有显示器、音箱、打印机、绘图仪等。

6. 总线

总线(Bus)是计算机各种功能部件之间传送信息的公共通信干线,它是由导线组成的传输线束,按照计算机所传输的信息种类,计算机的总线可以划分为数据总线、地址总线和控制总线,分别用来传输数据、数据地址和控制信号。总线是一种内部结构,它是 CPU、内存、输入设备、输出设备传递信息的公用通道,主机的各个部件通过总线相连接,外部设备通过相应的接口电路再与总线相连接,从而形成了计算机硬件系统,微型计算机是以总线结构来连接各个功能部件的。

只有硬件系统而没有软件系统的计算机称为裸机，它是无法工作的。要想让计算机完成某项工作，必须配备相应的软件系统。软件是一系列按照特定顺序组织的计算机数据和指令的集合，是计算机中的非有形部分。计算机中的有形部分称为硬件，由计算机的外壳及各零件及电路组成。计算机软件需要有硬件才能运作，反之亦然，即软件和硬件需要在二者互相配合的情形下，才能进行实际的运作。软件不分架构，有其共通的特性，在运行后可以让硬件运行设计师要求的功能。软件存储在存储器中，软件不是可以碰触到的实体，可以碰触到的只是存储软件的零件（存储器）或是媒介（光盘或磁片等）。

3.1.3　计算机软件系统

计算机的软件系统分为系统软件、支撑软件和应用软件。

1. 系统软件

各种应用软件，虽然完成的工作各不相同，但它们都需要一些共同的基础操作，例如都要从输入设备取得数据，向输出设备送出数据，向外存写数据，从外存读数据，对数据进行常规管理等。这些基础工作也要由一系列指令来完成。人们把这些指令集中组织在一起，形成专门的软件，用来支持应用软件的运行，这种软件称为系统软件。

一般来讲，系统软件包括操作系统和一系列基本的工具（如编译器、数据库管理、存储器格式化、文件系统管理、用户身份验证、驱动管理、网络连接等），是支持计算机系统正常运行并实现用户操作的软件。系统软件一般是在购买计算机时随机携带的，也可以根据需要自行安装。

有代表性的系统软件有以下 3 种。

1）操作系统

在计算机软件中，最重要且最基本的系统软件就是操作系统（Operating System，OS），它是最底层的软件，它控制所有计算机运行的程序并管理整个计算机的资源，是计算机裸机与应用程序及用户之间的桥梁。没有它，用户就无法使用某种软件或程序。

2）语言处理程序

语言处理程序的工作就是将用高级程序设计语言编写的源程序转换成机器语言的形式，以保证计算机能够运行，这一转换是由翻译程序完成的。翻译程序除了要完成语言之间的转换外，还要进行语法、语义等方面的检查，翻译程序统称为语言处理程序，共有 3 种：汇编程序、编译程序和解释程序。通常情况下，它们被归入系统软件。

3）辅助程序

系统辅助处理程序也称为"软件研制开发工具""支持软件""软件工具"，主要有编辑程序、调试程序、装备和连接程序。

2. 支撑软件

支撑软件是在系统软件和应用软件之间，给应用软件提供设计、开发、测试、评估、运行、检测等辅助功能的软件，有时以中间件的形式存在。随着计算机科学技术的发展，软件的开发和维护代价在整个计算机系统中所占的比重较大，远远超过硬件。因此，支撑软件的研究具有重要意义，直接促进了软件的发展。

常见的支撑软件有以下 3 种。

（1）软件开发环境是指在基本硬件和宿主软件的基础上，为支持系统软件和应用软件的工程化开发和维护而使用的一组软件。

（2）数据库管理系统（Database Management System，DBMS）是一种操纵和管理数据库的大型软件，用于建立、使用和维护数据库。它对数据库进行统一的管理和控制，以保证数据库的安全性和完整性。

（3）网络软件是指在计算机网络环境中，用于支持数据通信和各种网络活动的软件。连入计算机网络的系统，通常根据系统本身的特点、能力和服务对象配置不同的网络应用系统。

3. 应用软件

应用软件是为了满足用户不同领域、不同问题的应用需求而被开发的软件。它可以拓宽计算机系统的应用领域，放大硬件的功能。它可以是一个特定的程序，如一个图像浏览器；也可以是一组功能联系紧密，能够互相协作的程序的集合，如微软公司的 Office 软件；还可以是一个由众多独立程序组成的庞大的软件系统，如数据库管理系统。

较常见的应用软件一般包括文字处理软件，如 Microsoft Office、WPS Office；数据管理软件，如 Oracle 数据库、SQL Server；辅助设计软件，如 AutoCAD；图形图像软件，如 Adobe Photoshop、Maya；网页浏览软件，如 Microsoft Edge、360 浏览器；网络通信软件，如 QQ、微信；影音播放软件，如 Windows Media Player、腾讯视频；音乐播放软件，如酷我音乐、酷狗音乐；下载管理软件，如迅雷；信息安全软件，如 360 安全卫士、金山毒霸；输入法软件，如 Google 拼音输入法、搜狗拼音输入法。

3.1.4　微型计算机系统

微型计算机是由大规模集成电路组成的体积较小的电子计算机，它是以微处理器为基础，配以内存储器及输入/输出（I/O）接口电路和相应的辅助电路的裸机。这类计算机的另一个普遍特征就是占用很少的物理空间。微型计算机使用的设备大多紧密地安装在一个单独的机箱中，也有一些设备可能短距离地连接在机箱外，如显示器、键盘、鼠标等。一般情况下，一台微型计算机可以很容易地摆放在大多数桌面上。相对地，更大的计算机，像大型计算机和超级计算机可以占据部分机柜或者整个房间。下面介绍的微型计算机主要是指 Personal Computer，它除了可以做简单的办公数据处理，也可以被应用于艺术创作、制作文稿以及播放多媒体文件。

3.1.4.1　微型计算机系统的发展

自 1981 年美国 IBM 公司推出第一代微型计算机 IBM-PC 以来，微型计算机以其执行结果精确、处理速度快捷、性价比高、轻便小巧等特点迅速进入社会各个领域，且技术不断更新、产品快速换代，从单纯的计算工具发展为能够处理数字、符号、文字、语言、图形、图像、音频、视频等多种信息的多媒体工具。如今的微型计算机产品无论从运算速度、多媒体功能、软硬件支持还是易用性等方面都比早期产品有了很大飞跃。

微型计算机的发展通常以微处理器芯片 CPU 的发展为基点。当一种新型 CPU 研制成功后，一年之内，相应的软硬件配套产品就会推出，进而使微型计算机系统的性能得到进一步完善，这样只需两至三年的时间就会形成新一代的微型计算机产品。美国 Intel 公司在微处理器的生产方面一直处于领先地位。

3.1.4.2　微型计算机系统的组成

从外观上看,微型计算机的基本配置包括主机箱、键盘、鼠标和显示器4部分。另外,微型计算机还常常配置打印机和音箱。通常情况下,一台微型计算机的外观如图3-4所示。一台完整的微型计算机系统由硬件系统和软件系统两部分组成。

前面章节介绍的硬件系统是从计算机工作原理的角度出发,说明一台计算机要想运行起来,有哪些硬件是必不可少的。而现在所谈论的硬件系统是针对微型计算机而言的,每种设备都拥有自己详尽的功能与特定的名称。例如,前面提到的运算器和控制器,在微型计算机系统中它们被封装到一起,叫作CPU。微型计算机不需要共享其他计算机的处理器、磁盘和打印机等资源也可以独立工作。从台式机、笔记本电脑到平板电脑以及超级本等,都属于微型计算机的范畴。

微型计算机的硬件系统是指其内部的物理设备,即由机械、电子器件构成的具有输入、存储、计算、控制和输出功能的实体部件。台式微型计算机机箱的内部零件众多。不管是台式机还是笔记本电脑,还是体积更小的微型计算机,其内部都要包含具有这些功能的硬件设备,只是在体积大小上存在差异。

微型计算机中包含的硬件主要有电源、主板、CPU、内存、硬盘、声卡、显卡、网卡、光驱、显示器、键盘、鼠标、打印机、移动存储设备等。下面将对各种硬件进行详细介绍。

3.1.4.3　微型计算机的基本配置及性能指标

计算机机箱内部的各种零部件如图3-5所示。下面介绍个人计算机主机的各个部件。

图 3-4　微型计算机

图 3-5　计算机机箱内部图

1. 电源

电源是计算机中不可缺少的供电设备。它通常被封装在一个金属盒里,在盒子里面,一个变压器把标准插座传送来的220V交流电转换为计算机使用的5V、12V、3.3V直流电。其他所有部件,从主板到磁盘驱动器,都通过彩色导线传来的电源获得动力,这些导线的两端是塑料保护的连接器。计算机电源如图3-6所示。

电源性能的好坏直接影响到其他设备的工作稳定性,进而会影响整机的稳定性。可以想象一下:计算机系统里的每个部件的电能都有同一个来源——电源。电源必须为所有设备不间断地提供稳定的、连续的电流。如果电源过量或不足,所连接的设备就有可能不能正常运作,看起来像坏了一样。计算机中很难发现的问题之一就是电源故障,症状可能是主板"不能用"、软件导致的系统崩溃,这些症状可能由主板、CPU或内存的异常形式表现出来,甚至有时看起来好像是硬盘、软盘等的问题。例如,内存不能刷新而造成数据丢失(导致软件错误),CPU可能出现死锁,随机重新启动,硬盘可能不转或硬盘可转动但不能正常处理控制信号。一台理想的电源供应器,除了要输出稳定的、准确的电源之外,保护机制电路的设计也相当重要。若预算许可,应尽量挑选保护机制完整的电源供应器,特别是过电流保护(OCP),以确保在电源供应器发生损坏时,不会伤害到其他零件。

2. 主板

主板是构成复杂电子系统(如电子计算机)的中心或者主电路板,是计算机中各个部件工作的一个平台,它把计算机的各个部件紧密连接在一起,典型的主板能提供一系列接合点,供处理器、显卡、声卡、硬盘、存储器、对外设备等设备接合。这些设备通常可以直接插入有关插槽,或用线路连接。主板外观如图3-7所示。

图 3-6　计算机电源　　　　　　　　图 3-7　主板

所有主板都有固定的主板结构,所谓主板结构,就是根据主板上各元器件的布局排列方式、尺寸、形状、所使用的电源规格等制定的通用标准,所有主板厂商都必须遵循这个通用标准。

主板是微机中最大的印刷线路板。印刷线路无须使用单根导线来连接部件,省去了多数连接工作中的手工焊接,极大地降低了制造时间和成本。人们不再使用导线,而是把金属轨迹,通常是把铝或铜印刷到硬塑料板上。轨迹非常窄,扩展卡和内存芯片合在一起插接在主板上,在狭小的线路板上建立单列直插式内存模块。从外部来看,部件似乎没有线路板,它们通常被罩在外壳下,磁盘驱动器和一些CPU把内部部件与印刷线路连在一起。也就是说,计算机中重要的"交通枢纽"都在主板上,其工作的稳定性影响着整机工作的稳定性。如果开机时主板发出蜂鸣音,往往意味着某些硬件出现了错误或问题。

3. CPU

中央处理器(Central Processing Unit,CPU)是一块超大规模的集成电路,是一台计算机的运算核心和控制核心,被称为计算机的"大脑",其功能主要是解释计算机指令以及处理计算机软件中的数据。CPU由运算器、控制器、寄存器、高速缓存及实现它们之间联系的数据、控制及状态的总线构成。作为整个系统的核心,CPU也是整个系统的最高执行单元,因此 CPU 已成为决定计算机性能的核心部件,很多用户都以它为标准来判断计算机的档次。Intel 酷睿 i9 型号的 CPU 如图 3-8 所示。

图 3-8　Intel 酷睿 i9 型号的 CPU

计算机的性能在很大程度上由 CPU 的性能决定,而 CPU 的性能主要体现在其运行程序的速度上。影响运行速度的性能指标包括 CPU 工作频率、Cache 容量、指令系统和逻辑结构等参数。

【案例思考】

2019 年 12 月 24 日,龙芯中科发布了自主研发的新一代通用处理器 3A4000/3B4000,芯片所有源代码均为自主设计,使用 28nm 工艺,主频为 1.8～2.0GHz,采用 4 核处理器。

在一大批"国之重器"上,龙芯正扮演着越来越重要的角色。龙芯 1E 和龙芯 1F 作为宇航级国防芯片,已经成功运用在我国自主研制的北斗系列卫星上,这标志着我国卫星导航系统在自主可控的征程上迈出了关键一步。除了卫星芯片,中国兵器工业集团也基于龙芯 2F＋1A 研发了的四余度火控计算机系统。龙芯 3B1000 则被用于 KD-90 高性能计算机和曙光 6000 超级计算机。这是在中国超算中具有里程碑意义的计算机,其实际运算能力可达每秒 1271 万亿次,是中国首台、世界第三台可以实现每秒过万亿次运算的超级计算机。

4. 内存

内存(Memory)也称为内存储器,是计算机中重要的部件之一,它是外存与 CPU 进行沟通的桥梁。计算机中所有程序的运行都是在内存中进行的,因此内存的性能对计算机的影响非常大。

内存是 CPU 能直接寻址的存储空间,由半导体器件制成。内存的特点是存取速率快。内存是计算机中的主要部件,它是相对于外存而言的。平常使用的程序,如 Windows 操作系统、打字软件、游戏软件等,一般都是安装在硬盘等外存上的,但这些软件仅在外存上是不能使用其功能的,必须把它们调入内存中运行,才能真正地使用其功能。输入一段文字或玩一个游戏,其实都是在内存中进行的。就好比在一个书房里,存放书籍的书架相当于计算机的外存,而工作的办公桌就是内存。通常的做法是把要永久保存的、大量的数据存储在外存上,而把一些临时的或少量的数据和程序存储在内存上。内存的好坏会直接影响计算机的运行速度。内存要存放所有待用数据,也就是说,内存很容易被大量占用,容易饱和。因此,计算机一般需要比较大的内存。工作越复杂,需要的内存越多。操作系统本身也需要占用内存空间。目前,1GB 内存是能运行 Windows 10(32 位)的最低要求。在前面讲到存储器时,曾介绍了 ROM 与 RAM。注意,在自己购置微型计算机时,需要选购的内存条就是 RAM,而不是 ROM。

内存有电可存,无电清空,即计算机在开机状态时内存中可存储数据,关机后将自动清空其中的所有数据。另外,随机存取存储器对环境的静电荷非常敏感。静电会干扰存储器内电容器的电荷,导致数据流失,甚至烧坏电路。因此,在触碰随机存取存储器前,应先用手触摸接地的金属。内存条外观如图 3-9 所示。

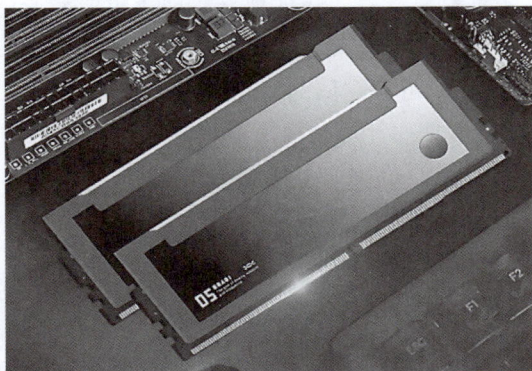

图 3-9　内存条

5. 硬盘

硬盘是微型计算机最主要的存储设备,由一个或者多个铝制或者玻璃制的碟片组成,碟片外覆盖有铁磁性材料,在这些硬而薄的盘片上以电磁的方式录制信息。盘片数和涂层材料的精细度决定了硬盘的容量。在微型计算机系统里,硬盘是"工作最努力"的一个部件。硬盘的盘片能以每分钟 10000 转的速度高速旋转,硬盘每读或写一个文件时,读写头都要有一阵繁忙的转动,并且这些转动要求其具有极高的精确度。硬盘被密封在一个金属外壳里,以保护内部的盘片与磁头,避免灰尘微粒进入读写头与盘片之间的微小缝隙,因为盘片上的一点灰尘都可能在盘片的磁性涂层上刻下划痕,造成硬盘损坏。硬盘及其内部构造如图 3-10 所示。

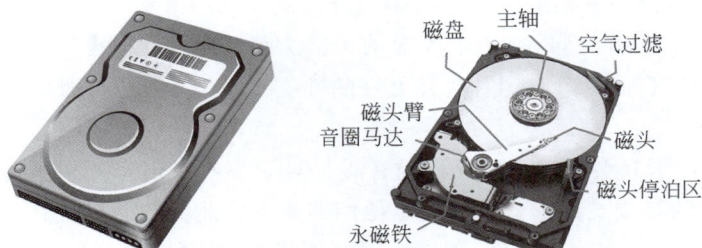

图 3-10　硬盘及其内部构造

6. 显卡

显卡的全称为显示接口卡(Video Card 或 Graphics Card),它能将计算机系统所需要的显示信息进行转换,并向显示器提供逐行或隔行扫描信号,控制显示器的正确显示,是连接显示器和主板的重要组件,是"人机"的重要设备之一,其内置的并行计算能力现阶段也用于深度学习等运算。对于喜欢玩游戏和从事专业图形设计的人来说,显卡非常重要。

配置较高的计算机,都包含显卡计算核心。在科学计算中,显卡被称为显示加速卡。显卡所支持的各种 3D 特效由显示芯片的性能决定,采用什么样的显示芯片大致决定了这块显卡的档次和基本性能。显示芯片是显卡的主要处理单元,因此又称之为图形处理器(GPU)。在处理 3D 图形时,尤其体现出 GPU 使显卡减少了对 CPU 的依赖,并完成部分原本属于 CPU 的工作。

　　衡量显卡性能的一项重要指标就是显存。显存是显示存储器的简称,也称为帧缓存,顾名思义,其主要功能就是暂时存储显示芯片处理过或即将提取的渲染数据,功能类似于安插在主板上的内存。显存与系统内存一样,其容量也是越多越好,图形核心的性能越强,需要的显存也就越大,因为显存越大,可以存储的图像数据就越多,支持的分辨率与颜色数也就越高,如游戏运行或图形渲染这些工作,做起来就更加流畅。主流显卡基本上具备 6GB 显存容量,一些中高端显卡则配备了 8GB 或以上的显存容量。核芯显卡如图 3-11 所示,独立显卡如图 3-12 所示。

图 3-11　核芯显卡　　　　　　　　图 3-12　独立显卡

7. 声卡

　　声卡是多媒体技术中最基本的组成部分,是实现声波与数字信号相互转换的一种硬件。声卡的基本功能是把来自话筒、磁带、光盘的原始声音信号加以转换,输出到耳机、扬声器、扩音机、录音机等声响设备,或通过音乐设备数字接口发出合成乐器的声音。

　　声卡发展至今,保留下来的主流产品类型分为板卡式声卡和集成式声卡。

- 板卡式:板卡式产品是现今市场上的中坚力量,产品涵盖低、中、高各档次,售价从几十元至上千元不等。它们拥有更好的性能及兼容性,支持即插即用,安装和使用都很方便。

- 集成式:声卡只会影响到计算机的音质。对于那些对声音要求不高的用户,更为廉价与简便的集成式声卡就可以满足他们的需求。此类产品集成在主板上,具有不占用 PCI 接口、成本更为低廉、兼容性更好等优势,能够满足普通用户的需求,自然就受到了市场的青睐,占据了声卡市场的半壁江山。集成式声卡如图 3-13 所示,板卡式声卡如图 3-14 所示。

8. 网卡

　　网卡是一块用于允许计算机在网络上进行通信的硬件设备,是网络中连接计算机和传输介质的接口。

　　网卡以前是作为扩展卡插到计算机总线上的,但是由于其价格低廉且以太网标准普遍存在,大部分计算机都在主板上集成了网络接口。还有一种无线网卡,它不通过有线连接,采用无线信号进行连接的网卡。无线网卡的作用、功能和普通网卡一样,是用来连接局域网

图 3-13　集成式声卡

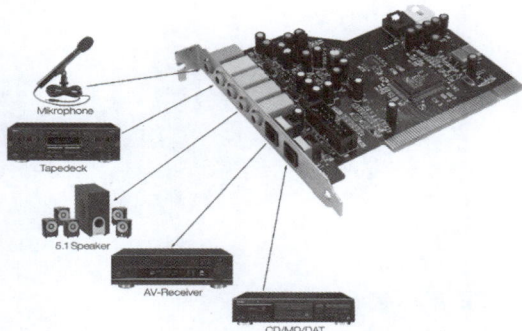

图 3-14　板卡式声卡

的。有了无线网卡,还需要一个可以连接的无线网络,如果你在家里或者所在地有无线路由器或者无线接入点的覆盖,就可以通过无线网卡以无线的方式连接无线网络。无线网卡可以根据不同的接口类型来区分,第一种是 USB 无线上网卡,是最常见的;第二种是台式机专用的 PCI 接口无线网卡;第三种是笔记本电脑专用的 PCMCIA 接口无线网卡;第四种是笔记本电脑内置的 MINI-PCI 无线网卡。普通网卡如图 3-15 所示,USB 接口无线网卡如图 3-16 所示。

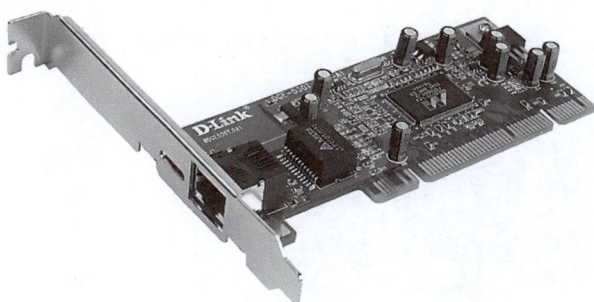

图 3-15　普通网卡

图 3-16　USB 接口无线网卡

每个网卡都有一个 MAC 地址,即一个独一无二的 48 位串行号,它是一个用来确认网络设备位置的地址,被写在一块 ROM 中。在网络上,每台计算机都必须拥有一个独一无二的 MAC 地址,它是生产厂商在制作网卡的过程时就已经录制好的,一般不能改动。形象地说,MAC 地址就如同身份证号码,具有唯一性。

9. 光驱

光驱是计算机用来读写光盘内容的机器,也是在台式机里比较常见的一个部件。随着多媒体的广泛应用,光驱在计算机诸多配件中已经成为标准配置。光驱可分为 CD-ROM、DVD-ROM、COMBO、BD-ROM 等。光驱的外观及其内部结构如图 3-17 所示。

光驱是一个结合光学、机械及电子技术的产品。在光学和电子结合方面,激光光源来自一个激光二极管,它可以产生波长为 $0.54\sim0.68\mu m$ 的光束,经过处理后,光束会更集中且能得到精确的控制。光束首先打在光盘上,再由光盘反射回来,经过光检测器捕捉信号。激光头是光驱的心脏,也是最精密的部分,它主要负责数据的读取工作,因此在清理光驱内部时要格外小心。

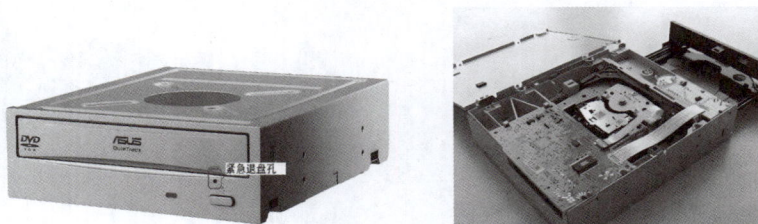

图 3-17　光驱的外观及其内部结构

10. 显示器

显示器通常也被称为监视器。显示器是属于 I/O 设备,即输入/输出设备。从早期的黑白世界到彩色世界,显示器走过了漫长而艰辛的历程。随着显示器技术的不断发展,显示器的分类也越来越细化。根据制造材料的不同,可分为阴极射线管显示器(CRT)、液晶显示器(LCD)、等离子显示器(PDP),另外还有一类特殊的 3D 显示器。

针对目前广泛使用的 LCD 显示器,在使用过程中有以下注意事项。

(1) 在不使用显示器时,一定要关闭显示器或者降低显示器的显示亮度,以免造成永久性的损坏。

(2) 注意防潮。长时间不用的显示器可以定期通电使其工作一段时间,让显示器通过工作时产生的热量将机内的潮气驱赶出去。

(3) 避免冲击。避免对 LCD 显示表面施加压力,以免造成 LCD 屏幕以及其他一些单元的损坏。各种各样的显示器如图 3-18 所示。

图 3-18　各种各样的显示器

11. 键盘

键盘是最常用也是最主要的输入设备,通过键盘可以将英文字母、数字、标点符号等输入计算机中,从而向计算机发出命令、输入数据等。如果说 CPU 是计算机的"心脏",显示器是计算机的"脸",那么键盘就是计算机的"嘴",因为它实现了人和计算机的顺畅沟通。

从外观上来看,键盘分为打字键区、功能键区、编辑键区和数字键区。键盘也用来输入计算机命令。现在的 Microsoft Windows 版本中,按 Ctrl＋Alt＋Del 组合键将出现一个对话框,包括当前任务、关机等选项。而 Linux、MS-DOS 和 Windows 早期版本中,按 Ctrl＋Alt＋Del 组合键对应的命令就是重新启动。键盘也是计算机游戏的主要控制方式之一,用来控制游戏角色的移动。

键盘按制作工艺可以分为薄膜键盘、机械键盘、电容式键盘三大类。随着科技的不断进步与发展,也出现了硅胶软体键盘、激光虚拟键盘、人体工学键盘等。各种有趣的键盘如图 3-19 所示。

图 3-19　各种有趣的键盘

12. 鼠标

鼠标是一种很常见、常用的计算机输入设备,它可以对当前屏幕上的游标进行定位,并通过按键和滚轮装置对游标所经过位置的屏幕元素进行操作。鼠标的使用是为了代替键盘那些烦琐的指令,从而使计算机的操作更加简便快捷。

鼠标按工作原理可分为以下 3 种。

(1) 滚球鼠标:橡胶球传动至光栅轮带发光二极管及光敏三极管晶元脉冲信号传感器。

(2) 光电鼠标:红外线散射的光斑照射粒子带发光半导体及光电感应器的光源脉冲信号传感器。

(3) 无线鼠标:利用 DRF 技术把鼠标在 X 或 Y 轴上的移动、按键按下或抬起的信息转换成无线信号并发送给主机。

应用的进步让人们对鼠标开始提出更多的要求,包括舒适的操作手感、灵活的移动和准确定位、高可靠性、无须经常清洁等。鼠标的美学设计和制作工艺也逐渐为人所重视。现在,越来越多的新功能鼠标层出不穷,如轨迹球鼠标、手指鼠标、人体工学鼠标、多点触控鼠标等,为使用者带来了丰富的操作体验。各种有趣的鼠标如图 3-20 所示。

13. 打印机

打印机是计算机的输出设备之一,用于将计算机的处理结果打印在相关介质上。不论是哪种打印机,在本质上都在实现同一个任务:在相关介质上建立自由点组成的"图案"。所有的文本和图形构成的图案都是由点组成的,点的尺寸越小,打印出来的图像品质越高。激光打印机与喷墨打印机如图 3-21 所示。

当前还有一类新型的打印技术正在流行,那就是 3D 打印。

3D 打印技术最突出的优点是无须机械加工或任何模具,就能直接利用计算机图形数据生成任何形状的零件,从而极大地缩短产品的研制周期,提高生产率和降低生产成本。而且,它还可以制造出传统生产技术无法制造出的外形,例如 3D 打印技术可以更有效地设计

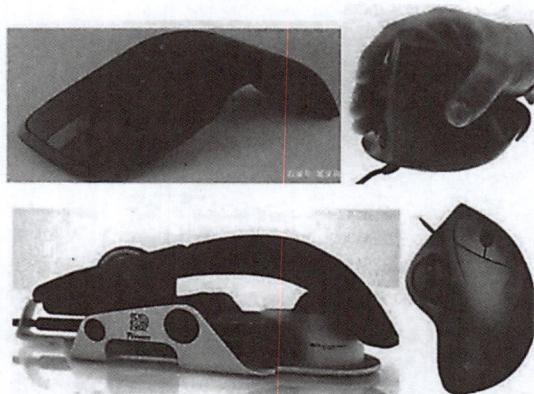

图 3-20　各种有趣的鼠标

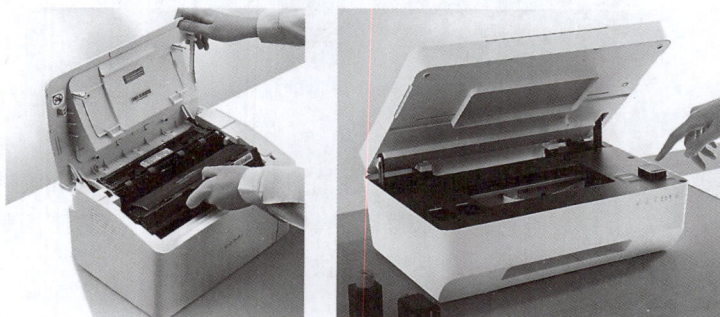

图 3-21　激光打印机与喷墨打印机

出飞机机翼或热交换器。另外,在具有良好设计概念和设计过程的情况下,3D 打印技术还可以简化生产制造过程,快速、有效、廉价地生产出单个物品。3D 打印机与计算机上设计的模型如图 3-22 所示。

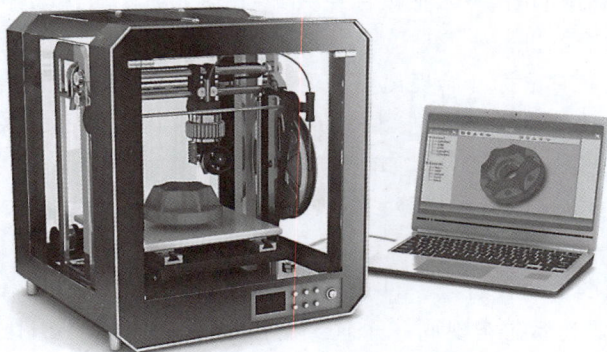

图 3-22　3D 打印机与计算机上设计的模型

14. 扫描仪

扫描仪是利用光电技术和数字处理技术,以扫描的方式将图形或图像信息转换为数字信号的装置。

扫描仪通常被用作计算机外部仪器设备,通过捕获图像并将之转换成计算机可以显示、编辑、存储和输出的数字化输入设备。扫描仪可以扫描照片、文本页面、图纸、美术图画、照相底片，甚至纺织品、标牌面板、印制板样品等。各种不同样式的扫描仪如图 3-23 所示。

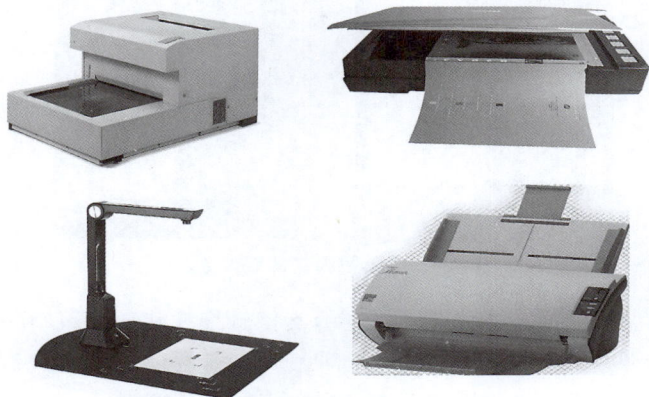

图 3-23　各种不同样式的扫描仪

15. 移动存储设备

移动存储设备就是可以在不同终端之间移动的存储设备，使文件存储更加方便。常用的移动存储设备包括 U 盘、光盘、移动硬盘、SD 卡等，它们不仅可以连接微型计算机，还可用于手机、数码相机等电子设备中。一般来说，移动存储产品都采用了 USB 接口方式。USB 接口设备的最大优势是它使移动存储变得极为简单。各种移动存储设备如图 3-24 所示。

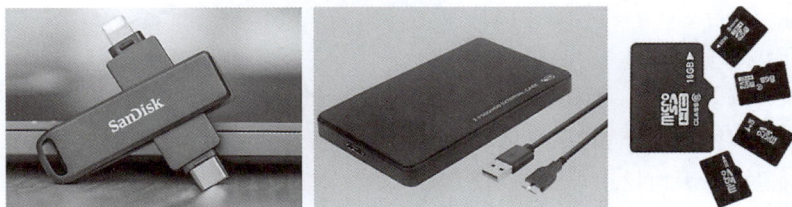

图 3-24　各种移动存储设备

3.1.4.4　移动智能终端产品

移动智能终端拥有接入互联网的能力，通常搭载各种操作系统，可根据用户需求定制各种功能。现代的移动智能终端已经拥有极为强大的处理能力、内存、固化存储介质以及像计算机一样的操作系统，可以说，功能上近似一个完整的超小型计算机系统。移动终端也可以通过无线局域网、蓝牙和红外进行通信。生活中常见的智能终端有以下 4 种。

1. 智能手机

智能手机是具有独立的操作系统和独立的运行空间，可以由用户自行安装软件、游戏、导航等第三方服务商提供的程序，并可以通过移动通信网络来实现无线网络接入的手机类型的总称。我国国产的智能手机如图 3-25 所示。

2. 平板电脑

平板电脑（Tablet Personal Computer，TabletPC），是一种小型、方便携带的个人计算机，以触摸屏作为基本的输入设备。该触摸屏允许用户通过触控笔或数字笔来进行作业，而

图 3-25　我国国产的智能手机

不是通过传统的键盘或鼠标。多数的平板电脑支持触控操作，可以使用手指触控、书写、缩放画面与图案。用户可以通过手写识别、屏幕上的软键盘、语音识别或者一个真正的键盘（如果该机型配备）实现输入。我国国产的平板电脑如图 3-26 所示。

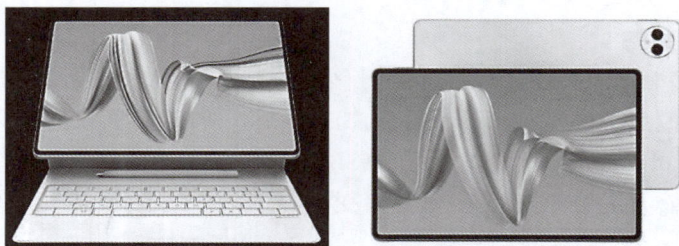

图 3-26　我国国产的平板电脑

3. 智能车载终端

智能车载终端又称为卫星定位智能车载终端，它融合了 GPS 技术、里程定位技术及汽车黑匣技术，能用于对运输车辆的现代化管理。GIS(Geographic Information System，地理信息系统)平台可以实时、准确地显示车辆的动态运行状态，对运行车辆的动态定位进行跟踪和监控，对公交及长途枢纽站实现运行车辆的集中调度；具有驾乘人员身份识别功能，只有确认驾乘人员的真实身份后，驾乘人员才能启动车辆。在长途客运和物流车辆管理中，如果当班驾驶员连续长时间驾车，车载终端会自动提示驾驶员休息；还配备有应急事件处理装置，如遇应急事件（交通事故、火警等），驾乘人员或乘客可启动智能终端特定装置，车载终端会自动发送求救信息到急救中心，能实时、准确地对事故车辆进行救援。车载智能终端如图 3-27 所示。

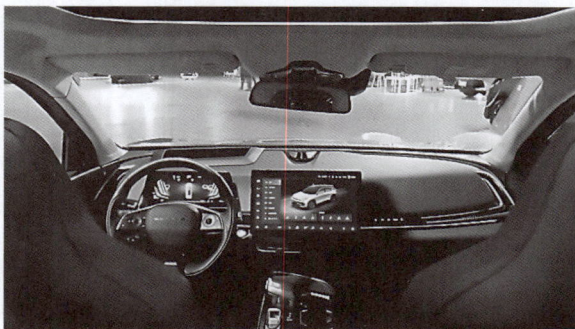

图 3-27　车载智能终端

4. 可穿戴设备

可穿戴设备是可以直接穿戴在身上或能整合到衣服或配件中的一种便携式设备。

可穿戴设备不仅仅是一种硬件设备，更是一种通过软件支持以及数据交互、云端交互来实现强大功能的设备，可穿戴设备将会给人们的生活带来很大的改变。

2012 年，谷歌眼镜（Google Project Glass）亮相。这款眼镜集智能手机、GPS、相机于一身，可在用户眼前展现实时信息，只要眨眼就能完成拍照上传、收发短信、查询天气路况等操作。同时，戴上这款"拓展现实"眼镜，用户可以执行用自己的声音控制拍照、视频通话和辨明方向等操作。但是，由于谷歌眼镜的开发成本过高，还有侵犯用户隐私、应用场合较少以及设备本身存在一定的漏洞等问题，谷歌公司在 2015 年就停止了 Explorer 项目。谷歌眼镜有 Explorer 版和企业版，在停止支持 Explorer 版后，企业版还是可以继续使用的。谷歌眼镜如图 3-28 所示。

另一种比较引人注目的可穿戴设备是智能手表、手环，最为典型的当数 Apple Watch。2014 年 9 月 9 日，苹果公司在 2014 年的秋季新品发布会上对外公布了全新的产品——Apple Watch。该设备支持接打电话、语音回短信、连接汽车、查询天气、航班信息、地图导航、播放音乐、测量心跳、计步等几十种功能，是一款全方位的健康和运动追踪设备。另外，新版设备增加了地图导航、时间轴等功能，适配 Apple Watch 的第三方 App 也已经达到 1000 多个。Apple Watch 如图 3-29 所示。

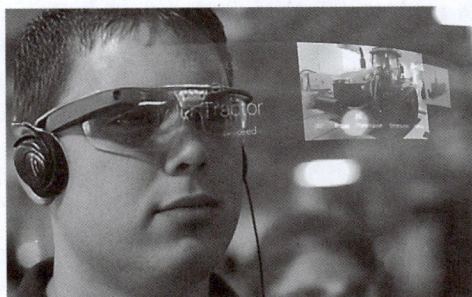

图 3-28　谷歌眼镜

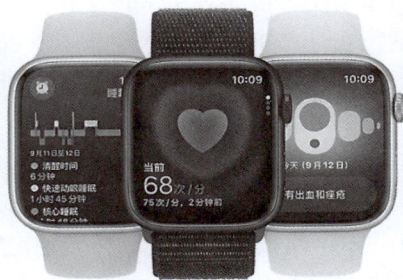

图 3-29　Apple Watch

3.2　操作系统的发展与分类

3.2.1　操作系统的定义

硬件和软件是计算机系统的两大组成部分，计算机硬件由中央处理器（运算器和控制器）、存储器、输入设备和输出设备等部件组成。计算机硬件是软件和用户作业正常活动的物质基础和工作环境。

计算机软件包括系统软件和应用软件。操作系统、系统实用程序、汇编和编译程序等都属于系统软件。为应用程序编制的软件是应用软件。

裸机是无任何软件支持的计算机。裸机只是计算机系统的物质基础，呈现在用户面前的是经过若干层软件包装的计算机，如图 3-30 所示。

由图 3-30 可以看出，计算机硬件和软件以及应用之间是一种层次结构的关系。最里层

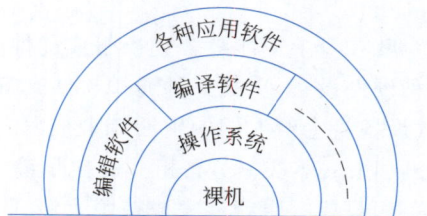

图 3-30　裸机与软件层

的是裸机,裸机的外面是操作系统,操作系统外层是提供资源管理功能和便于用户各种服务功能的软件系统,加上这些软件层的裸机被改造为功能强大且使用方便的机器,通常称为虚拟机(virtual machine),也叫作扩展机(extended machine),各种实用程序和应用软件运行在操作系统之上,以操作系统作为支撑环境,向用户提供完成其操作的各种服务。

根据以上内容,可以这样定义操作系统:操作系统是计算机系统中的一个重要系统软件,它是一些功能模块的集合,它管理和控制计算机系统中的硬件及软件资源,合理地组织计算机工作流程,以便有效地利用这些资源为用户提供一个具有足够功能、使用方便、可扩展、安全和管理的工作环境,从而在计算机与用户之间起到接口作用。

3.2.2　操作系统的发展历程

操作系统是由客观需求产生的,它伴随计算机技术及其应用的日益发展而逐渐完善。操作系统在计算机系统中的地位不断提高。今天,操作系统已经成为计算机系统中的核心,任何计算机都要配置操作系统。计算机技术的进步带动着操作系统的发展。

1. 计算机发展主要阶段

第一代:电子管时代,无操作系统阶段。

第二代:晶体管时代,批处理系统阶段。

第三代:集成电路时代,多道程序设计阶段。

第四代:大规模和超大规模集成电路时代,分时系统阶段。

为适应计算机的发展过程,操作系统也经历了如下历程:手工操作系统(也称为无操作系统)、批处理、执行系统、多道程序系统、分时系统、实时系统、通用操作系统、网络操作系统、分布式操作系统等。

2. 操作系统的发展阶段

1)第 0 代

手工操作系统,即无操作系统时代是 1946 年至 20 世纪 50 年代。

手工操作阶段计算机系统的特点如下。

硬件表现为巨型机,使用电子管(运行速度几千次/秒)。ENAIC 共用了 18000 个电子管,重达 30 吨,每秒能计算 5000 次加法;使用的语言是机器语言;无操作系统;输入/输出采用插件板、纸袋、卡片;其用户既是程序员,又是管理员。其操作过程是先把程序纸带(或卡片)装上计算机,然后启动输入机,把程序送入计算机;接着通过控制台开关启动程序运行;计算完毕后打印机输出计算结果,用户卸下并取走纸带(或卡片);第二个用户上机,重复上述操作步骤。操作过程的特点主要是人工参与、独占式且串行式。存在的主要问题是人机矛盾,即当计算机速度提高时,手工操作的慢速度和计算机运行的高速度之间形成了矛盾。

无操作系统的工作情况如图 3-31 所示。

图 3-31　电子计算机 ENAIC

2）第 1 代

处理系统阶段是 20 世纪 50 年代末至 20 世纪 60 年代中期。

在手工操作系统时代，任何一个步骤的错误操作都可能导致作业从头开始。因此，用户希望将程序设计和运行管理分离，同时也为了提高 CPU 的利用率，所以提出了批处理系统，其解决方案主要是配备专门的计算机操作员。批处理分为单道批处理和多道批处理。

单道批处理计算机系统的特点是计算机硬件主要为大型机和晶体管；所用语言为汇编语言，如 FORTRAN 等；操作系统是 FMS（Fortran Monitor System）及 IBMSYS（IBM 为 7094 机配备的操作系统），主要用于较复杂的科学工程计算。

批处理方式的优点主要是实现了作业的自动过渡；改善了主机 CPU 和输入输出设备的使用情况；提高了计算机系统的处理能力。其缺点主要为需要人工拆装磁带；监督程序、系统程序和用户程序之间的调用关系带来的系统保护问题；任何地方出现问题，整个系统都会出现停顿；用户程序可能会破坏监督程序等。

批处理系统如图 3-32 所示。

图 3-32　20 世纪 60 年代出现的 IBM7094

3）第 2 代

多道程序系统是 20 世纪 60 年代中期至 20 世纪 70 年代中期。

根据多道程序系统的需求，为了充分利用系统资源，提高效率，采用多道程序合理搭配交替运行。

多道程序系统计算机的特点主要是其硬件由集成电路构成（如 IBMSystem/360）；操作系统复杂、庞大（如 OS/360）；计算机内存中同时存放多道相互独立的程序，宏观上并行运行，即同时进入系统的几道程序都处于运行状态，但都未运行完。而微观上，串行运行即各作业轮流使用 CPU，交替执行。多道程序运行的优点是资源利用率高、系统吞吐量大；缺点是多道程序运行的平均周转时间长、无交互能力。

4）第 3 代

多模式系统（包括分时系统、实时系统及通用系统）是 20 世纪 70 年代中期至 20 世纪末。

分时系统实例：第一个分时操作系统于 1959 年在 MIT 提出，开创了多用户共享计算机资源的新时代。

实时操作系统实例：Symbian、SymbianOS（中文译音为塞班系统）由摩托罗拉、西门子、诺基亚等几家大型移动通信设备商共同出资组建的一个合资公司共同开发，Symbian 操作系统在智能移动终端上拥有强大的应用程序以及通信能力。

通用操作系统实例：UNIX 操作系统。

如今已是网络操作系统和分布式操作系统阶段。

3.2.3　操作系统的作用

操作系统有两个重要的作用，即起到管理员和服务员的作用。

1. 管理员：管理计算机系统内的各种资源

前面已经讲述，任何一个计算机系统都是由计算机硬件和软件组成的。操作系统是最基础的系统软件，它不仅是计算机系统中的一部分，同时又反过来组织和管理整个计算机系统，充分利用各种软硬件资源，使计算机协调一致、高效地完成各种复杂的任务。

2. 服务员：为用户提供方便、友好的界面

从用户（用户包括计算机系统管理员、应用软件的设计人员等）的角度看，操作系统不仅要对系统资源进行管理，还应该能够为用户提供良好的操作界面，便于用户简单、高效地使用系统资源。

3.2.4　操作系统的性能指标

操作系统的性能指标反映了计算机系统的性能。良好的操作系统结构会提升整个操作系统的性能指标，从而充分发挥计算机系统的性能，充分利用 CPU 的处理速度和存储器的存储能力。

衡量操作系统的性能时，常采用如下指标。

1. 系统的 RAS

可靠性（Reliability，R）常用平均无故障时间（Mean Time Before Failure，MTBF）来衡量，指的是系统正常工作时间的平均值。

可用性(Availability,A)指的是系统在任意时刻能正常工作的概率。

$$A = MTBF/(MTBF + MTRF)$$

可维护性(Serviceability,S)常用平均故障修复时间(Mean Time Repair Fault,MTRF)来衡量,指的是从故障发生到故障修复所需要的平均时间。

2. 系统的吞吐率

系统在单位时间内所处理的信息量。

3. 响应时间

系统从接收数据到输出结果的时间间隔。

4. 系统的资源利用率

系统中部件的使用速度,即在给定的时间内,某一个设备实际上被使用的时间占总时间的比例。

5. 可移植性

把一个操作系统从一个硬件环境转移到另一类型的硬件环境所需要的工作量。

3.2.5　操作系统的基本特征

了解操作系统的基本特征有助于人们从更深的层次上认识操作系统。无论是哪种类型的操作系统,都具有以下 4 个基本特征。

(1) 并发(Concurrence):并发指两个或者多个事件在同一时间间隔内发生。在多道程序环境下,并发性是指在一段时间内宏观上有多个程序在同时运行,但由于单处理机系统中每一时刻仅能有一道程序执行,故宏观上同时运行的多个程序在微观上只能是分时地交替执行。如果计算机系统中有多个处理机,那么这些可以并发执行的程序就可以被分配到多个处理机上,以实现并行执行,即利用每个处理机来处理可并发执行程序中的一个程序,这样,多个程序便可以同时执行。

(2) 共享(Sharing):并发性必定要求对系统资源进行共享。共享指的是系统内的资源可供多个并发执行的进程共同使用,操作系统程序和用户程序共同享用系统内部的各种软、硬件资源。共享的好处是可以减轻对系统资源的浪费,但也存在问题,例如,如何处理系统资源竞争问题;如何合理地进行系统资源分配;当程序同时执行时,如何保护程序不因受到其他程序的破坏而引起混乱。

(3) 虚拟(Virtual):操作系统中的虚拟指的是通过某种技术把一个物理实体转变成逻辑上的多个。物理实体是实际存在的,逻辑上的实体是用户感觉上的、虚拟的、非真实的。例如,在多道分时系统中,虽然系统只有一个 CPU,但每个终端客户都会感觉有一个专门的CPU 单独在为自己服务。利用多道程序技术把一台物理上的 CPU 虚拟成多台逻辑上的CPU,也称为虚处理机。

(4) 异步性(Asynchronism):也称为不确定性。不确定性并不是指操作系统本身的功能不确定,也不是说程序的结果不确定,异步性是指进程以不可预知的速度向前推进。例如,当正在执行的进程提出某种资源请求时,如打印请求,而此时打印机正在为其他某进程打印,由于打印机属于临界资源,因此正在执行的进程必须等待,且放弃处理机,直到打印机空闲,并再次把处理机分配给该进程时,该进程才能继续执行。可见,由于资源等因素的限制,进程的执行通常都不是"一气呵成"的,而是以"停停走走"的方式运行。尽管如此,但只要在操作系统中配置了完善的进程同步机制,且运行环境相同,作业经多次运行就都会获得完全相同的结果。因此,异步运行方式是允许的。

3.2.6　相关概念

(1)进程:并发执行的程序在执行过程中分配和管理资源的基本单位。

(2)线程:是 CPU 调度的一个基本单位;是进程中的一个实体,可作为系统独立调度和分派的基本单位,本身不拥有系统资源,只有少量必不可少的资源。

(3)程序:用来描述计算机所要完成的独立功能,并在时间上严格按照先后顺序相继执行计算机操作的序列集合,是一个静态的概念。

(4)并行:同一时刻,两个事物均处于活动状态,指两个或者多个事件在同一时刻发生。

(5)并发:宏观上存在并行特征,微观上存在顺序性,同一时刻只有一个事物处于活动状态。例如,分时操作系统中多个程序的同时运行。

3.2.7　操作系统的基本类型

随着计算机技术和软件的发展,已经有了各种类型的操作系统以满足不同的应用要求。根据使用环境和处理方式,操作系统的基本类型有:

(1)批处理操作系统(batch processing operating system);

(2)分时操作系统(time-sharing operating system);

(3)实时操作系统(real-time operating system);

(4)通用操作系统(personal computer operating system);

(5)网络操作系统(network operating system);

(6)分布式操作系统(distributed operating system)。

下面进行具体说明。

1. 批处理操作系统

批处理操作系统运用多道程序设计技术,工作流程如下:每个用户使用操作系统提供的作业控制语言来描述作业运行时的控制意图和对资源的需求,然后将程序和数据全部交给操作人员,操作人员可在任意时刻将作业交给系统,在外部存储器中存放大量的后备作业,系统根据具体的调度原则从外存的后备作业中选择一些搭配合理的作业调入内存。

批处理系统的主要特征如下。

(1)用户脱机使用计算机:用户提交作业以后,直到获得结果之前不再和计算机打交道。作业提交的方式有两种,第一种是直接提交给管理操作员;第二种是通过远程通信线路来提交。

(2)成批处理:操作人员对用户提交的作业进行分批处理。

(3)多道程序运行:根据多道程序调度原则,从一批后备作业中选择多道作业调入内存并组织它们运行,称为多道批处理。

批处理系统的优缺点如下。

- 优点:因为系统资源可以被多个作业共享,其工作方式是作业之间自动调度执行,并且在运行过程中用户脱机使用计算机,不干预计算机的作业,因此在很大程度上提高了系统资源的利用率和作业吞吐率。

- 缺点：用户使用不方便，作业一旦提交，便无法干预作业的运行，即使是程序中一个很小的错误都会导致作业无法正常运行，不利于程序的调试。

2. 分时操作系统

虽然多道批处理系统省时高效，但不允许用户与计算机间进行交互，一旦作业被交给系统后，便无法再对该作业进行其他加工处理。分时操作系统能使用户与计算机进行交互，用户在程序运行过程中能随时进行干预，从而加快程序的调试。

分时操作系统指的是多个用户分享同一台计算机。就是把计算机系统资源在时间上进行分割，将整个工作时间分成一个个时间段，每个时间段就是一个时间片，然后将 CPU 的工作时间分给多个用户使用，每个用户轮流使用时间片，从而达到多个用户使用一台计算机的目的。

分时操作系统具有以下特点：

(1) 交互性；

(2) 多用户同时性；

(3) 独立性。

3. 实时操作系统

实时操作系统指的是能在规定时间内响应用户提出的请求的操作系统。实时系统的主要特点是随时响应、可靠性高。系统必须保证对实时信息进行分析和处理的速度比进入系统的速度快，同时系统本身一定要安全可靠。但实时操作系统对资源的利用率不高，在保证高可靠性的同时需要在硬件上允许冗余。

1) 实时系统的用途

(1) 实时控制系统用于实现自动控制，如飞机飞行、导弹发射等。

(2) 实时信息处理系统用于预订机票、查询航班、航线、票价等信息。

2) 实时系统的特征

(1) 及时性：有严格的时间限制。

(2) 高可靠性及高安全性：实时操作系统常用于对生产过程和军事现场的控制，若出现故障，则后果严重。

4. 通用操作系统

操作系统的 3 种基本类型是：批处理操作系统、分时操作系统、实时操作系统。通用操作系统是在此基础上发展出来的具有多种操作系统特征的操作系统，它同时兼有批处理、分时、实时处理及多重处理的功能。

5. 网络操作系统

网络操作系统的主要任务是采用统一的方法管理网络中的共享资源，并对任务进行处理，具有以下功能：

(1) 网络通信；

(2) 资源管理；

(3) 提供多种网络服务；

(4) 提供网络接口。

因此可以将网络操作系统定义为：网络操作系统是建立在主机操作系统的基础上，致力于管理网络通信和网络资源,协调各个主机上任务的运行,并向用户提供统一的、有效的网络接口的软件集合。网络操作系统是用户程序和主机操作系统之间的接口,网络用户只能通过网络操作系统才可以获得网络所提供的各种服务。

6. 分布式操作系统

分布式操作系统可以定义为:将物理上分布的、具有自治功能的数据处理系统或计算机系统互连起来,实现信息交换和资源共享。

基本思路如下。

(1) 对系统中各类资源进行动态分配和管理,有效控制和协调任务的并行执行。

(2) 允许系统中的处理单元无主、次之分。

(3) 向系统提供统一的、有效的接口的软件集合。

‖ 3.3 操作系统的功能

操作系统的目的是方便用户使用计算机系统,并且充分提高计算机系统资源的使用率。操作系统的职能是有效地管理和控制计算机系统内的各种软、硬件资源,合理地安排计算机的工作流程,同时为用户提供良好的工作环境和接口。

3.3.1 处理机管理

处理机管理的任务是对处理器进行分配,并对其运行进行有效的控制和管理。进程是在系统中能独立运行并作为资源分配的基本单位,是一个活动的实体。在多道程序环境下,处理器的分配和运行都是以进程为基本单位的,因此对处理器的管理可归结为对进程的管理。

处理机管理包括进程控制、进程调度、进程的互斥与同步及进程通信等方面。

3.3.2 存储管理

存储管理是指对主存储器的管理,即如何把有限的主存储器进行合理的分配,以满足多个用户程序运行的需要。主存储器分为两部分:一是系统区,二是用户区。对主存储器的管理主要是对用户区域进行管理。

存储管理的功能如下。

(1) 内存分配和释放:若当时的情况不能满足申请要求,则让申请的进程处于等待状态,直到有足够内存空间时再分配给该进程。当某个作业返回时,系统负责收回,使之成为自由区域。

(2) 存储保护:保证进程之间互不干扰,相互保密。例如,访问合法性检查,甚至要防止从"垃圾"中窃取其他进程的信息,保证系统程序不会被用户程序破坏。

(3) 内存扩充:为用户提供一个内存容量比实际内存容量大得多的虚拟存储器。通过虚拟存储技术或自动覆盖技术,把辅助存储器作为主存储器的扩充部分来使用。

3.3.3 设备管理

设备管理指的是对计算机系统中除了 CPU 和内存外的所有输入、输出设备的管理。

设备管理的主要任务是对外部设备的分配、启动和故障处理。在设备管理中,用户无须了解设备和接口的具体技术细节,也可方便地对设备进行操作。设备管理的任务是提高 I/O 利用率和速度,为用户提供良好的界面,从而使用户方便使用。为了提高设备和主机之间的并行工作能力,常采用虚拟技术和缓冲技术。

3.3.4　信息管理

处理机管理、存储管理和设备管理都是对计算机硬件资源的管理;信息管理(文件系统管理)指的是对计算机软件资源的管理。

程序和数据统称为文件。当一个文件暂时不用时,其被存储在外部存储器(如磁带、磁盘、光盘等)中。因此,外部存储器中保存了大量的文件,如果对这些文件不能进行很好的管理,就会导致混乱,甚至遭受破坏,这是信息管理需要解决的问题。

信息管理的任务是对信息的共享、保密和保护。

(1)文件存储空间的管理:为每个文件分配必要的外存空间,提高外存的利用率(一般以盘块为基本分配单位,通常为 512B～4KB)。

(2)目录管理:系统为每个文件建立一个目录项,目录项包含文件名、文件属性、文件在磁盘上的物理位置。用户只需要提供文件名即可对文件进行存取。

(3)文件的读、写管理:进行读写文件时,系统根据用户给出的文件名检索文件目录,从中获得文件在外存中的位置,然后利用文件读写指针对文件进行读写,一旦读写完成,便修改读写指针,为下一次读写做准备。

(4)文件的存取控制:防止未经核准的用户存取文件,防止冒名顶替存取文件,防止以不正确的方式使用文件。

3.3.5　用户接口

上述操作系统的 4 项功能是对系统资源的管理。除此之外,操作系统还能为用户提供友好的用户接口。

操作系统为用户提供两种方式的接口,程序一级的接口和作业一级的接口。程序一级的接口即一组系统调用,供实用程序、应用程序等请求操作系统的服务;作业一级的接口即一组控制操作命令,如作业控制语言等供用户组织和控制自己作业的运行。

3.3.6　进程的概念

1. 进程的引入

由于多道程序系统带来的复杂环境,程序段具有了并发、制约、动态的特性,原来的程序概念难以刻画系统中的情况,程序本身是静态的概念,程序概念也反映不了系统中的并发特性。为了控制和协调各程序段执行过程中的软、硬件资源的共享和竞争,必须有一个描述各程序执行过程和共享资源的基本单位,这个单位被称为进程或任务(task)。

2. 进程的概念

并发执行的程序在执行过程中分配和管理资源的基本单位。

3. 进程和程序的区别

(1)进程是一个动态的概念,进程的实质是程序的一次执行过程,动态性是进程的基本特征,同时进程是有一定的生命期的;而程序只是一组有序指令的集合,本身并无运动的含义,是静态的。

(2)并发性。并发性是进程的重要特征,引入进程的目的是使其程序和其他程序并发执行;而程序(没有建立进程)是不能并发执行的。

(3)独立性。进程是一个能独立运行、独立分配资源和独立调度的基本单位;凡未建立进程的程序,都不能作为一个独立的单位参加运行。

(4)不同的进程可以包含同一个程序,同一个程序在执行中也可以产生多个进程。

4. 作业和进程的关系

作业是用户向计算机提交任务的任务实体。在用户向计算机提交作业之后,系统将它放入外存中的作业等待队列等待执行;而进程则是完成用户任务的执行实体,是向系统申请分配资源的基本单位。一个作业可由多个进程组成,且必须至少由一个进程组成,反之不然。作业的概念主要用在批处理系统中,而进程的概念则用在几乎所有的多道系统中(图 3-33)。

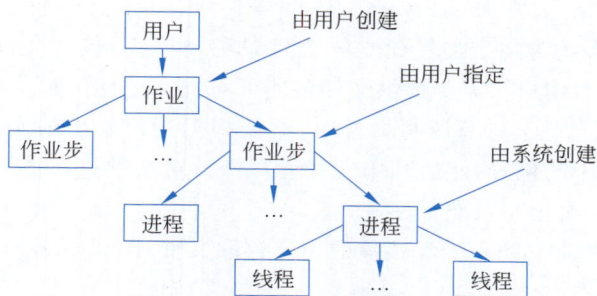

图 3-33　作业、作业步、进程的关系

3.3.7　进程的描述及上下文

进程的静态描述:描述进程的存在和反映其变化的物理实体,由进程控制块、程序段、数据段组成。

(1)进程控制块:用于描述进程情况及控制进程运行所需的全部信息,是进程动态特性的集中反映。

(2)程序段:是进程中能被进程调度程序在 CPU 上执行的程序代码段,描述进程要完成的功能。

(3)数据段:一个进程的数据段,可以是进程对应的程序加工处理的原始数据,也可以是程序执行后产生的中间或最终数据。是程序执行时的工作区和操作对象。

在进程执行过程中,由于程序出错、中断或等待等原因造成的进程调度,需要知道和记忆过程已经执行到什么地方;新的进程将从何处执行;调用子过程时,进程将返回什么地方继续执行;执行结果返回或存放到什么地方。因此,进程上下文指的是抽象的概念,是进程执行过程中顺序关联的静态描述。

进程上下文包含每个进程已经执行过的、正在执行的以及等待执行的指令和数据等放在寄存器中的内容。已执行过的进程指令和数据在相关寄存器与堆栈中的内容称为上文,正在执行的指令和数据在寄存器与堆栈中的内容称为正文,待执行的指令和数据在寄存器与堆栈中的内容称为下文。

3.3.8　进程的状态及其转换

进程在并发执行的过程中,由于资源的共享与竞争,可能处于执行状态,也有可能因等待某事件的发生而处于等待状态。当处于等待状态下的进程被唤醒时,因为不能立刻得到处理机而处于就绪状态;当一个进程刚刚被创建时,由于其他进程对处理机的占用而得不到执行,只能处于初始状态;进程在执行结束后,突出执行被终止,此时的进程处于终止状态。因此,在进程的生命周期内,进程至少有 5 种基本状态:初始状态、执行状态、等待状态、就绪状态和终止状态(图 3-34)。

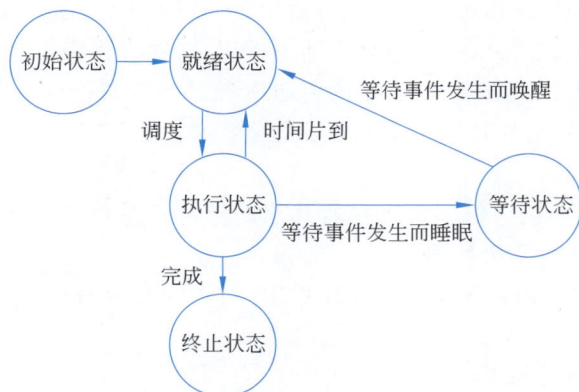

图 3-34　进程状态转换模型

1)初始状态→就绪状态

当就绪队列能够接纳新的进程时,操作系统便把处于新状态的进程移入就绪队列,此时进程由初始状态转变为就绪状态。

2)就绪状态→执行状态

处于就绪状态的进程,当进程调度程序为它分配了处理权后,该进程便由就绪状态变为执行状态,正在执行的进程也称为当前进程。

3)执行状态→等待状态

正在执行的进程因发生某起事件而无法执行。例如:进程请求访问临界资源,而该资源正被其他进程访问,则请求该资源的进程将由执行状态转变为等待状态。

4)执行状态→就绪状态

正在执行的进程,如果因事件发生或中断而暂停执行,该进程便由执行状态转变为就绪状态(分时系统中,时间片用完;抢占调度方式中,优先权高抢占处理权)。

5)等待状态→就绪状态

I/O 完成或等待的事件发生。

6)执行状态→终止状态

当一个进程已经完成或发生某事件,如因程序正常运行结束、出现地址越界、非法指令等错误而被异常结束时,进程将由执行状态转变为终止状态。

3.3.9　进程之间的制约关系及死锁问题

并发系统中的进程由于资源共享、进程合作而产生了进程之间的相互制约；又因共享资源的方式不同，而导致两种不同的制约关系。

（1）间接制约关系（进程互斥）：由于共享资源而引起的在临界区内不允许并发进程交叉执行的现象，称为由共享公有资源而造成的对并发进程执行速度的间接制约。

（2）直接制约关系（进程同步）：由于并发进程互相共享对方的私有资源所引起的现象称为直接制约，指系统中多个进程中发生的事件存在某种时序关系，需要相互合作，共同完成一项任务。

死锁是计算机系统中多道程序并发执行时，两个或两个以上进程由于竞争资源而造成的一种互相等待的现象（僵持状态），如果无外力作用，这些进程将永远不能再向前运行。陷入死锁状态的进程称为死锁进程，所占用的资源或者需要它们进行某种合作的其他进程就会相继陷入死锁，最终可能导致整个系统处于瘫痪状态。

产生死锁的原因如下。

（1）竞争资源：当系统中供多个进程所共享的资源不足以同时满足它们的需要时，会引起它们对资源的竞争而产生死锁。

（2）进程推进顺序不当：进程在运行过程中，请求和释放资源的顺序不当也会导致进程产生死锁。

产生死锁的必要条件如下。

（1）互斥条件：涉及的资源是非共享的。

（2）不剥夺条件：不能强行剥夺进程拥有的资源。

（3）请求和保持条件：进程在等待新资源的同时继续占有已分配的资源。

（4）环路条件：存在一种进程的循环链，链中的每个进程已获得的资源同时被链中的下一个进程所请求。

死锁的排除方法如下。

（1）死锁预防：设置某些限制条件以破坏死锁的4个必要条件中的一个或多个，从而避免死锁的产生。

（2）死锁避免：事先不采取限制来破坏产生死锁的条件，而是在资源的动态分配过程中用某种方法防止系统进入不安全状态（如果不存在可满足所有进程正常运行的资源调度顺序，则称该状态为不安全状态），从而避免死锁的产生。

（3）死锁的检测与恢复：死锁的检测是指确定是否存在环路等待现象，死锁的恢复是与检测死锁相配套的一种措施，用于将进程从死锁状态下解脱出来。

3.3.10　线程的概念

线程是进程的一部分，是进程中的一个实体，是被系统独立调度和分派任务的基本单位。线程自己基本不拥有系统资源，只拥有少量且必不可少的资源。一个线程可以创建和撤销另一个线程；同一进程中的多个线程之间可以并发执行。

线程和进程的关系：线程是进程的一部分，进程拥有完整的虚拟地址空间，线程没有自己的地址空间，和其他线程一起共享该进程的所有资源。

‖ 3.4　常见操作系统简介

3.4.1　Windows 系列

1. Windows 7

Windows 7 是微软公司在 2009 年推出的一款操作系统,可以供个人、家庭以及企业使用,其内核版本号为 NT6.1,它是 Windows 操作系统的一个重要里程碑,Windows 7 的设计旨在提供一个更加直观和用户友好的界面,同时提高系统性能和安全性。它引入了 Aero 效果,增强了视觉效果,同时提供了新的任务栏和窗口管理功能,如窗口缩略图预览和 Jump Lists(跳跃列表),这些功能使得用户能够更快捷地访问常用任务和文档。

Windows 7 的版本如下。

入门版(Starter):适合基本计算需求的用户。

家庭普通版(Home Basic):提供基本的家庭使用功能。

家庭高级版(Home Premium):增加了媒体中心和家庭网络功能。

专业版(Professional):为商业用户设计,包括加密和远程访问功能。

企业版(Enterprise):提供高级的安全性和虚拟化功能。

旗舰版(Ultimate):包含所有其他版本的功能。

2. Windows 8

Windows 8 是微软公司在 2012 年推出的操作系统,它带来了用户界面和交互方式的重大变革。Windows 8 的设计旨在提供现代化和灵活的用户体验,同时提高了系统的响应速度和效率。它支持更长的电池续航、更快的启动速度和更少的内存占用,同时保持了与 Windows 7 软件和硬件的兼容。Windows 8 在用户界面和操作逻辑上进行了大胆革新,增强了对触控屏幕的支持,并采用了全新的 Modern UI 风格,应用程序和快捷方式以动态方块的形式呈现,为用户提供了全新的视觉和操作体验。

Windows 8 的版本包括核心版(Core)、专业版(Pro)和企业版(Enterprise)。核心版适用于基本的设备,专业版增加了加密、远程访问和其他商业功能,而企业版则为企业环境提供了高级功能,如 Windows To Go、DirectAccess、BranchCache、AppLocker 以及 VDI 增强版等,这些功能使得企业用户能够更高效地管理设备和数据,提高工作效率。

Windows 8 的发布不仅展示了微软在操作系统领域的创新能力,也为用户带来了更加丰富和个性化的计算体验。尽管其界面和操作方式的变化在当时引起了一些争议,但 Windows 8 在灵活性、成本效益和社区支持方面具有明显优势。随着技术的不断进步和创新,Windows 8 在某些方面为后续的 Windows 版本奠定了基础。

3. Windows 10

Windows 10 是微软公司在 2015 年推出的操作系统,它不仅继承了 Windows 8.1 的特性,还引入了多项创新,标志着 Windows 操作系统进入了多平台互联的新时代。Windows 10 的主要变化包括跨平台支持,使得 PC、平板、手机和 Xbox One 等设备能够无缝互联,用户可以在不同设备之间同步日程、文件和设置。此外,Windows 10 恢复了"开始"按钮,并提供了全屏化的"开始"菜单,同时对磁贴界面进行了优化,支持纵向滚动,使得用户可以更直观地浏览和访问应用。

Windows 10 还推出了全新的浏览器 Microsoft Edge，它比 IE 更简洁，风格类似 Chrome，支持将网页标记和内容保存到 OneNote。智能语音助手 Cortana 也被集成到系统中，提供搜索、提醒和日常管理等功能。为了鼓励用户升级，微软公司为 Windows 7 和 Windows 8.1 的用户提供了一年免费的升级优惠。

Windows 10 的发布不仅展示了微软在操作系统领域的创新能力，也为用户带来了更加丰富和个性化的计算体验。它的多平台支持、用户界面的改进和智能特性，使得 Windows 10 成为一个强大的操作系统。随着技术的不断进步和创新，Windows 10 在某些方面为后续的 Windows 版本奠定了基础。

3.4.2　UNIX 操作系统简介

UNIX 操作系统是一个多用户、多任务的操作系统，自 1974 年问世以来，其迅速在世界范围内被推广。与一般的操作系统相同，UNIX 系统同样运行在计算机系统的硬件和应用程序之间，负责指挥和管理计算机系统的各种软、硬件资源，并向应用程序提供简单一致的调用界面，控制应用程序的正确执行。UNIX 操作系统与其他操作系统的区别在于内部实现和用户界面不同。

1. UNIX 操作系统组成

（1）内核（Kernel）：UNIX 内核是 UNIX 操作系统的心脏，它负责管理和调度整个 UNIX 系统的运行。内核直接控制着计算机硬件资源，并确保用户程序能够高效、安全地执行，同时屏蔽了底层硬件的复杂性。

（2）外壳（Shell）：UNIX Shell 是一个用户友好的命令行界面，它作为用户与 UNIX 内核之间的桥梁，负责解释用户输入的命令，并将其转换为内核可以执行的操作。Shell 提供了一个强大的环境，使用户能够轻松地管理文件、运行程序和执行系统管理任务。

（3）工具和应用程序：UNIX 操作系统还包括一系列的工具和应用程序，这些工具和应用程序为用户提供了执行各种任务的能力，如文本编辑、文件管理、网络通信等。这些应用程序通常可以通过 Shell 访问，它们增强了 UNIX 系统的功能性，使其成为一个多用途的操作系统。

2. UNIX 系统基本结构

UNIX 系统由 5 个层次构成。

（1）硬件层（裸机）：这是系统的基础，指的是没有任何软件的纯硬件部分。

（2）内核层：位于硬件层之上，是 UNIX 操作系统的核心。它负责实现操作系统的关键功能，包括文件管理、进程控制、内存管理、设备管理和网络管理等。UNIX 内核中的程序是受保护的，用户不能直接执行这些程序，而是需要通过系统调用，按照既定的接口规范来请求内核服务。

（3）系统调用层：作为内核层和应用程序层之间的桥梁，系统调用层提供了一组标准的接口，允许应用程序通过这些接口与内核交互。

（4）应用程序层：包括 UNIX 系统的外围支持程序，如编译器、文本编辑器、系统命令程序、图形用户界面软件包、各种库函数以及用户自定义的程序。这些应用程序扩展了 UNIX 系统的功能，使其能够满足用户的各种需求。

（5）Shell 层：位于 UNIX 系统的最外层，是用户与操作系统交互的直接界面。Shell 解释程序接收用户的命令，负责解释这些命令，并调用相应的系统调用或应用程序来执行用户请求的操作。

3. UNIX 的特点及应用领域

UNIX 操作系统以其多任务、多用户的特性，以及出色的稳定性和强大的移植性而闻名。它在以下方面表现出色。

（1）多任务和多用户支持：UNIX 能够同时运行多个任务，支持多个用户同时使用系统资源。

（2）高稳定性：UNIX 以其可靠性和稳定性著称，适合长时间运行关键任务。

（3）强大的移植性：UNIX 易于在不同硬件平台上部署，具有良好的可移植性。

（4）并行处理能力：UNIX 能够有效地支持多处理器和多核心系统，提供高效的并行处理能力。

（5）安全保护机制：UNIX 提供了一套完整的安全机制，包括用户权限管理、文件权限控制等，确保系统和数据的安全。

（6）功能强大的 Shell：UNIX 的 Shell 提供了丰富的命令和脚本编程能力，使得系统管理和自动化任务变得简单高效。

（7）网络支持：UNIX 内置了强大的网络功能，支持多种网络协议和服务，适合构建网络服务器和提供网络服务。

UNIX 系统适用于各种规模的计算机，从个人计算机到大型服务器，包括微型机、小型机、多处理机和大型机等，广泛应用于科研、教育、企业、政府等多个领域。

3.4.3　Linux 操作系统简介

Linux 一个自由开源的类 UNIX 操作系统，自 1991 年 10 月 5 日问世以来，以其免费使用和自由传播的特性迅速普及。作为一个多用户、多任务的系统，Linux 支持多线程和多CPU 操作，能够无缝运行 UNIX 工具软件、应用程序和网络协议，并兼容 32 位与 64 位硬件架构。Linux 继承了 UNIX 的网络中心设计理念，成为一个稳定可靠的多用户网络操作系统，尤其适用于基于 Intel x86 系列 CPU 的计算机。

Linux 的高效性和灵活性得益于其模块化设计，使其既能在高端工作站上运行，也能在经济型 PC 上完整实现 UNIX 特性，包括多任务和多用户能力。Linux 操作系统的软件包内容丰富，包括完整的操作系统、文本编辑器、高级语言编译器等应用软件，以及配备多个窗口管理器的 X-Windows 图形用户界面，提供类似于 Windows NT 的窗口、图标和菜单操作方式。

Linux 与 UNIX 的主要区别在于开源性。Linux 是开放源代码的自由软件，而 UNIX 则是受知识产权保护的商业软件。这种差异赋予了 Linux 用户更高的自主权和参与度，而 UNIX 用户则相对被动。Linux 的开发过程是开放的，允许广泛的社区参与，而 UNIX 的开发则相对封闭，只有特定开发人员能够接触源代码。

此外，Linux 与 UNIX 的另一显著区别在于硬件兼容性。UNIX 系统通常与特定硬件捆绑，而 Linux 则能够在多种硬件平台上运行。Linux 的自由软件特性使其源代码公开，用户可以自由使用、修改和分发，而 UNIX 作为商业软件，其源代码通常不对外公开。这些特点使得 Linux 在灵活性、成本效益和社区支持方面具有明显优势。

‖ 3.5 云计算

3.5.1 云计算概述

2008 年,Gartner 推出了未来 3 年最具影响力的十大技术排行榜,云计算排在虚拟化技术后名列第二。与此同时,云计算的始作俑者 Google 推出了手机开源平台 Android、前端浏览器平台 Chrome,会同已有的 Google Apps、Google App Engine、Google File System、Big Table、MapReduce 等核心技术,基本完成了云计算平台的战略部署;Amazon 在推出 EC2(Elastic Computing Cloud)之后,又推出了 S3(Simple Storage Service)服务,其云计算的战略部署已经初见成效;支持“云端”的微软公司在 2008 年年底发布了其云计算平台 Azure Services Platform;另外还有 IBM 公司的 BlueCloud、SUN 的 Network.com,国外厂商的快速反应和发展让业界有了“浓云密布”的感觉。然而云计算到底是什么? 云计算的核心是什么? 它是一种技术还是一个商业概念? 在云计算时代,中国软件业未来的战略应该是什么? 这些问题都值得大家深度思考。

回顾 IT 产业的发展历程,在计算环境和设施方面,从 20 世纪 60 年代的大型机、70 年代的小型机、80 年代的个人计算机和局域网,到 90 年代对人类生产和生活产生了深刻影响的桌面互联网,再到现在人们高度关注的移动互联网的转变过程,计算设施和环境已经从以计算机为中心变化到以网络为中心,再到以人为中心;软件工程一改长期以来面向机器、面向语言和面向中间件等面向主机的形态,转为面向需求、服务、网络的形态,真正实现了软件即服务(SaaS)。在人机交互方面,最初主要以键盘交互为主,1964 年鼠标的发明改变了人机交互方式,使得计算机得到普及,为此,鼠标的发明者获得了计算机界的最高奖项——图灵奖。现在交互的主要方式又演变为触摸、语音和手势等,已经从人围着计算机转改为计算机围着人转,交互、分享、群体智能等都远远超出了早先图灵机的范畴,这就是泛在的计算。无论是计算环境和设施的变化、软件工程的发展,还是交互方式的改变,这些都告诉我们,现在已经进入了一个新的时代——云计算的时代。

云计算是由 Google 公司提出的,其核心思想是将大量用网络连接的计算资源统一管理和调度,构成一个计算资源池,向用户提供按需服务,是网格计算(Grid Computing)、分布式计算(Distributed Computing)、并行计算(Parallel Computing)、效用计算(Utility Computing)、网络存储(Network Storage Technologies)、虚拟化(Virtualization)、负载均衡(Load Balance)等传统计算机技术和网络技术发展融合的产物,旨在通过网络把多个成本相对较低的计算实体整合成一个具有强大计算能力的完美系统,并借助软件即服务(SaaS)、平台即服务(PaaS)、基础设施即服务(IaaS)、成功的项目群管理(MSP)等先进的商业模式把这强大的计算能力分布到终端用户手中。云计算的一个核心理念就是通过不断提高“云”的处理能力,进而减少用户终端的处理负担,最终使用户终端简化成一个单纯的输入/输出设备,并能按需享受“云”的强大计算处理能力。

狭义云计算是指通过网络以按需、易扩展的方式获得所需的资源。广义云计算是指服务的交付和使用模式,指通过网络以按需、易扩展的方式获得所需的服务,这种服务可以是

IT 和软件、互联网相关的,也可以是任意其他的服务,它具有超大规模、虚拟化、可靠安全等独特功能。其中,提供资源的网络被称为"云",如图 3-35 所示,"云"是一些可以自我维护和管理的虚拟计算资源,通常为一些大型服务器集群,包括计算服务器、存储服务器、宽带资源等,"云"中的资源在使用者看来是可以无限扩展的,并且可以随时获取、按需使用、随时扩展、按使用付费。云计算将所有的计算资源集中起来,并由软件实现自动管理,无须人为参与,这使得应用提供者无须为烦琐的细节而烦恼,能够更加专注于自己的业务,有利于创新和降低成本。

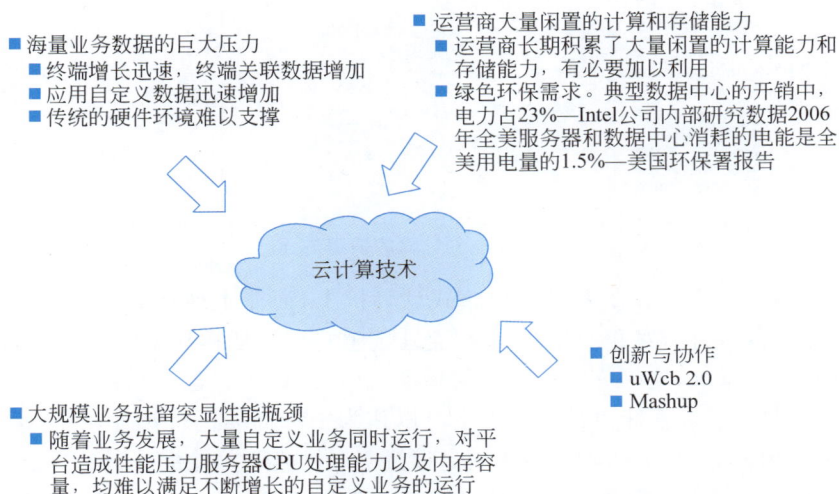

■ 海量业务数据的巨大压力
　■ 终端增长迅速,终端关联数据增加
　■ 应用自定义数据迅速增加
　■ 传统的硬件环境难以支撑

■ 运营商大量闲置的计算和存储能力
　■ 运营商长期积累了大量闲置的计算能力和存储能力,有必要加以利用
　■ 绿色环保需求。典型数据中心的开销中,电力占23%—Intel公司内部研究数据2006年全美服务器和数据中心消耗的电能是全美用电量的1.5%—美国环保署报告

云计算技术

■ 大规模业务驻留突显性能瓶颈
　■ 随着业务发展,大量自定义业务同时运行,对平台造成性能压力服务器CPU处理能力以及内存容量,均难以满足不断增长的自定义业务的运行

■ 创新与协作
　■ uWcb 2.0
　■ Mashup

图 3-35　"云"资源

3.5.2　云计算基本原理与特点

云计算是对分布式处理、并行处理和网格计算及分布式数据库的改进处理,其前身是利用并行计算解决大型问题的网格计算和将计算资源作为可计量的服务提供的公用计算,在互联网宽带技术和虚拟化技术高速发展后萌生出云计算,其发展历程如图 3-36 所示。计算能力、存储空间以及通信带宽成为社会的公共基础设施。用户呈现出个性化服务的强劲需求:无须关心特定应用软件的服务方式(如是否被他人同时租用),无须关心计算平台的操作系统以及软件环境等底层资源的物理配置与管理,无须关心计算中心的地理位置。这三个"无须关心"构成了软件作为服务、平台作为服务、基础设施作为服务。计算资源的虚拟化组织、分配和使用模式有利于资源的合理配置并提高利用率(散落在局域网、社区网、城区网、地区网各级信息中心的成千上万台服务器的利用率通常在 15% 左右,集中后的虚拟集群服务器利用率可达 85%),可以促进节能减排,实现绿色计算。

云计算的基本原理是利用非本地或远程服务器(集群)的分布式计算机为互联网用户提供服务(计算、存储、软硬件等服务),这使得用户可以将资源切换到需要的应用上,根据需求访问计算机和存储系统。云计算可以把普通的服务器或者 PC 连接起来以获得超级计算机的计算和存储等功能,但是成本更低。云计算真正实现了按需计算,从而有效地提高了对软、硬件资源的利用效率。云计算的出现使高性能并行计算不再是科学家和专业人士的专利,普通用户也能通过云计算享受高性能并行计算所带来的便利,使人人都有机会使用并行机,从而大大提高了工作效率和计算资源的利用率。云计算模式中,用户不需要了解服务器在哪里,不用关心内部如何运作,通过高速互联网就可以透明地使用各种资源。

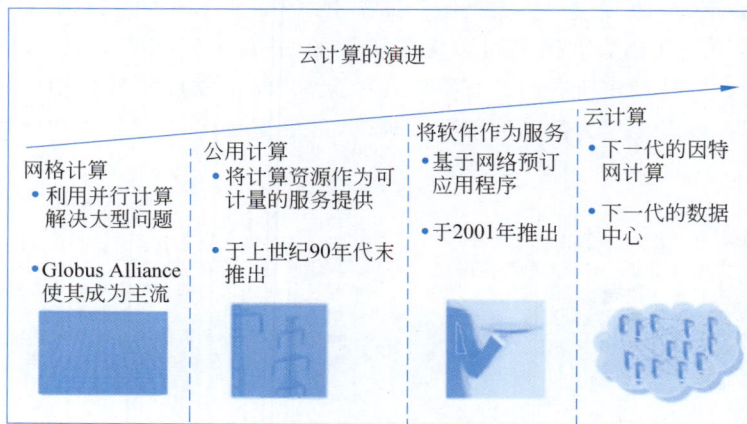

图 3-36　云计算的演变进程

云计算技术将计算分布在大量的分布式计算机上,而非本地计算机或远程服务器中。企业数据中心的运行将与互联网相似,使得企业能够将资源切换到需要的应用上,根据需求访问计算机和存储系统,这是一种革命性的举措,就好比是从古老的单台发电机模式转向了电厂集中供电的模式,它意味着计算能力也可以作为一种商品进行流通,就像煤气、水电一样取用方便、费用低廉,最大的不同在于它是通过互联网进行传输的。云计算的蓝图已经呼之欲出:在未来,只需要一台笔记本计算机或者一个手机,就可以通过网络服务实现人类需要的一切,甚至包括超级计算这样的任务,从这个角度而言,最终用户才是云计算的真正拥有者。云计算的主要特点包括以下几点。

1)计算资源集成提高设备计算能力

云计算把大量计算资源集中到一个公共资源池中,通过多主租用的方式共享计算资源。虽然单个用户在云计算平台获得服务的水平受到网络带宽等各因素的影响,未必获得优于本地主机所提供的服务,但是从整个社会资源的角度而言,整体的资源调配降低了部分地区的峰值荷载,提高了部分荒废主机的运行率,从而提高了资源利用率。

2)分布式数据中心保证系统容灾能力

分布式数据中心可将云端的用户信息备份到地理上相互隔离的数据库主机中,甚至用户自己也无法判断信息的确切备份地点。该特点不仅提供了数据恢复的依据,也使得网络病毒和网络黑客的攻击因失去目的性而变成徒劳,大大提高了系统的安全性和容灾能力。云计算系统由大量商用计算机组成集群向用户提供数据处理服务。随着计算机数量的增加,系统出现错误的概率大大增加。在没有专用的硬件可靠性部件的支持下,采用软件的方式,即数据冗余和分布式存储来保证数据的可靠性。通过集成海量存储和高性能的计算能力,云能提供较高的服务质量。云计算系统可以自动检测失效节点,并将失效节点排除,不影响系统的正常运行。

3)软硬件相互隔离减少设备依赖性

虚拟化层将云平台上方的应用软件和下方的基础设备隔离开来。技术设备的维护者无法看到设备中运行的具体应用。同时,对软件层的用户而言,基础设备层是透明的,用户只能看到虚拟化层中虚拟出来的各类设备。这种架构减少了设备依赖性,也为动态的资源配置提供了可能。

4)平台模块化设计体现高可扩展性

目前,主流的云计算平台均根据 SPI 架构在各层集成了功能各异的软、硬件设备和中间件软件。大量中间件软件和设备提供针对该平台的通用接口,允许用户添加本层的扩展设备。部分云与云之间提供对应接口,允许用户在不同云之间进行数据迁移。类似功能在更大程度上满足了用户需求,集成了计算资源,是未来云计算的发展方向之一。

5)虚拟资源池为用户提供弹性服务

云平台管理软件将整合的计算资源根据应用访问的具体情况进行动态调整,包括增大或减少资源的要求。因此,云计算对于在非恒定需求的应用,如对需求波动很大、阶段性需求等具有非常好的应用效果。在云计算环境中,既可以对规律性需求通过预测事先分配,也可根据事先设定的规则进行实时平台调整。弹性的云服务可帮助用户在任意时间得到满足需求的计算资源。

6)按需付费降低使用成本

作为云计算的典型应用模式,按需提供服务和按需付费是目前各类云计算服务不可或缺的一部分。对用户而言,云计算不但省去了基础设备的购置运维费用,而且能根据企业成长的需要不断扩展订购的服务,不断更换更加适合的服务,提高了资金的利用率。

3.5.3　云计算与其他超级计算的区别

20 世纪后半叶,全世界掀起第三次产业革命的浪潮,人类开始迈入后工业社会——信息社会。在信息社会时代,其先进生产力及科技发展的标志就是计算技术。时至今日,计算科学,尤其是以超级计算机(或高性能计算机)为基础的计算科学已经与理论研究、实验科学相并列,成为现代科学的三大支柱之一。现代超级计算基于先进的集群技术构建,即常说的网格计算技术。网格计算是伴随着互联网发展起来的,是一种专门针对复杂科学计算的新型计算模式。这种计算模式利用互联网把分散在不同地理位置的计算机组织成一个虚拟的"超级计算机",其中每台参与计算的计算机就是一个"节点",而整个计算是由成千上万个"节点"组成的"一张网格",所以称之为网格计算,其结构如图 3-37 所示。这种"超级计算机"有两个优势,一是数据处理能力超强,二是能充分利用网上的闲置处理能力。需要说明的是,网格计算是一种传统的、更加专业化的定义方式,而超级计算则是更加通俗化的概念,两者在本质上是一致的。超级计算在一个国家的发展中,特别是在一些尖端科技的发展中发挥着不可替代的作用,生物科技、石油勘探、气象预报、国防技术、工业设计、城市规划等经济和社会发展的关键领域都离不开超级计算。

云计算是从网格计算演化而来的,但并不等同于网格计算,其结构如图 3-38 所示,云计算是一种生产者—消费者模型,云计算系统采用以太网等快速网络将若干集群连接在一起,用户通过因特网获取云计算系统提供的各种数据处理服务。而网格系统是一种资源共享模型,资源提供者也可以成为资源消费者,网格侧重研究的是如何将分散的资源组合成动态虚拟组织。

云计算和网格计算的一个重要区别在于资源调度模式。云计算采用集群来存储和管理数据资源,运行的任务以数据为中心,即调度计算任务到数据存储节点运行。而网格计算以

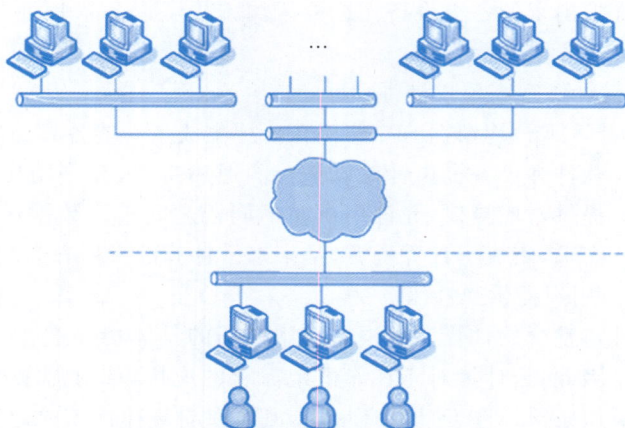

图 3-37　网格计算的结构

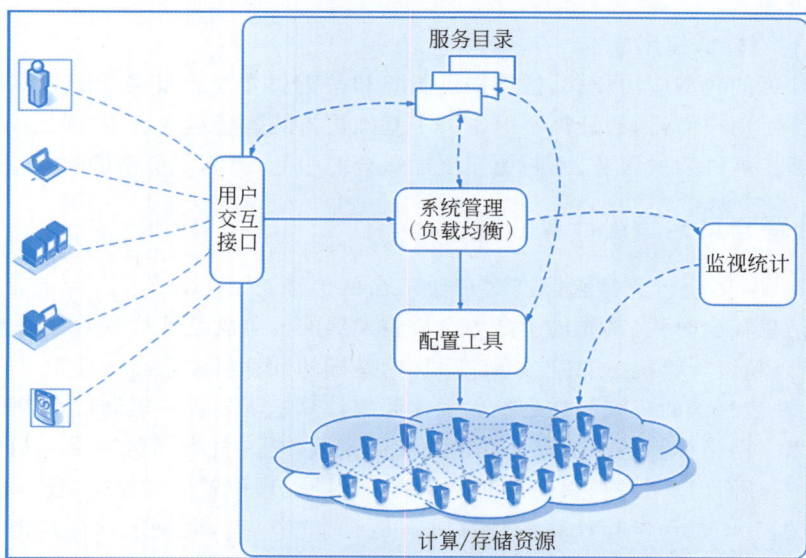

图 3-38　"云"系统的结构

计算为中心,计算资源和存储资源分布在因特网的各个角落,不强调任务所需的计算和存储资源同处一地。由于网络带宽的限制,网格计算中的数据传输时间占总运行时间的很大一部分。网格将数据和计算资源虚拟化,而云计算则进一步将硬件资源虚拟化,活用虚拟机技术可对对失败任务重新执行,而不必重启任务。同时,网格内的各节点采用统一的操作系统(大部分为 UNIX),而云计算放宽了条件,在各种操作系统的虚拟机上提供各种服务。云计算与网格的复杂管理方式不同,它提供一种简单易用的管理环境。另外,网格和云在付费方式上有着显著的不同,网格按照统一的资费标准收费或者在若干组织之间共享空闲资源,而云则采用按时付费以及按服务等级协议的模式收费。网格计算注重运算速度和任务的吞吐率,以运算速度为核心进行计算机的研究和开发,而云计算则以数据为中心,同时兼顾系统的运算速度,并且传统的超级计算机耗资巨大,远超云计算系统,至于其他区别不再赘述(表 3-1)。

表 3-1　网格计算与云计算的主要区别

区　别　点	网　格　计　算	云　计　算
发起者	学术界	工业界
标准化	是(OGSA)	否
开源	是	部分开源
互联网络	因特网,高延时低带宽	高速网络,低延时高带宽
关注点	计算密集型	数据密集型
节点	分散的 PC 或服务器	集群
获取的对象	共享的资源	提供的服务
安全保证	公私钥技术,账户技术	虚拟机保证隔离性
节点操作系统	相同的系统(UNIX)	多种操作系统上的虚拟机
虚拟化	虚拟数据和计算资源	虚拟软硬件平台
节点管理方式	分散式管理	集中式管理
易用性	难以管理和使用	用户友好
付费方式	/	用时付费
失败管理	失败的任务重启	虚拟机迁移到其他节点执行
第三方插件的兼容性	难以兼容	易于兼容
自我管理方式	重新配置	重新配置,自我修复

3.5.4　云计算应用领域

目前,亚马逊、微软、谷歌、IBM、英特尔等公司纷纷提出了"云计划",例如亚马逊公司的 AWS(Amazon Web Services)、IBM 和谷歌公司联合进行的"蓝云"计划等,这对云计算的商业价值给予了巨大的肯定。同时,学术界也纷纷对云计算进行了深层次的研究,例如谷歌公司同华盛顿大学以及清华大学合作,启动云计算学术合作计划(Academic Cloud Computing Initiative),推动云计算的普及,加紧对云计算的研究。目前,企业导入云计算已逐渐普及,并且有逐年增长趋势,其主要应用领域如表 3-2 所示。

表 3-2　云计算的应用领域

领　域	应 用 场 景	领　域	应 用 场 景
科研	地震监测	图形和图像处理	动画素材存储分析
	海洋信息监控		高仿真动画制作
	天文信息计算处理		海量图片检索
医学	DNA 信息分析	互联网	E-mail 服务
	海量病例存储分析		在线实时翻译
	医疗影像处理		网络检索服务
网络安全	病毒库存储		
	垃圾邮件屏蔽		

为加快我国云计算服务创新发展,工业和信息化部联合国家发展和改革委员会于 2010 年 10 月 18 日联合印发《关于做好云计算服务创新发展试点示范工作的通知》,确定在北京、

上海、深圳、杭州、无锡 5 个城市先行开展云计算服务创新发展试点示范工作。试点示范工作主要包括 4 方面的重点内容：一是推动国内信息服务骨干企业针对政府、大中小企业和个人等不同用户需求，积极探索 SaaS(软件即服务)等各类云计算服务模式；二是以企业为主体，产学研用联合，加强海量数据管理技术等云计算核心技术研发和产业化；三是组建全国性云计算产业联盟；四是加强云计算技术标准、服务标准和有关安全管理规范的研究制定，着力促进相关产业发展。试点示范将加速云计算产业链成熟进程，促进云计算产业链整体发展，特别是公有云和 SaaS 方面有实现加速发展的可能。对于云计算的众多应用与服务，可以细分为以下 7 个类型。

1) SaaS(软件即服务)

软件厂商将应用软件统一部署在服务器或服务器集群上，通过互联网提供软件给用户。用户也可以根据自己的实际需要向软件厂商定制或租用适合自己的应用软件，通过租用方式使用基于 Web 的软件来管理企业经营活动。软件厂商负责管理和维护软件，对于许多小型企业来说，SaaS 是采用先进技术的最好途径，它消除了企业购买、构建和维护基础设施和应用程序的需要。近年来，SaaS 的兴起已经给传统软件企业带来了强劲的压力，在这种模式下，客户不再像传统模式那样花费大量投资于硬件、软件、人员，而是只需要支出一定的租赁服务费，通过互联网便可以享受到相应的硬件、软件和维护服务，享有软件使用权并不断升级，这是网络应用最具效益的营运模式。SaaS 通常被用在企业管理软件领域、产品技术和市场，国内的厂商以八百客、沃利森为主，主要开发 CRM、ERP 等在线应用。用友、金蝶等老牌管理软件厂商也推出了在线财务 SaaS 产品。国际上的其他大型软件企业中，微软公司提出了 Software + SaaS 的模式，谷歌公司推出了与微软公司 Office 竞争的 GoogleApps，Oracle 公司在收购 Sieble 并升级 Siebleon-demand 后推出了 OracleOn-demand，SAP 公司推出了传统和 SaaS 杂交的(Hybrid)模式。

2) PaaS(平台即服务)

平台即服务(Patform as a Service)提供开发环境、服务器平台、硬件资源等服务给用户，用户可以在服务提供商的基础架构的基础上开发程序，并通过互联网和其服务器传给其他用户。PaaS 能够提供企业或个人定制研发的中间件平台，提供应用软件开发、数据库、应用服务器、试验、托管及应用服务。在云计算服务中，平台系统比应用软件系统更复杂，它是一系列软件和硬件协议的系统集合。把平台独立于软件之外，另立为单独的服务项目能够让服务更具有目的性，易于管理和维护。PaaS 能给客户带来更高性能、更个性化的服务，Salesforce 的 force.com 平台和八百客的 800App 是 PaaS 的代表产品。PaaS 厂商也吸引了软件开发商在 PaaS 平台上开发、运行并销售在线软件。

3) 按需计算

按需计算是将多台服务器组成"云端"计算资源，包括计算和存储，作为计量服务提供给用户，由 IT 领域巨头，如 IBM 的蓝云、Amazon 的 AWS 及提供存储服务的虚拟技术厂商的参与应用与云计算结合的一种商业模式，它将内存、I/O 设备、存储和计算能力整合成一个虚拟的资源池为整个业界提供所需要的存储资源和虚拟化服务器等服务。按需计算用于提供数据中心创建的解决方案，帮助企业用户创建虚拟的数据中心，诸如 3Tera 的 AppLogic、Cohesive Flexible Technologies 的按需实现的弹性扩展的服务器。Liquid Computing 公司的 LiquidQ 提供类似的服务，能帮助企业将内存、I/O、存储和计算容量通过网络集成为一个虚拟的资源池提供服务。按需计算方式的优点在于用户只需要低成本的硬件,按需租用相应的计算能力或存储能力,大大降低了用户在硬件上的开销。

4) MSP(管理服务提供商)

管理服务是面向 IT 厂商的一种应用软件,常用于应用程序监控服务、桌面管理系统、邮件病毒扫描、反垃圾邮件服务等。目前,瑞星杀毒软件早已推出云杀毒的方式,而 SecureWorks、IBM 提供的管理安全服务属于应用软件监控服务类。

5) 商业服务平台

商业服务平台是 SaaS 和 MSP 的混合应用,提供一种与用户结合的服务采集器,是用户和提供商之间的互动平台,例如费用管理系统中,用户可以订购其设定范围的服务与价格相符的产品或服务。

6) 网络集成

网络集成是云计算的基础服务的集成,采用通用的"云计算总线"整合互联网服务的云计算公司,方便用户对服务供应商的比较和选择,为客户提供完整的服务。软件服务供应商 OpSource 推出了 OpSource Services Bus,使用的就是被称为 Boomi 的云集成技术。

7) 云端网络服务

网络服务供应商提供的 API 能帮助开发者开发基于互联网的应用,通过网络拓展功能性。服务范围包括从提供分散的商业服务(诸如 StrikeIron 和 Xignite)到涉及 GoogleMaps、ADP 薪资处理流程、美国邮电服务、Bloomberg 和常规的信用卡处理服务等的全套 API 服务。云计算在工作和生活中最重要的体现就是计算、存储与服务。当然,计算和存储从某种意义上讲同属于云计算提供的服务,因此也印证了云计算即提供的一种服务,它是一种网络服务。

3.5.5　云计算关键技术

云计算是全新的基于互联网的超级计算理念和模式,实现云计算需要多种技术的结合,并且需要用软件实现将硬件资源进行虚拟化管理和调度,形成一个巨大的虚拟化资源池,把存储于个人计算机、移动设备和其他设备上的大量信息和计算资源集中在一起协同工作。计算资源包括计算机硬件资源(如计算机设备、存储设备、服务器集群、硬件服务等)和软件资源(如应用软件、集成开发环境、软件服务)。

1. 云计算体系结构

云计算平台是一个强大的"云"网络,连接了大量并发的网络计算和服务,可利用虚拟化技术扩展每个服务器的能力,将各自的资源通过云计算平台结合起来,提供超级计算和存储能力。云计算的本质是通过网络提供服务,其服务层次是根据服务类型(服务集合)划分的,与人们熟悉的计算机网络体系结构中的层次划分不同。在计算机网络中,每个层次都实现一定的功能,层与层之间有一定的关联。而云计算体系结构中的层次是可以分割的,即某一层次可以单独完成一项用户的请求,而不需要其他层次为其提供必要的服务和支持,其体系结构由 5 部分组成,分别为资源层、平台层、应用层、用户访问层和管理层,如图 3-39 所示。

1) 资源层

资源层是指基础架构层面的云计算服务,对应 IaaS,如 IBMBlueCloud、SunGrid,这些服务可以提供虚拟化的资源,从而隐藏物理资源的复杂性。物理资源指的是物理设备,如服

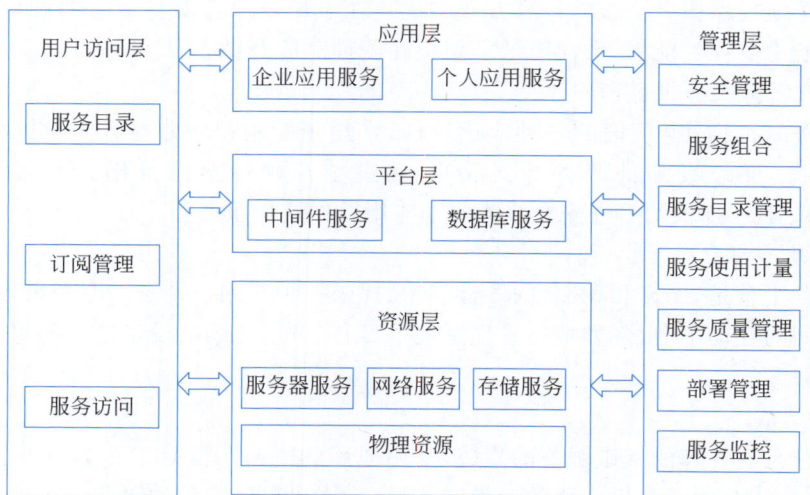

图 3-39　云计算服务层次体系结构

务器等；服务器服务指的是操作系统的环境，如 Linux 集群等；网络服务指的是提供的网络处理能力，如防火墙、VLAN、负载等；存储服务为用户提供存储能力。

2）平台层

平台层对应 PaaS，如 IBM ITFactory、Google APPEngine，为用户提供对资源层服务的封装，使用户可以构建自己的应用。数据库服务提供可扩展的数据库处理的能力，中间件服务为用户提供可扩展的消息中间件或事务处理中间件等服务。

3）应用层

应用层提供软件服务，对应 SaaS，如 Google APPS。企业应用是指面向企业的应用，如财务管理、客户关系管理、商业智能等。个人应用指面向个人用户的服务，如电子邮件、文本处理、个人信息存储等。

4）用户访问层

用户访问层是方便用户使用云计算服务所需的各种支撑服务，针对每个层次的云计算服务，都需要提供相应的访问接口。服务目录是一个服务列表，用户可以从中选择需要使用的云计算服务。订阅管理是提供给用户的管理功能，用户可以查阅自己订阅的服务，或者终止订阅的服务。服务访问是针对每种层次的云计算服务提供的访问接口，针对资源层的访问可能是远程桌面或者 XWindows；针对应用层的访问，提供的接口可能是 Web。

5）管理层

管理层提供对所有层次云计算服务的管理功能，安全管理提供对服务的授权控制、用户认证、审计、一致性检查等功能。服务组合提供云计算服务组合功能，使得新的服务可以基于已有服务创建时间。服务目录管理服务提供对服务目录和服务本身的管理功能，管理员可以增加新的服务，或者从服务目录中删除服务。服务使用计量对用户的使用情况进行统计，并以此为依据对用户进行计费。服务质量管理提供对服务性能、可靠性、可扩展性的管理。部署管理提供对服务实例的自动化部署和配置。当用户通过订阅管理增加新的服务订阅后，部署管理模块会自动为用户准备服务实例。服务监控提供对服务健康状态的记录。

2. 云计算技术层次

云计算技术层次与上述的云计算服务层次不是一个概念，后者从服务的角度来划分云的层次，主要突出了云服务能带来什么。而云计算的技术层次主要从系统属性和设计思想角度来说明云，是对软、硬件资源在云计算技术中所充当角色的说明。从云计算技术角度来分，云计算主要由 4 部分构成，即服务接口、中间件管理部分、虚拟化资源和物理资源，如图 3-40 所示。

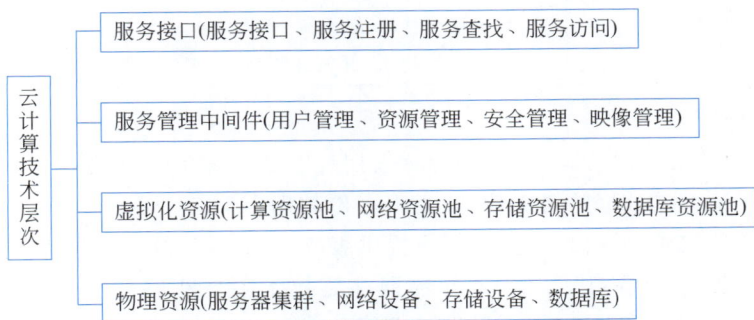

图 3-40　技术层次体系结构

1）服务接口

统一规定了在云计算时代使用计算机的各种规范、云计算服务的各种标准等，作为用户端与云端交互操作的入口，可以完成用户或服务注册以及对服务的定制和使用。

2）服务管理中间件

在云计算技术中，中间件位于服务和服务器集群之间，提供管理和服务，即云计算体系结构中的管理系统。对标识、认证、授权、目录、安全性等服务进行标准化和操作，为应用提供统一的标准化程序接口和协议，隐藏底层硬件、操作系统和网络的异构性，统一管理网络资源。其用户管理包括用户身份验证、用户许可、用户定制管理；资源管理包括负载均衡、资源监控、故障检测等；安全管理包括身份验证、访问授权、安全审计、综合防护等；映像管理包括映像创建、部署、管理等。

3）虚拟化资源

可以实现一定的操作功能，但其本身是虚拟而不是真实的资源，如计算池、存储池、网络池、数据库资源等，通过软件技术来实现相关的虚拟化功能，包括虚拟环境、虚拟系统、虚拟平台。

4）物理资源

主要指能支持计算机正常运行的一些硬件设备及技术，可以是价格低廉的 PC，也可以是价格昂贵的服务器及磁盘阵列等设备，可以通过现有网络技术和并行技术、分布式技术将分散的计算机组成一个能提供超强功能的集群，用于计算和存储等云计算操作。在云计算时代，本地计算机可能不再像传统计算机那样需要空间足够的硬盘、大功率的处理器和大容量的内存，只需要一些必要的硬件设备，如网络设备和基本的输入/输出设备等。

3. 云计算关键技术

云计算以数据为中心，是一种新型的数据密集型超级计算，在数据存储、数据管理、编程模式等多方面具有自身独特的技术，同时涉及众多其他技术，如表 3-3 所示，包括数据存储技术、数据管理技术、编程模式等。

表 3-3　云计算涉及的关键技术

技 术 类 型	具 体 技 术
设备架设	数据中心节能,节点互联技术
改善服务技术	可用性技术,容错性技术
资源管理技术	数据存储技术,数据管理技术
任务管理技术	数据切分技术,任务调度技术,编程模型
其他相关技术	负载均衡技术,并行计算技术,虚拟机技术,系统监控技术

1) 数据存储技术

为保证高可用、高可靠和经济性,云计算采用分布式存储的方式来存储数据,采用冗余存储的方式来保证存储数据的可靠性,即为同一份数据存储多个副本。云计算系统需要同时满足大量用户的需求,并行地为大量用户提供服务,因此云计算的数据存储技术必须具有高吞吐率和高传输率的特点。云计算的数据存储技术主要有谷歌公司的非开源的 GFS(Google File System)和 Hadoop 开发团队开发的 GFS 的开源实现 HDFS(Hadoop Distributed File System)。大部分 IT 厂商,包括雅虎、英特尔公司的"云"计划采用的都是 HDFS 的数据存储技术。

云计算的数据存储技术的未来发展将集中在超大规模的数据存储、数据加密和安全性保证以及继续提高 I/O 速率等方面。以 GFS 为例,GFS 是一个管理大型分布式数据密集型计算的可扩展的分布式文件系统。GFS 使用廉价的商用硬件搭建系统,并向大量用户提供容错的高性能服务,它和普通分布式文件系统的区别如表 3-4 所示。GFS 系统由一个 Master 和大量块服务器构成,Master 存放文件系统的所有元数据,包括名字空间、存取控制、文件分块信息、文件块的位置信息等。GFS 中的文件切分为 64MB 的块进行存储。在 GFS 文件系统中,采用冗余存储的方式来保证数据的可靠性。每份数据在系统中保存 3 个以上的备份。为了保证数据的一致性,对于数据的所有修改都需要在所有的备份上进行,并用版本号的方式来确保所有备份处于一致的状态。客户端不通过 Master 读取数据,避免了大量读操作。客户端从 Master 获取目标数据块的位置信息后,直接和块服务器进行读操作。GFS 的写操作将写操作控制信号和数据流分开,即客户端在获取 Master 的写授权后,将数据传输给所有的数据副本,在所有的数据副本都收到修改后,客户端才发出写请求控制信号,在所有的数据副本更新完成后,由主副本向客户端发出写操作以完成控制信号。

表 3-4　GFS 与传统分布式文件系统的区别

技 术 类 型	组件失败管理	文 件 大 小	数据写方式	数据流和控制流
GFS	不作为异常处理	少量大文件	文件末尾附加数据	数据流和控制流分开
传统分布式文件系统	作为异常处理	大量小文件	修改现存数据	数据流和控制流结合

当然,云计算的数据存储技术并不仅仅是 GFS,其他 IT 厂商,包括微软、Hadoop 开发团队也在开发相应的数据管理工具,其本质上是一种分布式的数据存储技术以及与之相关的虚拟化技术,对上层屏蔽具体的物理存储器的位置、信息等,在快速的数据定位、数据安全性、数据可靠性以及底层设备内存储数据量的均衡等方面都需要继续研究和完善。

2）数据管理技术

云计算系统对大数据集进行处理、分析，并向用户提供高效的服务，因此数据管理技术必须能够高效地管理大数据集，而且如何在规模巨大的数据中找到特定的数据也是云计算数据管理技术必须解决的问题。云计算的特点是对海量的数据存储、读取后进行大量的分析，数据的读操作频率远大于数据的更新频率，云中的数据管理是一种优化的数据管理，因此云系统的数据管理往往采用数据库领域中列存储的数据管理模式，将表按列划分后存储。

云计算的数据管理技术中，最著名的是谷歌提出的 BigTable 数据管理技术。由于采用列存储的方式管理数据，如何提高数据的更新速率以及进一步提高随机读速率是未来的数据管理技术必须解决的问题。以 BigTable 为例，BigTable 数据管理方式设计者 Google 给出了如下定义：BigTable 是一种为了管理结构化数据而设计的分布式存储系统，这些数据可以扩展到非常大的规模，例如在数千台商用服务器上达到 PB（Petabytes）规模的数据。BigTable 在执行时需要 3 个主要的组件：连接到每个客户端的库、一个主服务器和多个记录板服务器。主服务器用于分配记录板到记录板服务器以及进行负载平衡、垃圾回收等，记录板服务器用于直接管理一组记录板、处理读写请求等。

为保证数据结构的高可扩展性，BigTable 采用三级的层次化方式存储位置信息，如图 3-41 所示，其中第一级的 Chubby file 包含 Root Tablet 的位置，Root Tablet 有且仅有一个，包含所有 METADATA tablets 的位置信息，每个 METADATA tablets 包含许多 UserTable 的位置信息，当客户端读取数据时，首先从 Chubby file 中获取 Root Tablet 的位置，并从中读取相应 METADATA tablet 的位置信息，接着从该 METADATA tablet 中读取包含目标数据位置信息的 UserTable 的位置，然后从该 UserTable 中读取目标数据的位置信息项，据此信息到服务器中的特定位置读取数据。

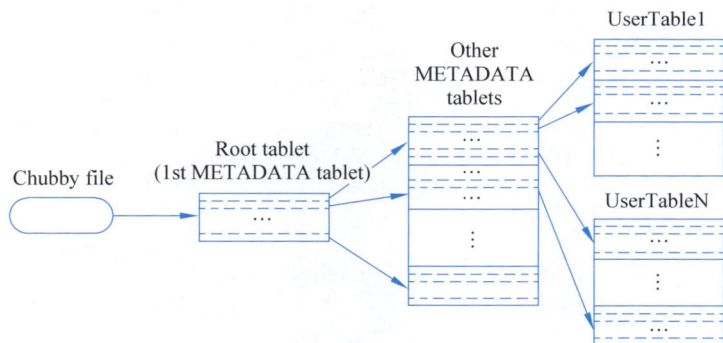

图 3-41　BigTable 存储记录板位置信息的结构

这种数据管理技术虽然已经投入使用，但是仍然具有部分缺点，例如对类似数据库中的 Join 操作效率太低、表内数据如何切分存储、数据类型限定为 string 类型过于简单等。而微软的 DryadLINQ 系统则将操作的对象封装为.NET 类，这样有利于对数据进行各种操作，同时对 Join 进行了优化，得到了比 BigTable＋Map-Reduce 更快的 Join 速率和更易用的数据操作方式。

3）编程模型

为了使用户能更轻松地享受云计算带来的服务，让用户能利用该编程模型编写简单的程序来实现特定的功能，云计算上的编程模型必须十分简单，同时需要保证后台复杂的并行执行和任务调度向用户和编程人员透明。云计算通常采用 Map-Reduce 的编程模式,现在大部分 IT 厂商提出的"云"计划中采用的编程模型都是基于 Map-Reduce 的思想开发的。Map-Reduce 不仅是一种编程模型,同时也是一种高效的任务调度模型,不仅适用于云计算,而且在多核和多处理器、CellProcessor 以及异构机群上同样有良好的性能。该编程模式仅适用于编写任务内部松耦合、能够高度并行化的程序。如何改进该编程模式,使程序员能够轻松地编写紧耦合的程序、运行时能高效地调度和执行任务是 Map-Reduce 编程模型未来的发展方向。

Map-Reduce 是一种处理和产生大规模数据集的编程模型,程序员在 map 函数中指定对各分块数据的处理过程,在 reduce 函数中指定如何对分块数据处理的中间结果进行归约。用户只需要指定 map 和 reduce 函数来编写分布式的并行程序,当在集群上运行 Map-Reduce 程序时,程序员不需要关心如何将输入的数据分块、分配和调度,同时系统还将处理集群内节点失败以及节点间通信的管理等。图 3-42 给出了一个 Map-Reduce 程序的具体执行过程,从图中可以看出,执行一个 Map-Reduce 程序需要 5 个步骤,包括输入文件、将文件分配给多个工作机并行地执行、写中间文件(本地写)、多个 Reduce 工作机同时运行、输出最终结果。本地写中间文件减少了对网络带宽的压力,同时也减少了写中间文件的时间耗费。执行 Reduce 时,根据从 Master 获得的中间文件位置信息,Reduce 使用远程过程调用,从中间文件所在节点读取所需的数据。Map-Reduce 模型具有很强的容错性,当工作机节点出现错误时,只需要将该工作机节点屏蔽在系统外等待修复,并将该工作机上执行的程序迁移到其他工作机上重新执行,同时将该迁移信息通过 Master 发送给需要该节点处理结果的节点。Map-Reduce 使用检查点的方式来处理 Master 出错的问题,当 Master 出现错误时,可以根据最近的一个检查点重新选择一个节点作为 Master,并由此检查点位置继续运行。

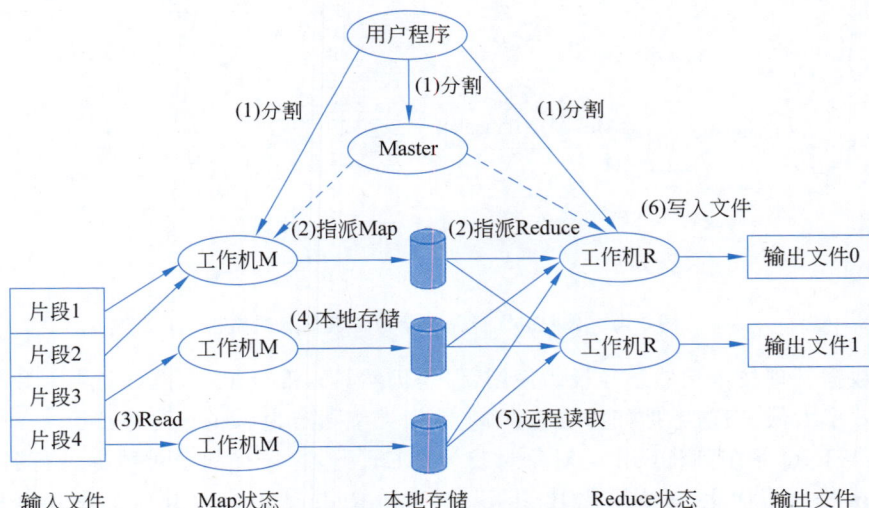

图 3-42　Map-Reduce 程序的具体执行过程

Map-Reduce 仅为编程模式的一种,微软提出的 DryadLINQ 是另一种并行编程模式,但它局限于.NET 的 LINQ 系统,同时并不开源,限制了它的发展前景。Map-Reduce 作为一种较为流行的云计算编程模型,在云计算系统中应用广泛,但是基于它的开发工具 Hadoop 并不完善,特别是其调度算法过于简单,判断需要进行推测执行的任务的算法会造成过多任务需要推测执行,降低了整个系统的性能。改进 Map-Reduce 的开发工具,包括任务调度器、底层数据存储系统、输入数据切分、监控"云"系统等方面是将来一段时间的主要发展方向。

3.5.6　云计算与物联网的结合

物联网是通过给每个对象赋予唯一的标识符,智能地将物与物、人与物联系起来的新型网络。物联网把物体本身的信息通过传感器、智能设备等采集后,收集至一个中心平台进行存储和分析,因此需要一个海量的数据库和数据平台把数据信息转换成实际决策和行动。若所有的数据中心都各自为政,数据中心的大量有价值的信息就会形成信息孤岛,无法被有需求的用户有效使用,所以在许多实际应用领域,云计算常和物联网一起组成一个互通互联、提供海量数据和完整服务的大平台(图 3-43)。例如,城市公共安全智能视频监督服务平台就是集安全防范技术、计算机应用技术、网络通信技术、视频传输技术、访问控制技术、云存储、云计算等高新技术为一体的庞大系统。公共安全智能视频监督服务平台包括传感器技术、无线图传技术、智能视频分析技术、信息智能发布及推送技术、中间件技术、数据库等核心技术,这个平台实现了对已标识的视频数据的自动分析、切换、判断、报警。物联网的实质是物物相连,把物体本身的信息通过传感器、智能设备等采集后,收集至一个云计算平台进行存储、计算和分析,并建立服务模式和服务体系。当打印机、显示器、汽车等物体连入互联网之后,通过云计算中的计算中心和数据中心可以提供云打印、云显示、云导航、云旅游等服务。如果想知道从北京会议中心去天安门广场怎么走,无须买 GPS,只需发个短信,云导航中心就会返回一条或几条路径信息。如果北京所有的汽车都联网,云监控中心就可以知道车辆的运行情况,而无须专门的监控车辆去巡查当日北京市的限号车辆是否进入五环以内。

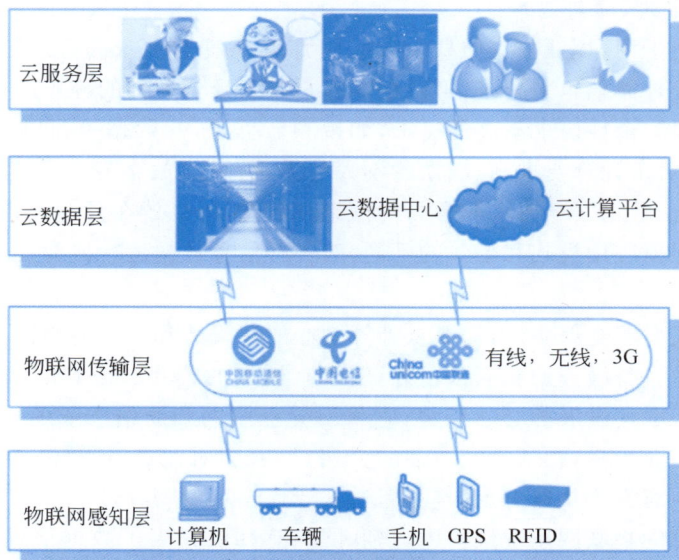

图 3-43　基于云计算的物联网系统架构

　　云计算和物联网应用当前已成为我国乃至全球的战略发展方向,一方面云计算需要从概念走向应用,另一方面物联网也需要更大的支撑平台以满足其规模的需求,这恰好是两者的紧密结合点,云计算如同人的大脑,而物联网则如同人的五官和四肢,云计算为大规模的物联网应用提供了强大的存储、计算与服务中心平台。有了云计算中心的廉价、超强的处理能力和存储能力,有了物联网无处不在的信息采集能力,这两者一结合,就可以产生类似电影《阿凡达》里面描述的将整个星球的生物都联系起来的奇妙情景。云计算与物联网的结合方式可以分为以下几种。

　　1) 单中心、多终端

　　在此类模式中,分布范围较小的各物联网终端(传感器、摄像头或 5G 手机等)把云中心或部分云中心作为数据处理中心,终端所获得的信息、数据统一由云中心处理及存储,云中心提供统一界面给使用者操作或者查看。这类应用非常多,例如对小区及家庭的监控、某一高速路段的监测、幼儿园小朋友的监管以及某些公共设施的保护等都可以使用此类模式。这类应用的云中心可提供海量存储、统一界面以及分级管理等功能,可以对日常生活提供较好的帮助。一般此类云中心以私有云居多。

　　2) 多中心、大量终端

　　对于区域跨度较大的企业单位而言,多中心、大量终端的模式比较适合。例如,一个跨多地区或者多国家的企业,因其分公司或分厂较多,故要对其各公司或工厂的生产流程进行监控、对相关的产品进行质量跟踪等。当有些数据或者信息需要及时甚至实时共享给各个终端的使用者时,也可采取这种方式,例如北京地震中心探测到某地 10 分钟后会有地震,只需要通过这种途径,仅仅十几秒就能将探测情况的告警信息发出,可尽量避免不必要的损失。中国联通的“互联云”思想就是基于此思路提出的。这个模式的前提是云中心必须包含公共云和私有云,并且它们之间的互联没有障碍。这样对于有些机密的事情,如企业机密等可较好地保密而又不影响信息的传递与传播。

　　3) 信息分层处理、海量终端

　　这种模式适用于用户范围广、信息及数据种类多、安全性要求高等的场合。当前客户对各种海量数据的处理需求越来越多,可以根据客户需求及云中心的分布进行合理分配,对需要大量数据传送但安全性要求不高的需求,如视频数据、游戏数据等,可以采用本地云中心进行处理或存储;对于计算要求高、数据量不大的需求,可以放在专门负责高端运算的云中心进行处理;而对于数据安全要求非常高的信息和数据,可以放在具有灾备中心的云中心进行处理。此模式根据应用模式和场景的不同,对各种信息数据进行分类处理,然后选择相关途径给相应的终端。

　　以上应用模式要想全部实现,需要云计算中心的建设达到一定的规模。目前,除极少数企业有部分为企业自身服务的私有云以外,还没有较大的公共云或者“互联云”。云计算与物联网的结合是互联网发展的必然趋势,它将引导互联网和通信产业的发展,并将在 3～5 年内形成一定的产业规模,相信越来越多的公司、厂家会对此进行关注。与物联网结合后,云计算才算是真正意义上从概念走向应用,进入产业发展的“蓝海”。

　　在基于云计算的物联网系统架构中,物联网的感知层充当了数据信息采集与反控的重要角色。传感器技术作为现代科技的前沿技术,同计算机技术与通信技术组成了现代信息技术的三大基础,也为当今物联网的发展铺平了道路,传感器更是物联网在工业领域应用的关键。为了满足物联网大规模、低成本、无人值守、环境复杂、电池供电等外界环境条件,智能传感器需要满足以下条件。

- 微型化。物联网的特点要求传感器微型化,要求传感器的特征尺寸为 μm 级或 nm 级,质量为 g 或 mg 级,体积为 mm^3 级。
- 低成本。低成本是物联网大规模应用的前提,在传感器设计时采用低成本设计方法,以提高传感器成品率,突破产业化生产技术,实现产业化生产。
- 低功耗。因物联网是靠电池长期供电的,故为节约能源,传感器必须采用低功耗供电,采用低功耗设计原则,在技术路线上采用太阳能、光能、生物能作为传感器电源。
- 抗干扰。能抗电磁辐射、雷电、强电场、高湿、障碍物等恶劣环境。
- 灵活性。传感器节点在物联网中应用时,节点通过提供一系列的软、硬件标准,能实现面向应用的灵活编程要求。

以环境监测为例,图 3-44 所示为环境类传感器系列,环保平台利用物联网等现代信息技术对环境污染情况进行实时监测,通过获取各种环境类传感器采集的信息,并在云计算平台进行分析、处理,得出废水、废气等的排放情况,当污染指标达到核定的排放量限值时,系统会进行自动报警联动,例如自动发送短信提醒企业管理相关人员以及对相应传感器进行反控,使其采取进一步的控制措施,例如关闭排放阀并进行系统自查自检。

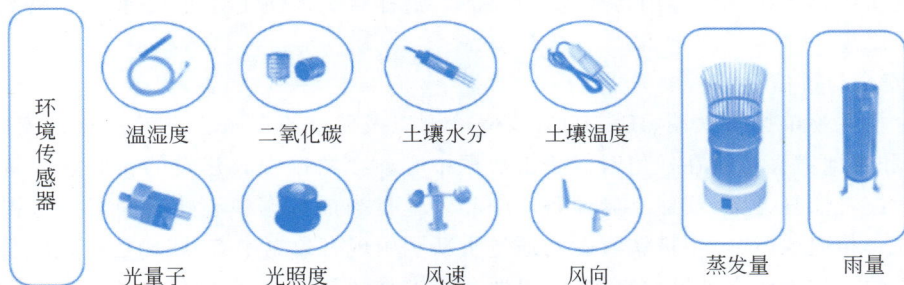

图 3-44　环境类传感器系列

3.5.7　云数据中心

随着物联网系统规模的不断增大,数据量急剧攀升,数据存储和查询的压力越来越大,物联网系统数据存储与管理的瓶颈问题愈发突出,传统的服务器和数据库的磁盘 I/O 能力、服务器处理能力有限,处理能力提升代价高昂。正是在这种形势与需求下,云数据中心应运而生(图 3-45)。

基于对云数据中心需求的不断更新,新一代云数据中心将是一个能够高效利用能源和空间的数据中心,并支持企业或机构获得可持续发展的计算环境。高利用率、自动化、低功耗、自动化管理成为国内新一代云数据中心建设的关注点,其具体特征如下。

1) 数据集中,提高效率

无论是出于 IT 成本过高、复杂性过大,还是资源利用率过低等原因,目前几乎所有类型的公司都在尝试将 IT 资源进行整合和集中,其中当然也包括云数据中心的整合。集中化的数据更便于备份、冗余和控制。所谓整合,就是将数十个数据中心整合到少数几个中央位置,然后重点在网络、冗余、计算、存储和管理等方面加强这少数几个中央数据中心的能力。

■ 海量业务数据的巨大压力
　　■ 终端增长迅速，终端关联数据增加
　　■ 应用自定义数据迅速增加
　　■ 传统的硬件环境难以支撑

■ 运营商大量闲置的计算和存储能力
　　■ 运营商长期积累了大量闲置的计算能力和
　　　存储能力，有必要加以利用
　　■ 绿色环保需求。典型数据中心的开销中，
　　　电力占23%—Intel公司内部研究数据2008
　　■ 2006年全美服务器和数据中心消耗的电能
　　　是全美用电量的1.5%—美国环保署报告

云数据中心

■ 大规模业务驻留突显性能瓶颈
　　■ 随着业务发展，大量自定义业务同时运行，对平
　　　台造成性能压力，服务器CPU处理能力以及内存
　　　容量，均难以满足不断增长的自定义业务的运行

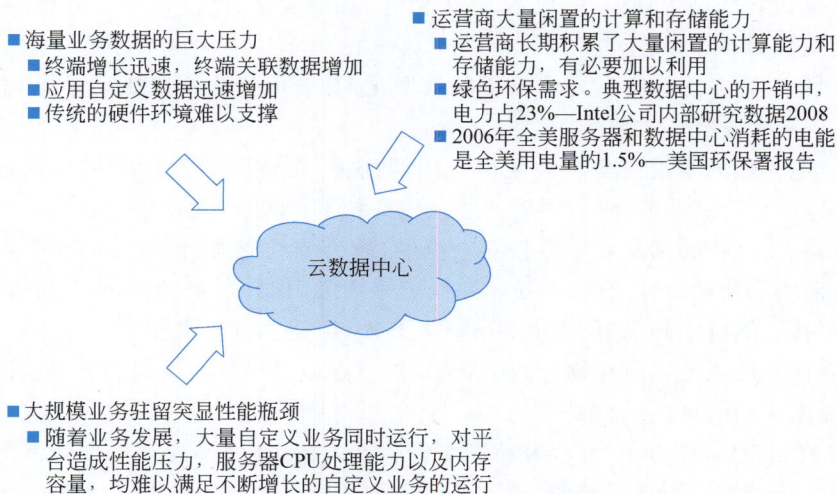

图 3-45　云数据中心

这一趋势将对很多 IT 技术和应用产生巨大影响。数据将越来越多地通过广域网传递给远程用户，由此对广域网架构和管理也产生了影响。而通过 Web、客户机-服务器协议或瘦客户机来提供集中化的应用将成为一种标准，这样将更加便于管理、更新以及安装补丁以防御安全隐患。

2）安全与可信

安全性并不单指防火墙、IPS/IDS、入侵检测以及防病毒等安全防范措施。实际上，火灾、飓风和其他灾害可能在任何时候袭击数据中心。在数据中心建设的初始阶段就应该构建可靠的灾难恢复方案，或建立异地备份中心。这是当前数据中心建设中需要重视的一大热点问题。相应地，约一半被调查者均通过重新利用现有数据中心，或构建新设施整合现有数据中心的方式来建立辅助数据中心，以便获得灾难恢复能力，以此保证业务连续性。

3）存储虚拟化

通过虚拟化进行数据中心资源整合是云数据中心的发展趋势。数据中心虚拟化正在势不可挡地迅猛发展。虚拟化分为存储虚拟化和计算虚拟化。存储虚拟化发生在两个层次：块存储（Block Storage）和文件存储（File Storage）。虚拟存储能将不同的物理存储架作为一个单一的虚拟存储池。虚拟化技术能够改善 IT 资源的再利用和提高灵活性，以适应不断变化的需求和工作量。

4）绿色低碳

绿色数据中心在机械、照明、用电和计算机系统等方面的设计旨在最大程度地提升能源利用效率和最低程度地造成对环境的污染和影响。建设和运行一个绿色数据中心需要采用先进的技术和优秀的策略。

5）流程自动化

在不需要大幅增长预算和人力的情况下，有效管理数据中心资源的快速增长是数据中心管理者共同面临的严峻挑战。虚拟化可在一定程度上控制这种增长，但虚拟化还会增加对管理和自动化工具的要求。实现 IT 管理流程自动化是降低数据中心 IT 操作成本和复杂性的一个关键目标，自动化应用将呈现增长的势头。

6）模块化

数据中心模块化可按需部署,高效扩展,灵活满足业务快速增长的需求,轻松实现分步投资,有效提高设备利用率和投资回报率。集装箱式数据中心是在工厂里将机架、空调、配电柜,甚至 UPS、发电机、服务器、交换机、存储系统等数据中心基础设施和 IT 设备集成安装到一个标准集装箱内,可形成高度集成、具有多种用途的数据中心模块,既可单体运行,也可通过积木式的扩展构建各种规模的数据中心。

3.5.8　云服务中心

随着物联网应用领域的多样化以及应用规模的逐渐扩大,其功能需求已不仅仅局限于数据的存储与查询,而是提出了更高层次、更复杂多样的服务要求。云服务中心按照服务类型大致可以分为三类,包括软件即服务、平台即服务和基础设施即服务,如图 3-46 所示。

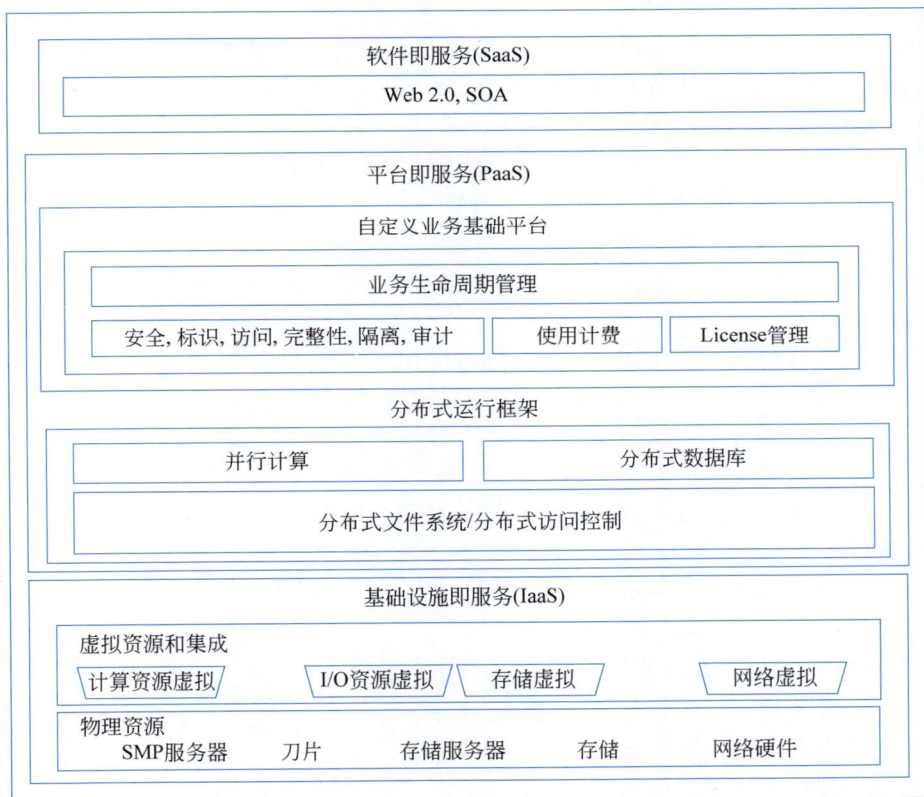

图 3-46　云服务层次

软件即服务(SaaS)可能是最普遍的云服务开发类型,对客户而言,SaaS 无须前期的服务器或软件许可投资。对应用开发者而言,则只需要为多个客户端维护一个应用。许多不同类型的公司都在利用 SaaS 模型开发应用,最为著名的 SaaS 应用就是谷歌为自己的客户群所提供的应用。平台即服务(PaaS)是 SaaS 的一个变种,它将整个开发环境作为一个服务来提供,开发者利用供应商开发环境中的“结构单元”来创建自己的客户应用。PaaS 是可以在上面开发、测试和部署软件的一种平台,专门面向应用程序的开发人员、测试人员、部署人员和管理员,这项服务提供了开发云 SaaS 应用程序所需要的一切资源。当用户需要虚拟计算机、云存储、防火墙和配置服务等网络基础架构部件时，IaaS 正是用户应该选择的云服务模式。系统管理员是这种服务的一类用户，使用费可以按多种标准来计算，例如处理器/小时、存储的数据（GB）/小时、所用的网络带宽、所用的网络基础架构以及增值服务/小时（如监控和自动扩展等），不一而足。

习题

一、单选题

1. 操作系统是一种（　　）。
   A. 应用软件　　B. 系统软件　　C. 通用软件　　　D. 工具软件

2. 操作系统的目的是提供一个能够供其他程序执行的良好环境，因此它必须使机器（　　）。
   A. 高效工作　　B. 使用方便　　C. 合理使用资源　D. 使用方便并高效工作

3. 进程间的同步是指进程间在逻辑上的相互（　　）关系。
   A. 连接　　　　B. 制约　　　　C. 继续

4. 进程间的互斥是指进程间在逻辑上的相互（　　）关系。
   A. 连接　　　　B. 制约　　　　C. 继续

5. 以下不属于云计算特点的是（　　）。
   A. 高可靠性　　B. 高成本　　　C. 通用性　　　　D. 按需服务

二、填空题

1. 计算机系统由_____和_____两部分组成。

2. 计算机硬件通常由_____、_____、_____和_____组成，计算机软件分为_____、_____和_____。

3. 排除死锁的方法是_____、_____和_____。

4. 云计算按服务模式分类，可分为_____、平台即服务（PaaS）和软件即服务（SaaS）。

三、简答题

1. 请写出冯·诺依曼计算机的基本功能。
2. 简述 ROM 与 RAM 的联系和区别。
3. 简述 CPU 的组成与作用。
4. 简述系统软件与操作软件的区别与联系。
5. 简述操作系统的主要功能。
6. 列举微型计算机中常见的硬件设备。
7. 简述一台计算机是怎样开始工作的。
8. 简述进程的状态和各状态间的相互转化。
9. 产生死锁的 4 个条件是什么？如何预防死锁？
10. 简述 Linux 操作系统和 UNIX 操作系统的区别。
11. 谈谈你经常使用的应用软件，以及在同类型软件中选择它的理由。
12. 简述云计算与其他超级计算的区别。
13. 请列举云计算的关键技术（至少列举 3 个）。
14. 简要说明云计算与物联网结合的优势体现在哪些方面。

第4章 Python 程序设计基础

Python 是人工智能领域的重要开发语言。作为一种高级编程语言,Python 以其简洁的语法和易用性,成为人工智能研究和开发的首选语言之一。Python 的语法清晰,学习曲线相对平缓,使初学者能够快速上手,并在较短的时间内掌握 AI 算法。同时,Python 的灵活性和广泛的应用生态,使它能够适应从简单脚本到复杂系统的各种编程需求。

Python 的强大之处在于其丰富的库和框架支持,这些工具对于实现人工智能的核心功能至关重要。例如,NumPy 和 Pandas 库提供了高效的数据处理能力,而 Scikit-learn、TensorFlow 和 PyTorch 等框架则为机器学习和深度学习提供了强大的算法支持。这些库和框架不仅简化了编程工作,还加速了人工智能模型的开发和训练过程,极大地提高了人工智能研究和开发的效率。

‖ 4.1 初识 Python

4.1.1 Python 语言的发展

Python 语言是一种面向对象、解释型且带有动态语义的高级语言。1989 年圣诞节期间,Guido Van Rossum 构思并开发了这个新的脚本解释型语言。

Python 2.0 版本于 2000 年 10 月发布,稳定版本是 Python 2.7。自 2004 年以后,Python 在 TIOBE(The Importance of Being Earnest)编程语言排行榜中的名次稳步上升,即用户使用率持续增长。2019 年 6 月,Python 在 TIOBE 排行榜中排名第 3。

Python 3.0 于 2008 年 12 月发布,其不完全兼容 Python 2.0 版本。本书的所有示例代码都是在 Anaconda 3 的 Spyder 环境下运行与调试的,安装包为 Anaconda3-2020.11-Windows-x86.exe,对应的 Python 版本为 Python 3.8。

4.1.2 Python 语言的特点

Python 语言具有简洁性、易读性、开源性、可扩展性和可移植性等特点,可以从以下几方面了解 Python 语言。

1. 语法优雅、易于使用、程序可读性好

相比较而言,Python 语言代码比其他语言代码量小。与 C 语言和 Java 语言不同,Python 语言通过强制缩进提高程序的可读性。例如,对于输出"Hello,world!",Python 语言的语句比 C 语言的语句更为简洁。

2. Python 语言的标准库与第三方库

Python 标准库提供的组件涉及范围十分广泛,包含多个内置模块(以 C 语言编写),Python 程序员依靠它们可以实现系统级功能,如文件 I/O。此外,还有大量以 Python 语言编写的模块,它们提供了编程中许多问题的标准解决方案。其中,有些模块通过将特定平台功能抽象化为平台中的 API 以满足 Python 程序的可移植性,如文本处理、操作系统服务、数据库接口、GUI、网络和进程间的通信、互联网协议以及多媒体服务等。

Python 的应用领域中,数据分析与挖掘是热门的领域之一。Python 在数据分析领域的生态圈包含丰富的第三方库。

(1)基础库主要有 Pandas、NumPy、Matplotlib、Seaborn 和 Scipy 等。Pandas 常用于处理二维表格数据;NumPy 是矩阵计算与其他框架数据处理的基础;Matplotlib 和 Seaborn 是专业的可视化库;SciPy 包含较多的科学计算工具包与算法。

(2)在机器学习领域中,比较常用的是 Scikit-learn 库。机器学习研究如何通过计算的手段,利用经验改善系统自身的性能。2007 年,在 Google Summer of Code 项目中,David Cournapeau 开发了 Scikit-learn。后来,Matthieu Brucher 加入该项目,并开始将其用作论文工作的一部分。2010 年,法国国家信息与自动化研究所(INRIA)参与其中,并于 2010 年 1 月下旬发布了第一个公开版本。Scikit-learn 库主要用 Python 语言编写,可以实现分类、聚类、回归、数据降维、模型选择与评估及数据预处理等功能。

3. 开放源代码

Python 语言受版权保护,但是允许在开放源代码的许可下使用,可以免费下载、使用或将 Python 包含在用户的应用程序中,也可以自由修改和重新分发。

4. 跨平台与可移植性

Python 适用于 macOS、Windows、Linux 和 UNIX 等操作系统,且非官方版本也可用于 Android 和 iOS 操作系统。

5. 可扩展性

Python 语言被称为"胶水语言",它能方便地调用其他编程语言所编写的程序,如 C/C++ 编写的代码运行速度比 Python 更快,当一段关键代码需要采用 C/C++ 编写时,在 Python 中调用这段程序即可。

Python 语言也有不足之处。一方面,Python 的运行速度慢于 C/C++ 和 Java,Python 是解释型语言,它一边运行一边翻译源代码,作为高级语言,需要屏蔽较多的底层细节作为代价,随着计算机硬件性能的提升,在一定程度上也可以弥补软件性能的不足。另一方面,对 Python 进行加密比较困难,Python 语言是直接运行源代码的,不同于编译型语言,编译型语言的源代码会被编译成可执行程序再执行,如 C 语言。

4.1.3　Python 环境搭建

本书主要以 Windows 系统为例讲解 Python 环境的搭建和 Python 程序的运行。首先打开命令行终端窗口,输入 Python,以查看自己的计算机是否具备 Python 环境。如果输入 Python 后未显示 Python 版本号,则需要进行环境搭建。

在实际开发过程中,可以选择集成开发环境(IDE),以便查看程序运行结果和调试程序。一般情况下,程序员可选择的 IDE 类别是很多的,例如用 Python 语言进行程序开发,既可以选用 Python 自带的 IDLE,也可以选择 PyCharm 和 Notepad++ 作为 IDE。并且,为了称呼上的方便,人们也常常将集成开发环境统称为编译器或编程软件。

4.1.4　编译与解释

Python 语言易于入门,可读性强且具有较好的可扩展性,它能在 Windows、macOS 和 Linux 等操作系统上运行。Python 也是一种解释型、面向对象和动态的高级程序设计语言。高级语言的运行方式主要有两种:一种是先编译后运行,如 C/C++ 语言;另一种是解释型,即一边解释一边运行。下面通过图示的形式说明这两种运行方式的区别。

编译是将源代码转换成目标代码的过程。一般而言,源代码是高级语言代码,目标代码是机器语言代码,执行编译的计算机程序称为编译器,程序员编辑源代码的文件称为源文件。一般流程是:把源文件内容通过编译器进行编译,翻译成计算机能够识别的机器语言,并保存在目标文件里,再连接库文件或自定义文件,执行程序后得到输出结果,如图 4-1 所示。

解释和编译的区别:编译是一次性翻译,一旦程序被编译,便可重复运行,不再需要编译器或源代码,运行速度较快;解释是每次程序运行时都需要解释器和源代码,具有灵活的编程环境,可以交互式地开发和运行,如图 4-2 所示。

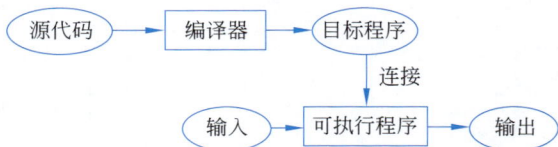

图 4-1　编译高级语言

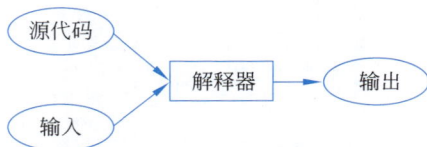

图 4-2　解释高级语言

4.1.5　变量

在 Python 中,每个变量在使用前必须赋值,变量赋值后,该变量才会被创建。通过直接赋值可以创建不同类型的变量。变量本身没有类型,变量名的"类型"指的是变量所指的内存中对象的类型。赋值符号为"="。例如 a=5 的含义:a 是变量名,5 是变量的值,5 的数据类型是整型,如图 4-3 所示。

内置函数 type() 的功能是返回变量所指向对象的类型,例如 <class 'int'> 的含义:a=5 中的 a 指向整型数据 5,而 a='Hello, world! '中的 a 指向字符串'Hello,world! '。

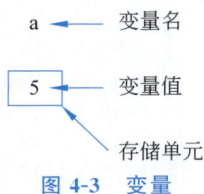

图 4-3　变量

```
a=5
print(type(a))
a='Hello, world!'
print(type(a))

#输出结果
< class 'int'>
< class 'str'>
```

在高级语言中,变量、符号常量、函数等命名的有效字符序列统称为标识符。简而言之,标识符就是一个对象的名字。Python 的标识符命名规则如下。

（1）标识符由字母、数字或下画线组成，且首字母必须是字母或下画线。

（2）标识符区分大小写，sum、SUM、Sum 是不同的标识符。

（3）不能使用保留字作为标识符。

4.1.6 保留字

保留字也称为关键字，一般是指被编程语言内部定义并保留使用的标识符。编程时不能定义与保留字同名的标识符。在导入 keyword 模块后，可使用 keyword.kwlist 语句查看 Python 3.x 的保留字。Python 中的保留字如表 4-1 所示。

表 4-1 Python 的保留字

and	exec	not
assert	finally	or
break	for	pass
class	from	print
continue	global	raise
def	if	return
del	import	try
elif	in	while
else	is	with
except	lambda	yield

输入下面两条语句，查看 Python 中的保留字。

```
import keyword
keyword.kwlist

#输出结果
['False','None',"True','and','as','assert','asyoc','await','break','class',
'continue','def','del','elif','else','except','finally','for','from',
'global','if','import','in','is','lambda', 'nonlocal','not','or','pass',
'raise','return','try','while','with','yield']
```

4.1.7 运算符

1. 算术运算符

设定变量 a＝10，b＝20。具体运算符分类如表 4-2 所示。

表 4-2 算术运算符

运　算　符	描　　述	运　算　结　果
＋	加：两个变量相加，a＋b	30
－	减：两个变量相减，a－b	－10

续表

运　算　符	描　　　述	运　算　结　果
*	乘：两个变量相乘，a×b	200
/	除：b 除以 a	2
%	模除：返回 b 除以 a 的余数	0
**	幂：a 的 b 次幂，a^b	100000000000000000000
//	取整除：返回商的整数部分(向下取整)	$>>>9//2$ 4 $>>>-9//2$ -5

2. 比较运算符

设定变量 a＝10，b＝20(运算结果返回 True 或 False)。具体运算符分类如表 4-3 所示。

表 4-3　比较运算符

运　算　符	描　　　述	运　算　结　果
＝＝	等于：比较两个对象是否相等	a＝＝b 返回 False
！＝	不等于：比较两个对象是否不相等	a！＝b 返回 True
＞	大于：返回 a 是否大于 b	a＞b 返回 False
＜	小于：返回 a 是否小于 b	a＜b 返回 True
＞＝	大于或等于：返回 a 是否大于或等于 b	a＞＝b 返回 False
＜＝	小于或等于：返回 a 是否小于或等于 b	a＜＝b 返回 True

3. 逻辑运算符

设定变量 a＝10，b＝20。具体逻辑运算符分类如表 4-4 所示。

表 4-4　逻辑运算符

运　算　符	逻辑表达式	描　　　述	运　算　结　果
and	a and b	与：如果 a 为 False，a and b 返回 False，否则返回 b 的计算值	a and b 返回 20
or	a or b	或：如果 a 是非 0，返回 a 的值，否则返回 b 的计算值	a or b 返回 10
not	not a	非：如果 a 为 True，返回 False。如果 a 为 False，返回 True	not a 返回 False

4.1.8　赋值语句

1. 单变量赋值

赋值符号"＝"的基本格式为：变量＝表达式。

在一些编程语言的赋值过程中，如 C 语言，在定义变量时，首先开辟内存空间，然后将值存入。变量名实际上是以一个名字代表一个存储地址。例如，当 x 的赋值改变为 4 时，原来的值 3 被覆盖，内存单元不变。Python 语言中，变量保存的是数值的地址，如 x＝3 中 x 保存的是内存中数值 3 的地址，当执行 x＝4 时，由于 3 和 4 分别存储在不同的内存单元，因此 x 中保存的是 4 的地址,如图 4-4 所示。x 类似一个便笺纸,"贴"在对象 3 上,并说"这是 x",即它是现有对象的别名,也称为引用。当执行语句 x=4 时,x 则"贴"在对象 4 上,本质上是 x 的地址发生了改变。

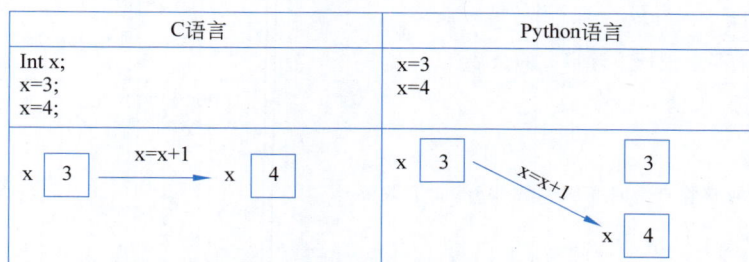

C语言	Python语言

Int x;
x=3;
x=4;
	x=3
	x=4

x 3 ——x=x+1——→ x 4	x 3 ——x=x+1——→ 3 x 4

图 4-4　C 语言与 Python 语言的对比

2. 同时赋值

Python 中允许给多个变量同时赋值,基本格式为:

```
变量 1,变量 2,…,变量 n=表达式 1,表达式 2,…,表达式 n
```

其中,表达式 1 赋值给变量 1,表达式 2 赋值给变量 2,以此类推。例如,将 a+b 和 a−b 的值分别赋值给 sum 和 diff。

```
sum,diff=a+b,a-b
```

3. 复合赋值运算符

复合赋值运算符主要有＋＝、−＝、＊＝、/＝、//＝、%＝,其中"＊＊＝"是进行幂运算,"//＝"是进行整除运算。具体赋值运算符分类如表 4-5 所示。

表 4-5　赋值运算符

运　算　符	描　　述	运　算　结　果
=	简单的赋值运算符	c=a+b 将 a+b 的结果赋值给 c
+=	加法赋值运算符	c+=a 等效于 c=c+a
−=	减法赋值运算符	c−=a 等效于 c=c−a
*=	乘法赋值运算符	c＊=a 等效于 c=c＊a
/=	除法赋值运算符	c/=a 等效于 c=c/a
%=	取模赋值运算符	c%=a 等效于 c=c%a
**=	幂赋值运算符	c＊＊=a 等效于 c=c＊＊a
//=	取整除赋值运算符	c//=a 等效于 c=c//a

4.1.9　缩进与注释

1. 缩进

缩进用于表示代码之间的层次关系。一般代码是顶格缩写,当需要缩进时,可以按 Tab 键或按多次空格键(常用 4 个空格)实现。

```
i=1
while i< 10:
```

```
    if i==5:
        print(i)
        i=i+1

#运行结果
5
```

2. 注释

注释是在代码中加入的说明信息,常用于说明函数的功能或某行、段代码的含义,以增强代码的可读性。计算机不执行注释中的内容。

单行注释以"#"开头;多行注释以 3 个单引号(''')或双引号(""")开头和结尾,还可以选中一段代码,执行 Edit 菜单中的 Add block comment 命令以添加多行注释。

4.1.10　输入与输出

1. print()函数

print() 函数是一个内置函数,其中参数为零个或多个表达式。当无参数时,print()函数输出空行。其基本格式为:

```
print(<表达式 1>,<表达式 2>,…,<表达式 N>)
```

```
print(5+6)
print(5,6,5+6)
print()
print("sum=",3+4)

#运行结果
11
5 6 11

sum=7
```

默认情况下,print()函数会在输出文本的末尾添加"\n"(换行符)作为结束符,也可以用 end="\n"显示默认值。end 是命名参数的关键字,当 end=""(空格)时,输出结果不发生换行。其基本格式为:

```
print(<表达式 1>,<表达式 2>,…,<表达式 N>,end="\n")
```

比较下列代码的差别。

```
print("sum=",end="\n")
print(5+6)
print("sum=",end="")
print(5+6)

#运行结果
sum=
11
sum=11
```

2. input()函数

input()函数是输入函数,常用一个字符串字面常量提示用户输入。其基本格式为:

```
变量=input(字符串表达式)
```

```
id=input("Please enter your ID:")
id

#运行结果
Please enter your ID:20200202
'20200202'
```

程序运行时,会输出"Please enter your ID:"提示用户输入,当输入 20200202 后,得到输出的 id 值。

3. 格式化输入/输出

1)格式化字符串的函数 str.format()

str 是由一系列槽组成的,槽用大括号"{}"表示,用于控制输出参数的位置。

(1)如果"{}"中为空,则按照参数的出现顺序输出。

(2)序号从 0 开始,用 0,1,2,…,n 对应参数的位置,因此参数的顺序是任意的,输出时,按序号的顺序输出。

```
"{}{}".format("study","hard")
Out[1]:'studyhard'

"{0}{1}".format("study","hard")          #{0}对应 study,{1}对应 hard
Out[2]:'studyhard'

"{1}{0}{1}".format("study","hard")
Out[3]:'hardstudyhard'
```

4. 数字格式化

在数字格式化中,常用的符号如表 4-6 所示。

表 4-6　数字格式化常用符号

符　　号	含　　义	符　　号	含　　义
:	引导符号	＋	在正数前显示正号(＋)
＜	左对齐	－	在负数前显示负号(－)
＞	右对齐	空格	正数前加空格
	居中对齐		

常用符号的常见用法如表 4-7 所示。

表 4-7　常用符号的常见用法

数　　字	格　　式	输 出 结 果	含　　义
2.71828	{1:.0f}	3	输出整数部分,不保留小数位
2.71828	{:.2f}	2.72	输出结果保留两位小数
2.71828	{:＋.2f}	＋2.72	在正数前显示正号(＋)
－2.71828	{:－.2f}	－2.72	在负数前显示负号(－)
12	{:0＞3d}	012	输出数据宽度为 3,用数字 0 左填充
12	{:x＜3d}	12x	输出数据宽度为 3,用 x 右填充

续表

数　字	格　式	输出结果	含　义
123456	{:,}	123,456	数字的千位分隔符","
0.12	{:.2%}	12.00%	输出百分数,保留 2 位小数

示例代码如下。

```
"{:.2f}".format(2.71828)
Out[1]:'2.72'
"{:+.2f}".format(2.71828)
Out[2]:'+2.72'
"{:-.2f}".format(-2.71828)
Out[3]:'-2.72'
"{:.0f}".format(2.71828)
Out[4]:'3'
"{:0>3d}".format(12)
Out[5]:'012'
"{:x<3d}".format(12)
Out[6]:'12x'
"{:0>3d}".format(12)
Out[7]:'012'
"{:,}".format(123456)
Out[8]:'123,456'
"{:.2%}".format(0.12)
Out[9]:'12.00%
```

4.1.11　列表

列表(list)是包含零或多个对象引用的有序序列,详细内容将在之后的章节介绍。列表包括正向索引(序号递增)和反向索引(序号逆向递减),如图 4-5 所示。

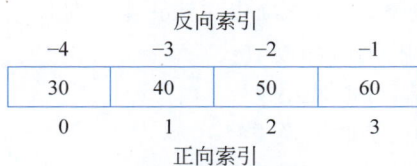

反向索引

-4	-3	-2	-1
30	40	50	60
0	1	2	3

正向索引

图 4-5　列表的索引

```
FirstList=[30,40,50,60]
FirstIist[2]
#运行结果
50

FirstList[2]=100
FirstList
#运行结果
[30,40,100,60]
```

习题

一、单选题

1. 下列选项中错误的是( )。

    A. Python 语言是一种解释型编程语言

    B. Python 语言编写的程序的执行速度比 C++ 和 Java 语言编写的程序慢

    C. 高级语言编写的程序可以直接运行

    D. Python 语言在金融、交通、医疗等多领域都有广泛的应用

2. Python 源程序执行的方式是( )。

    A. 先编译后执行   B. 边解释边运行

    C. 直接执行   D. 边编译边执行

3. 下列说法中正确的是( )。

    A. Python 属于低级语言   B. Python 是面向过程的

    C. Python 属于解释型语言   D. Python 是非开源的

4. 下列选项中,关于变量名的说法错误的是( )。

    A. 变量名的第一个字符必须是字母或下画线

    B. 不能将保留字作为变量名

    C. 变量名除第一个字符外可以包含数字

    D. 变量名对大小写不敏感

5. 下列选项中,符合 Python 语言变量命名规则的是( )。

    A. *I   B. 3_1   C. AB!   D. Temp

6. 下列选项中,不是 Python 语言保留字的是( )。

    A. except   B. do   C. pass   D. while

7. 关于 Python 语言的变量,下列选项中说法正确的是( )。

    A. 随时声明、随时使用、随时释放

    B. 随时命名、随时赋值、随时使用

    C. 随时声明、随时赋值、随时变换类型

    D. 随时命名、随时赋值、随时变换类型

8. 关于 Python 语言的注释,下列选项中描述错误的是( )。

    A. Python 语言的单行注释以(＃)开头

    B. Python 语言的单行注释以单引号(')开头

    C. Python 语言的多行注释以 3 个单引号(''')开头和结尾

    D. Python 语言有两种注释方式:单行注释和多行注释

9. Python 语言中语句块的标记是( )。

    A. 分号   B. 逗号   C. 缩进   D. /

10. Python 程序一般都是缩进( )个空格。

    A. 2   B. 3   C. 4   D. 6

11. 下列选项中,对 Python 程序中缩进格式描述错误的是( )。

  A. 不需要缩进的代码顶格写,前面不能留空白

  B. 缩进可以用 Tab 键实现,也可以用空格键实现

  C. 严格的缩进可以约束程序结构,可以多层缩进

  D. 缩进用于美化 Python 程序的格式

12. 关于 Python 语言算术运算符,下列选项中描述错误的是(　　)。

  A. x//y 表示 x 与 y 之整数商,即不大于 x 与 y 之商的最大整数

  B. x**y 表示 x 的 y 次幂,其中 y 必须是整数

  C. x%y 表示 x 与 y 之商的余数,也称为模运算

  D. x/y 表示 x 与 y 之商

13. 关于 Python 程序的格式框架,下列选项中描述错误的是(　　)。

  A. Python 语言不采用严格的缩进来表明程序的格式框架

  B. Python 单层缩进代码属于之前最邻近的一行非缩进代码,多层缩进代码根据缩进关系决定所属范围

  C. Python 语言的缩进可以用 Tab 键实现

  D. 判断、循环、函数等语法形式能够通过缩进包含一批 Python 代码,进而表达对应的语义

14. 下列选项中,对 Python 程序设计风格描述错误的是(　　)。

  A. Python 不允许把多条语句写在同一行

  B. Python 语句中,增加缩进表示语句块的开始,减少缩进表示语句块的退出

  C. Python 可以将一条长语句分成多行显示,使用续航符"\"

  D. Python 允许把多条语句写在同一行

15. 关于 Python 赋值语句,下列选项中不合法的是(　　)。

  A. x=(y=1)　　　B. x,y=y,x　　　C. x=y=1　　　D. x=1;y=1

16. 在 Python 中,用于获取用户输入的函数是(　　)。

  A. get()　　　B. print()　　　C. eval()　　　D. input()

17. 下列运算中,运算结果为逻辑假的是(　　)。

  A. TrueandTrue　　　　　　B. TrueandFalse

  C. TrueorFalse　　　　　　D. notFalse

18. 下列代码的执行结果是(　　)。

```
a=1357902468
b="* "
print("{0:{2}>{1},}".format(a,20,b))
```

  A. *******1,357,902,468　　　　　B. ****1,357,902,468*****

  C. ****1,357,902,468　　　　　　D. 1,357,902,468*********

二、填空题

1. 表达式 3**2 的值为_____,表达式 3*2 的值为_____。

2. 写出下列输出语句及结果。

(1) 输出 3.141569 并保留 2 位小数,输出语句为_____,输出结果为_____。

(2) 输出 0.15 对应的百分数数值,输出语句为_____,输出结果为_____。

（3）输出 20201023 带有千位分隔符的数值，输出语句为_____，输出结果为_____。

（4）写出下列语句的输出结果。

```python
print("{:>10s}:{:<3.2f}".format("Python",2020.36901))
```

输出结果为_____。

3. 假设 x＝2，y＝3，写出下列表达式的运算结果。

（1）x＞y。

（2）x＝＝y。

（3）x!＝y。

（4）x＋＝2。

（5）y－＝2。

三、编程题

1. 通过键盘输入一个人的身高和体重，以英文逗号隔开，在屏幕上显示输出这个人的身体质量指数（BMI），BMI 的计算公式是 BMI＝体重（kg）/身高^2（m^2）。

2. 编写程序：通过键盘输入变量 x 和 y，分别计算 x＋y、x－y 和 x＋2y 的值。

3. 编写程序：依次输入学生的姓名和 3 门科目的成绩（语文、数学、英语），计算该学生的平均成绩并输出运算结果（平均成绩保留 1 位小数）。计算该学生语文成绩占总成绩的百分比并输出运算结果。

4. 计算圆的周长、面积和球体的表面积、体积。

5. 设有列表 List1＝["new","year","Happy","!"]，分别按正向序号和反向序号的方式输出列表中的对应元素，使得输出为"Happy new year!"。

6. 将 3.14159 按下列格式输出。

（1）输出整数，无小数位。

（2）输出结果，保留 4 位小数。

（3）在数字前显示加号（＋）。

（4）输出数据宽度为 10，用数字 0 左填充。

四、简答题

1. 简述 Python 语言的特点。

2. 简述程序编译和解释的含义及两者的区别。

3. 简述 Python 标识符的命名规则。

4. 简述查看 Python 保留字的方法。

‖ 4.2 数据基本类型

Python 3 中的标准数据类型包括 Number（数字）、String（字符串）、List（列表）、Tuple（元组）、Set（集合）和 Dictionary（字典）。这 6 种数据类型中，字符串、元组和列表类型中的元素与顺序有关，属于序列类型，可以双向索引，即正向递增索引与反向递减索引。6 种标准数据类型又可以划分为如下两类。

（1）不可变数据：Number（数字）、String（字符串）、Tuple（元组）。

这 3 种类型一旦创建,其中的元素就不能再改变,如创建新元组后,一般情况下无法为这个新元组添加、修改或删除元素。Python 提供的数字类型包括 int(整型)、float(浮点型)、complex(复数类型)。整数类型主要有 4 种进制表示:二进制、八进制、十进制和十六进制,默认采用十进制。

(2) 可变数据:List(列表)、Dictionary(字典)、Set(集合)。

这 3 种类型的元素是可以改变的,创建后能够进行添加、修改或删除元素的操作。

此外,数据类型还包括文件、布尔型、空类型(None)等。布尔型的结果是一个逻辑值,"真"值为 1,"假"值为 0,对布尔型数据可进行 and、or 和 not 运算。空类型不是布尔型,而是 NoneType。

内置的 type()函数可用于查看变量所指的对象类型,也可以使用 isinstance()函数进行判断,isinstance()函数的判断结果是布尔型。

4.2.1　数字类型

Python 3 中支持的数字类型包括 int(整型)、float(浮点型)和 complex(复数类型)。Python 3 中没有明确地限制整型的取值范围;浮点型由整数部分和小数部分组成,也可以采用指数形式表示,如 1.5e2 表示 1.5×10^2。复数类型的表达式由实部和虚部组成,如 a+bj 或 complex(a,b),a 和 b 分别表示实部和虚部,且均是浮点型。

在混合类型表达式中,系统会把整型转换为浮点数,执行浮点运算,结果也是浮点型。例如 a=5*1.5,整数 5 与浮点数 1.5 相乘的结果是 7.5。

1. 显式类型转换

1) int、float 之间的转换

可以将数值的不同类型用内置函数 int()和 float()互相转换,例如:

```
print(int(6.5))
print(float(6))
print(float(6.5))
print(float(int(6.5)))
print(int(float(6.5)))

#运行结果
6
6.0
6.5
6.0
6
```

转换为 int 时,浮点数的小数部分被截断,而不是四舍五入,如 int(6.5)得到的结果是 6。语句 float(int(6.5))的含义是将 6.5 转换为整型值 6,再转换为 float 类型,结果是 6.0。可使用内置函数 round()对数字进行四舍五入。

2) 字符串与数值之间的转换

int("56")将字符串"56"转换为整型数值 56,str(123)将数值 123 转换为字符串"123"。之后的章节将详细介绍字符串的基本使用方法。

```
int("56")
float("56.7")
```

```
str(123)

#运行结果
56
56.7
"123"
```

2. round()函数

int()和 float()函数的类型转换采用截断的方式,没有对数据进行四舍五入。如果需要四舍五入或保留小数,可以使用 round()函数。其基本格式:

```
round(x[n])
```

x 和 n 均为数值表达式。

使用 round()函数时,如果数值距离两边最近的整数一样远,则结果取到的是偶数一边的整数。例如:

```
print(round(6.5))
print(round(7.5))

#运行结果
6
8
```

6.5 距离 6 和 7 一样远,保留值取 6。7.5 距离 7 和 8 一样远,保留值取 8。round()函数可以指定保留小数的位数,如 round(pi,2)的含义是将 pi 的值保留 2 位小数。

```
pi=3.1415926
print(round(pi, 2))
Out[1]:3.14

print(round(pi, 3))
Out[2]:3.142
```

3. int()、float()与 eval()的区别

eval()函数用于执行字符串表达式并返回表达式的值。如 eval(input("输入一个数:")),当输入为 2 时,input()函数的返回值类型为字符串类型,eval()函数的返回值类型为 int。
例如:

```
eval('3* 5')
type(eval('3* 5'))

#运行结果
15
int

eval(input("输入一个数:"))
输入一个数:2

#运行结果
2
```

在使用 int()函数时,用户只能输入有效的整数,一旦输入非 int 型数据,则会导致错误提示,从而避免代码植入攻击的风险。因此,应尽可能使用适当的类型转换函数代替 eval()。

4. 常用的数学函数

常用的数学函数如表 4-8 所示。

表 4-8　常用的数学函数

函　　　数	描　　　述
abs(x)	x 的绝对值
divmod(x,y)	(x//y,x%y),输出元组类型
pow(x,y[,z])	(x**y)%z,"[]"表示该参数可选,即 pow(x,y),它与 x**y 功能相同
round(x[,ndigits])	对 x 四舍五入,保留 ndigits 位小数。round(x)返回四舍五入后的整数值
max(X_1,X_2,…,X_n)	返回 X_1,X_2,…,X_n 的最大值
min(X_1,X_2,…,X_n)	返回 X_1,X_2,…,X_n 的最小值

4.2.2　字符串

字符串是 Python 中常用的数据类型。在 Python 中,字符串是用一对单引号(")或一对双引号("")括起来的字符序列。同时,可以用三引号(三对单引号或三对双引号)表示多行字符串。

```
'IamPython'              #一对单引号
Out[1]:'IamPython'

"IamPython"              #一对双引号
Out[2]:'IamPython'

type("IamPython")
Out[3]:str

'''Hello                 #一对三引号
world
'''
Out[4]:'Hello\nworld\n'  #输出字符串中,回车符'\n'作为一个字符
```

如果字符串本身带有引号,如 I'm fine,那么引用字符串的引号要与字符串本身的引号不同,如"His name is"Bob"",字符串"Bob"的双引号与最外层字符串的双引号相同,则程序会报错,可以修改语句为'His name is"Bob"'。

1. 字符串的索引方式

每个字符都有默认的编号,该编号称为"索引"。字符串有两种索引方式:正向索引,字符串最左端字符的索引为 0,向右依次递增;反向索引,字符串最后一个字符的索引为 −1,向前依次递减,如图 4-6 所示。

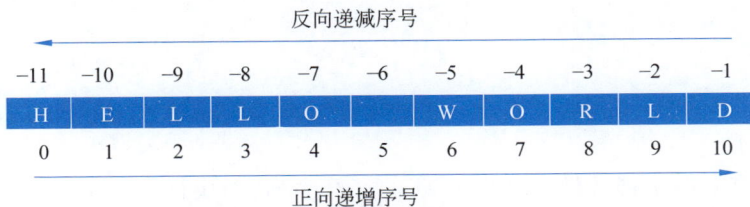

反向递减序号

−11	−10	−9	−8	−7	−6	−5	−4	−3	−2	−1
H	E	L	L	O		W	O	R	L	D
0	1	2	3	4	5	6	7	8	9	10

正向递增序号

图 4-6　字符串的索引

2. 访问字符串中的特定位置

1）单个索引访问字符串

当需要访问字符串中的某个位置的字符时,可以在字符串变量名后面加上索引来提取。其基本格式:

```
<string>[<索引>]
```

已知语句:name='Python',变量 name 被赋值为字符串 Python,逐步运行程序后,查看语句的对应运行结果。

```
print(name[0])
print(name[5])
print(name[-1])
print(name[-2])
print(name[-5])

#运行结果
'P'
'n'
'n'
'o'
'y'
```

2）切片方式访问字符串

使用索引可获取字符串中的单个字符,通过切片索引可获取字符串中的多个字符。index 为字符的索引,start 为起始索引,cnd 为结尾索引,step 为步长,默认为 1。start 和 end 可以省略,省略 start 表示从字符串 0 索引开始,省略 end 表示访问到字符串结尾。start 和 end 都是整型数值,序列从索引 start 开始到索引 end 结束,不包括 end 位置对应的元素。

其基本格式如下。

- 索引单个字符:[index]。
- 字符串切片:[start:end:step]。

前文 1）中的变量 name 被赋值为"Python",相应语句为 name='Python',逐步运行程序后,查看语句的对应运行结果。

```
print(name[0:4])      #截取字符串第 0~3 个字符
print(name[2:5])      #截取字符串序号为 2~4 的字符
print(name[:5])       #截取字符串序号为 0~4 的字符
print(name[::-1])     #反转字符串

#运行结果
'Pyth'
'tho'
'Pytho'
'nohtyP'
```

3. 转义字符

字符串中有一些字符常量是以"\"开头的字符序列,如换行符"\n"、制表符"\t"等都属于转义字符。

```
print("AllRoadsLeadtoRome")
print("AllRoadsLeadto\tRome")
print("AllRoadsLeadto\nRome")
print(r"AllRoadsLeadto\nRome")          #r 表示""内部的字符串不转义
print("\"大家好\"")                      #输出单个双引号用"\"

#运行结果
AllRoadsIeadtoRome
AllRoadsIeadto          Rome
AllRoadsIeadto
Rome
AllRoadsLeadto\nRome
"大家好"
```

4. 字符串操作

字符串操作主要包括连接、重复、索引、剪切、查看字符串长度、大小写转换及删除空格等,如表 4-9 所示。

表 4-9　字符串常用操作

操　作	含　义
+	连接
*	重复
<string>[]	索引
<string>[：]	剪切
len(<string>)	查看字符串长度
for<var>in<string>	字符串迭代
<string>.upper()	字符串中字母大写
<string>.lower()	字符串中字母小写
<string>.strip()	删除两边的空格及删除指定字符
<string>.split()	按指定分隔符分割字符串
<string>.join()	连接两个字符串序列
<string>.find()	搜索指定字符串
<string>.replace()	字符串替换

4.2.3　元组

元组(Tuple)一旦被创建,就不可以再修改。Python 中,元组采用逗号和圆括号(可选)表示。

1. 创建元组

创建空元组用一对圆括号"()"表示。例如,创建一个空元组并赋值给 tupl 变量:

```
tupl=()
```

下面是创建元组的示例。

```
t1=('banana','apple',2021,2020)
t2=(7,2,9,4,5)
t3=''a'',''b'',''c'',''d''          #不用括号也可以
```

2. 元组的不可变性

不可变性的含义为元组所指向的内存单元中的内容不可变。例如,创建元组 t1,修改 t1[0]的值是不被允许的。

```
t1=('banana','apple',2021,2020)
t1[0]='orange'

#运行结果
Traceback(mostrecentcalllast):
  File"<ipython-input-5-28a87258abf2>",line2,in<module>
    t1[0]='orange'

TypeError:'tuple"objectdoesnotsupportitemassignment
```

当元组中只包含一个元素时,需要在元素后面添加逗号,否则括号会被当作运算符使用。例如:

```
type(tupl)
Out[1]:int

tupl=(50,)
type(tupl)
Out[2]:tuple
```

3. 元组的截取

元组与字符串类似,下标索引从 0 开始,可以进行截取和组合等操作。元组是一个序列,可以访问元组中指定位置的元素,也可以截取索引中的一段元素。单步执行下列代码并查看元组截取的运行结果。

```
t1=('banana','apple',2021,2020)
t1[0]
t1[2]
t1[-2]
t1[1:]
t1[1:3]

#运行结果
'banana'
2021
2021
('apple',2021,2020)
('apple',2021)
```

4. 元组的组合

一般而言,元组中的元素一旦被创建,就不允许再修改,但是可以对元组进行连接组合。例如,将 tup1 和 tup2 组合成一个新元组。

```
tupl=(2,19,19)
tup2=('aaa','bbb')
#创建一个新的元组
tup3=tupl+tup2
print(tup3)
```

```
#运行结果
(2,19,19,'aaa','bbb')
```

5. 删除元组

del 语句用于删除整个元组,当元组删除后,使用 print 语句显示该元组会报错。

```
t1=('banana','apple',2021,2020)
del t1
```

6. 元组的其他用法

此外,还可以对元组进行复制、取元素个数、判断元素是否存在和遍历元组等操作。

```
print(len((1,2,3)))        #取元素个数
print((1,2,3)+(4,5,6))     #连接
print(('Hi!',)* 4)         #复制
print(3 in (1,2,3))        #判断元素是否存在
for x in (1,2,3):          #遍历
    print(x)

#运行结果
3
(1,2,3,4,5,6)
('Hi!','Hi!','Hi!','Hi!')
True
1
2
3
```

7. 元组的内置函数

元组的内置函数主要有 len()、max()、min()、tuple()等,如表 4-10 所示。

表 4-10　元组的内置函数

函　　数	描　　述
len()	返回元组元素的个数
max()	返回元组中元素的最大值
min()	返回元组中元素的最小值
tuple()	将列表转换为元组

4.2.4　列表

1. 创建空间列表

在程序初始化时,有时需要先创建空列表,然后在后续程序中再填入内容,如创建一个空列表变量 pets:

```
pets=[]
```

2. 添加列表元素

用 append()方法与 insert()方法添加列表项。append()方法是在列表末尾追加一个数据项,inscrt()方法是在指定位置插入数据项。

```
#append()方法
ls=["orange","apple","banana"]
ls.append("strawberry")
print(ls)

#运行结果
['orange','apple','banana','strawberry']

#insert()方法
ls=["orange","apple","banana"]
ls.insert(1,"strawberry")          #在索引为1的位置添加字符串"strawberry"
print(ls)

#运行结果
['orange','strawberry','apple','banana']
```

3. 删除列表元素

删除列表元素可以使用 del 语句、remove()方法和 pop()方法。pop()方法中的参数为要删除元素的索引。

（1）del 语句用法的示例。

```
list1=['Jan','Feb',2020,2019]
print("初始列表:",list1)
del(list1[2])
print("删除第三个元素后的列表:",list1)

#运行结果
初始列表: ['Jan', 'Feb', 2020, 2019]
删除第三个元素后的列表: ['Jan', 'Feb', 2019]
```

（2）remove()用法的示例。

```
list1=['Wan','Feb',2020,2019]
list1.remove(2020)
print(list1)

#运行结果
['Jan','Feb',2019]
```

（3）pop(索引)用法的示例。

```
list1=['Jan','Feb',2020,2019]
list1.pop(-2)
print(list1)

#运行结果
['Jan','Feb',2019]
```

4. 访问列表元素

使用列表变量名后加索引的方式可以访问列表的单一元素或切片访问，通常还可以结合循环语句遍历列表中的所有元素。

1）截取列表单一元素与切片访问

列表 L 包含 3 个字符串，L[2]表示索引位置是 2 的元素，L[−2]表示反向索引从右向左的第 2 个元素,L[1:]表示正向索引为 1 及以后的元素。

```
L=['Apple','Banana','Orange']
print(L[2])
print(L[-2])
print(L[1:])

#运行结果
'Orange'
"Banana"
['Banana','Orange']
```

2) 列表的连接

可以用"+"号将两个列表连接,构成一个新列表。

```
squares=[1,4,9,16,25]
squares+=[36,49,64,81,100]
print(squares)

#运行结果
[1,4,9,16,25,36,49,64,81,100]
```

3) 遍历列表元素

下面举例说明用循环语句遍历列表元素的方法。示例中,len()函数的功能是返回字符串、列表或元组等类型数据的长度。pop()方法、insert()方法和 append()方法分别用于删除元素、插入元素和添加元素。

已知列表 pets 的值为'cat'、'duck'、'monkey',用 for 循环语句遍历列表中的每个元素,输出对应的字符串与字符串长度。

```
pets=['cat', 'duck','monkey']
for x in pets:
    print(x, len(x))

#运行结果
cat 3
duck 4
monkey 6
```

通过变量 x 遍历列表变量 pets 中的字符串,然后输出每次访问得到的字符串与字符串的长度。

在此基础上修改代码,逐一判断字符串的长度,如果字符串长度大于 5,则在索引位置为 0 处插入该字符串。

```
pets=['cat', 'duck', 'monkey']
for x in pets:
print(x, len(x))
for w in pets[:]:
    if len(w)>5:
        pets.insert(0, w)
    print(pets)

#运行结果
cat 3
```

```
duck 4
monkey 6
['monkey', 'cat', 'duck', 'monkey']
```

以上程序中,根据 len(w)>5 判断出字符串"monkey"的长度大于 5,然后把字符串"monkey"插入 pets 列表中索引为 0 的位置。

将列表[10,20,35,40,55]中的奇数和偶数分别存入两个子列表。

```
num=[10,20,35,40,55]
even=[]
odd=[]
while len(num)>0:
    numl=num.pop()
    if(numl%2==0):
        even.append(numl)
    else:
        odd.append(numl)
print(even)
print(odd)

#运行结果
[40,20,10]
[55,35]
```

首先,创建两个空列表 even 和 odd,分别用于保存列表 num 中的奇数和偶数。第 4 行用 len(num)得到列表的元素个数,当元素数目大于 0 时,执行循环。第 5 行用 num.pop()删除元素并将所删除的元素赋值给变量 numl。第 6~9 行中 numl%2==0 的含义为 numl除以 2 的余数等于 0(符号"%"表示取余数),余数为 0 说明 numl 是偶数,否则为奇数。even.append()将偶数追加到列表 even 中。

5. 嵌套列表

嵌套列表是指在列表中又创建其他列表。下面的示例中,列表 x 包含 a 和 n 两个子列表。

```
a=['a','b','c']
n=[1,2,3]
x=[a,n]
print(x)
print(x[0])
print(x[0][1])

#运行结果
[['a', 'b', 'c'], [1, 2, 3]]
['a', 'b', 'c']
b
```

6. 列表操作符

在列表中,操作符"+"和"*"的用法与字符串相似,"+"用于组合列表,"*"用于重复列表,如表 4-11 所示。

表 4-11　列表操作符的使用

代　码	运 行 结 果	注　释
len([1,2.3])	3	返回列表长度
[1,2.3]+[4,5,6]	[1, 2.3, 4, 5, 6]	组合
['Hi! '] * 4	['Hi! ','Hi! ','Hi! ','Hi! ']	重复
3 in [1,2,3]	True	判断元素是否存在于列表中
for x in[1,2,3]: print(x,end="")	123	迭代

7. 列表的函数与方法

列表常用的函数与方法的含义分别如表 4-12 和表 4-13 所示。

表 4-12　常用列表函数

函　数	含　义	函　数	含　义
len()	返回列表元素的个数	min()	返回列表元素的最小值
max()	返回列表元素最大值	list()	将迭代对象转换为列表

表 4-13　常用列表方法

方　法	含　义
list.append()	在列表末尾添加新的对象
list.count()	统计某个元素在列表中出现的次数
list.extend()	在列表末尾一次性追加另一个序列中的多个值(用新列表扩展原来的列表)
list.index()	从列表中找出某个值第一个匹配项的索引位置
list.insert()	将对象插入列表
list.pop([index=-1])	删除列表中的一个元素(默认最后一个元素)并返回该元素的值
list.remove()	删除列表中某个值的第一个匹配项
list.reverse()	反向列表中的元素
list.sort()	对原列表进行排序
list.clear()	清空列表
list.copy()	复制列表

4.2.5　字典

字典的用途主要是通过索引符号实现查找与特定"键"相关的值。查找与任意"键"相关信息的过程称为映射,字典常用于存放有映射关系的数据。字典是一种大小可变的键值对集,键(key)和值(value)都是 Python 对象。

字典的每个键值对 key：value 用冒号(：)分隔,每个键值对之间用逗号(,)分隔,整个字典包括在花括号({})中,字典的定义形式如下：

```
字典变量名={key1:value1,key2:value2}
```

1. 创建字典

一般而言,字典的元素由若干键值对组成。键是唯一且创建之后不可变的,键名为字符串、数字或元组。值可以取任意数据类型。

1）由键值对或 dict() 函数创建字典

- 创建空字典：

```
d={}
```

- 由键值对创建字典：

```
d1={'name':'Alice','age':10,'gender':'Female'}
```

- 用 dict() 函数创建字典：

```
d2=dict({'name':'Json','age':20,'gender':'male'})
```

2）用 zip() 函数创建字典

zip() 函数用于将多个序列（列表和元组等）中的元素配对，zip() 函数返回的是一个对象。在示例一中，利用 zip() 函数将列表变量 id 中的值与列表变量 month 中的值配对以创建字典。在示例二中，将 for 循环语句与 zip() 函数相结合以创建字典。

```
#示例一：
id=[1,2,3]
month=['East','South','West','North']
dict1={}
list(zip(id,month))

#运行结果
[(1,'East'),(2,'South"),(3,'West')]

#示例二：
for key, value in zip(id,month):
    dict1[key]=value
print(dict1)

#运行结果
{1: 'East', 2: 'South', 3: 'West'}
```

2. 访问字典中的元素

1）用"字典变量名[键名]"方法访问元素

创建字典 d1，访问键名并输出对应的值。例如访问键 name，得到的结果为键 name 对应的值 Alice。

```
d1={'name':'Alice','age':10,'gender':'Female'}
d1['name']

#运行结果
'Alice'
```

2）用 get() 方法访问元素

```
d1={'name':'Alice','age':10,'gender':'Female'}
d1.get('age')

#运行结果
10
```

3. 添加字典元素

使用"字典变量名[键]＝值"的方式添加元素，默认在字典末尾追加。

例如，向字典 d1 中添加'height': 170。

```
d1={'name':'Alice','age':10,'gender':'Female'}
d1['name']='HarryPotter'
d1['height']=170
d1

#运行结果
{'name': 'HarryPotter', 'age': 10, 'gender': 'Female', 'height': 170}
```

语句 di['name']='HarryPotter'的含义为将 name 的值修改为 HarryPotter。原字典中没有'height': 170，在字典末尾追加。

还可以用 update()方法为字典添加元素，代码如下：

```
d1={'name':'Alice','age':10,'gender':'Female'}
d1.update(height=170)
print(d1)

#运行结果
{'name': 'Alice', 'age': 10, 'gender': 'Female', 'height': 170}
```

4. 删除字典元素

删除字典元素常用 del 语句和 pop()方法。clear()方法用于清除字典的所有内容。

1) del 语句的用法

用 del 语句删除元素的格式一般为：

```
del 字典变量名[键]
```

例如，删除字典{'name': 'Alice','age': 10,'gender': 'Female'}中的"'age': 10"元素，可以使用语句 del(d1['age'])。del 语句也可以删除整个字典。

```
#删除键
d1={'name':'Alice','age':10,'gender':'Female'}
del(d1['age'])                #删除键为'age'的键值对
print(d1)]

#运行结果
{'name':'Alice','gender':'Female'}
```

2) pop()方法

pop()方法常用于删除指定键对应的值，返回值为被删除的值，括号中必须指定键。

```
d1={'name':'Alice','age':10,'gender':'Female'}
d1.pop('age')
print(d1)

#运行结果
{'name': 'Alice', 'gender': 'Female'}
```

3) clear()方法

clear()方法用于清除字典中的所有内容。

```
d1.clear()
print(d1)

#运行结果
{}
```

5. 字典的常见用法

1）in

in 用于判断字典中是否存在某个键。例如，判断字典{'name': 'Alice','age': 10,'gender': 'Female'}中是否存在键'name'的语句如下：

```
d1={'name':'Alice','age':10,'gender':'Female'}
print('name' in d1)

#运行结果
True
```

2）keys()方法与 values()方法

• keys()方法：以列表形式返回字典中所有的键。

• values()方法：以列表形式返回字典中所有的值。

```
d1={'name':'Alice','age':10,'gender':'Female'}
print(d1.keys())                #keys()方法
print(d1.values())              #values()方法

#运行结果
dict_keys(['name', 'age', 'gender'])
dict_values(['Alice', 10, 'Female'])
```

3）items()方法

将字典中的每对键值组成一个元组，并将若干元组以列表形式返回。在示例一中，对字典{'name': 'Alice','age': 10,'gender': 'Female'}使用 d1.items()方法后，返回的是若干元组组成的列表。在示例二中，将 items()方法与 for 语句结合使用，可以遍历并输出键值对。

```
#示例一
d1={'name':'Alice','age':10,'gender':'Female'}
print(d1.items())
for a, b in d1.items():
    print(a, b)

#运行结果
dict_items([('name', 'Alice'), ('age', 10), ('gender', 'Female')])
name Alice
age 10
gender Female
```

4.2.6　集合

集合（Set）是一种元素的存储容器，集合中的元素是无序的，而且不允许有重复的元素。列表、字典和集合类型不能作为集合的元素出现。常将列表转换为集合，以达到去重的目的。

1. 集合的创建

常用一对花括号（{}）直接创建集合，"{}"内是集合元素，还可以用 set()方法创建集合。

1）直接创建集合

通过赋值的形式将"{}"中的元素组成的集合赋值给集合变量，形式如下：

```
变量名=(valuel,value2,value3)
```

2）用 set()方法创建集合

用 set()方法创建集合并赋值给变量 ch1,输出的"{}"中包括字符串中的每个字符。

```
chl=set('abcde')
chl

#运行结果
{'a','b','c','d','e'}
```

提示：创建空集合用 set(),创建空字典用"{}"。

2. 集合元素的添加

可以使用 add()方法和 update()方法向集合添加元素。在示例一中,用 add()方法将"orange"添加到集合 fruits 中。在示例二中,用 update()方法将数字添加到集合中。

```
#示例一:add()方法
fruits=set(("apple","banana","peach"))
fruits.add("orange")
print(fruits)

#运行结果
{'banana','apple','orange','peach'}

#示例二:update()方法
fruits={"apple","banana","peach"}
fruits.update({1,2})
print(fruits)

#运行结果
{'apple',1,2,'peach','banana'}

#再添加 3,4,5,6 四个数字
fruits.update([3,4],[5,6])
print(fruits)

#运行结果
{1,2,3,4,'peach',5,6,'apple',"banana'}
```

3. 集合元素的删除

删除集合元素可以使用 remove()方法、discard()方法和 pop()方法。用 remove()方法删除不存在的元素会报错,而使用 discard()方法则不会报错。

1）remove()方法

分别删除集合 fruits 中的元素 apple 和不存在的元素 orange,代码如下。

```
fruits={"apple","banana","peach"}
fruits.remove("apple")
fruits

#运行结果
{'banana','peach'}

fruits.remove("orange")          #集合('banana','peach'}中没有 orange,所以会报错

#运行结果
```

```
Traceback(mostrecentcalllast):
File"<ipython-input-25-56cd9aa51eb5>",line1,in<module>
fruits.remove("orange")
KeyError:'orange'
```

2）discard()方法

discard()方法常用于删除指定的集合元素。例如，删除集合 fruits 中的元素 apple，代码如下。

```
fruits={"apple","banana","peach"}
fruits.discard("apple")
fruits

#运行结果
{'banana','peach'}
```

3）pop()方法

pop()方法用于随机删除集合中的一个元素，运行结果为所删除的元素。

```
fruits={"apple","banana","peach"}
fruits.pop()

#运行结果
'apple'
```

4）结合 set()和 pop()方法

例如，有一个无序集合，使用 pop()方法后，集合左边的第一个元素被删除。

```
fruits=set(("apple","banana","peach"))
fruits.pop()
print(fruits)

#运行结果
{'banana','peach'}
```

4. 集合的运算

Python 中的集合支持数学集合运算，如交（&）、并（|）、差（—）和对称差（^）等。交（&）是指两个集合中都有的元素，并（|）是指两个集合中所有不重复的元素；差（—）是指从 ch1 中去掉与 ch2 相同元素后的结果；对称差集为两个集合的并集减去二者的交集，如集合{1,4,5}与{1,2,4}的对称差集是{2,5}。

假设有两个集合 ch1 和 ch2，求两个集合的差、并、交和对称差，并判断 ch2 是不是 ch1 的子集。

```
ch1=set('abcde')
ch2=set('abe')
print(ch1)
print(ch2)
print(ch1-ch2)
print(ch1|ch2)
print(ch1&ch2)
print(ch1^ch2)
print(ch2.issubset(ch1))        #issubset()用于判断 ch2 是不是 ch1 的子集

#运行结果
{'b', 'c', 'e', 'd', 'a'}
```

```
{'e', 'b', 'a'}
{'d', 'c'}
{'b', 'c', 'e', 'd', 'a'}
{'e', 'b', 'a'}
{'c', 'd'}
True
```

5. 集合的内置方法

常用集合的内置方法如表 4-14 所示。

表 4-14　常用集合的内置方法

方　　法	描　　述
S.add(x)	如果数据项 x 不在集合 S 中,则将 x 增加到 S
S.clear()	删除集合 S 中的所有数据项
S.copy()	返回集合 S 的一个拷贝
S.pop()	随机返回集合 S 中的一个元素,如果集合 S 为空,则产生 KeyError 异常
S.discard(x)	如果 x 在集合 S 中,则删除该元素;如果 x 不在,则不报错
S.remove(x)	如果 x 在集合 S 中,则删除该元素;如果 x 不在,则产生 KeyError 异常
S.isdisjoint(T)	如果集合 S 与 T 没有相同元素,则返回 True,否则返回 False

4.2.7　类型转换

有时需要从一种数据类型转换为另一种数据类型,即类型转换。如用 input()输入数值 2,而 input()函数的返回值类型为字符串类型,这时需要将类型转换为整型。常见的类型转换函数与用法如表 4-15 所示。

表 4-15　常见的类型转换函数与用法

函　　数	描　　述	示　　例
int(x)	将 x 转换为整数 (1) float->int,仅保留整数部分 (2) str->int,bytes->int 字符串如果包含 0~9 和正负号(+/-)以外的字符,则会报错	int(-7.8) 运行结果:-7 int('-7') 运行结果:-7
float(x)	将 x 转换为浮点数 (1) int->float (2) str->float,bytes->float 不支持数字(0~9)、正负号(+/-)和小数点(.)以外的字符转换	float(7) 运行结果:7.0
str(x)	可以将对象转换为字符串,对象如 int、float、bytes、list、tuple、dict 及 set 等	str(7) 运行结果:'7' " ".join(['ha','pp','y']) 运行结果:'happy'
tuple(s)	将序列 s 转换为元组	tuple('cat') 运行结果:('c','a','t')
set(s)	将序列 s 转换为集合	set([3,5,6,3,4]) 运行结果:(3,4,5,6)

函　数	描　述	示　例
dict(d)	创建一个字典。d 是一个(键,值)元组序列	dict([('name','Rose'),('age',18)]) 运行结果：{'name': 'Allen','age': 18}
list()	序列类型可以转换为列表,序列类型如 str,tuple、dict 及 set 等	list('abe') 运行结果：['a','b','c']

习题

一、单选题

1. 下列代码的输出结果是(　　)。

```
x=3.14
print(type(x))
```

A. <class 'float'>　　　　　　　B. <class 'complex'>

C. <class 'bool'>　　　　　　　D. <class 'int'>

2. 下列代码的输出结果是(　　)。

```
print(pow(2,10))
```

A. 100　　　　B. 12　　　　C. 1024　　　　D. 20

3. 下列代码的输出结果是(　　)。

```
x=2.171829
print(round(x,2),round(x))
```

A. 22　　　　B. 4.343　　　　C. 2.17 2　　　　D. 2 2.17

4. 下列代码的输出结果是(　　)。

```
s="Hello"
print(s[::-1])
```

A. Hello　　　　B. olleH　　　　C. H　　　　D. o

5. Python 不支持的数据类型有(　　)。

A. char　　　　B. int　　　　C. float　　　　D. list

6. 在 Python 语言中,(　　)表示空类型。

A. Null　　　　B. None　　　　C. 0　　　　D. ""

7. 以下不是 Python 数据类型的是(　　)。

A. 元组　　　　B. 列表　　　　C. 字典　　　　D. 指针

8. 有列表 a=[3,4,[5,6]],以下运算结果为 True 的是(　　)。

A. len(a)==3　　B. len(a)==4　　C. length(a)==3　　D. length(a)==4

9. 关于 Python 组合数据类型,以下选项中描述错误的是(　　)。

A. Python 组合数据类型能够将多个同类型或不同类型的数据组织起来,通过单一的表示使数据操作更有序和更容易

B. 序列类型是二维元素向量,元素之间存在先后关系,通过序号访问

C. 组合数据类型可以分为 3 类:序列类型、集合类型和映射类型

D. Python 的 str、tuple 和 list 类型都属于序列类型

10. 关于 Python 的元组类型,以下选项中描述错误的是(　　　)。

A. 元组一旦创建就不能被修改

B. 元组中元素不可以是不同类型

C. 一个元组可以作为另一个元组的元素,可以采用多级索引获取信息

D. Python 中的元组采用逗号和圆括号(可选)表示

11. 关于 Python 的列表,以下选项中描述错误的是(　　　)。

A. Python 列表是一个可以修改数据项的序列类型

B. Python 列表的长度不可变

C. Python 列表用方括号([])表示

D. Python 列表是包含零个或多个对象引用的有序序列

12. 以下对字典的说法中错误的是(　　　)。

A. 字典可以为空　　　　　　　　B. 字典的键不能相同

C. 字典创建好后可以添加新的键值对　　D. 字典的键的值不可变

13. 以下选项中,关于 Python 字符串的描述错误的是(　　　)。

A. Python 语言中,字符串是用一对双引号("")或一对单引号('')括起来的零个或多个字符

B. 字符串包括两种序号体系:正向递增和反向递减

C. 字符串是字符的序列,可以按照单个字符或字符片段进行索引

D. Python 字符串提供区间访问方式,采用[N：M]格式,表示字符串中 N~M 的索引子字符串(包含 N 和 M)

14. 下列方法中,用于获取字典键值对的方法是(　　　)。

A. keys()方法　　　B. item()方法　　　C. values()方法　　　D. update()方法

二、填空题

1. Python 3 中的数据类型可以分为_____和_____,数字类型包括_____;非数字类型包括_____。

2. Python 3 内置数据类型创建后,可变的数据类型包括_____,不可变的数据类型包括_____。

3. Python 内置函数_____用于返回列表、元组、字典、集合和字符串,以及 range()对象中元素的个数。

4. 列表对象的_____用于对列表元素进行原地排序,该函数的返回值为_____。

5. 查看变量类型的 Python 内置函数是_____。

三、编程题

1. 已知一个数字列表,求列表中所有元素的和。

2. 已知一个数字列表,输出列表中所有奇数索引的元素。

3. 已知一个数字列表,输出所有元素中值为奇数的元素。

4. 已知一个数字列表,将所有元素乘以 2。

5. 设 n 是任意自然数,如果 n 的各位数字反向排列后所得的自然数与 n 相等,则 n 称为回文数。从键盘输入一个 5 位数,编写程序,判断这个数是不是回文数。

6. 编写程序,生成一个包含 20 个随机整数的列表,然后对其中偶数索引的元素进行降序排列,奇数索引的元素不变(提示:使用列表切片)。

7. 有列表 nums=[2,7,11,15,1,8],找到列表中任意相加等于 9 的元素集合,如[(0,9),(4,5)]。

8. 现有学生干部曹一、刘秀、孙喜;学生党员曹一、孙喜、张飞、王铮。用集合运算求解以下问题。

(1) 既是干部也是党员的学生。

(2) 是党员,但不是干部的学生。

(3) 是干部,但不是党员的学生。

(4) 张飞是干部吗?

(5) 仅是党员或仅是干部的学生。

9. 设 Ist1=[1,2,3,5,6,3,2],Ist2=[2,5,7,9],求解以下问题。

(1) 哪些整数既在 Istl 中,也在 Ist2 中?

(2) 哪些整数在 Istl 中,不在 Ist2 中?

(3) 两个列表都有哪些整数?

10. 创建一个字典,包含的键值对为'Name': 'Rose'、'Age': 18、'English': 97。

(1) 输出所有的键。

(2) 添加元素"Physics": 98。

(3) 删除'Age': 18。

11. 编写程序,从键盘上获得用户连续输入且用逗号分隔的若干数字(不必以逗号结尾),计算所有输入数字之和,并输出。

‖ 4.3 程序的控制结构

从广义上讲,算法是解决一个问题所采取的方法与步骤。常用自然语言、传统流程图和伪代码表示算法。例如,怎样求一个三角形的面积?可以将这个问题分成 3 个步骤:输入、处理过程和输出,即 IPO(Input,Process,Output)模式。

IPO 模式是系统分析和软件工程中广泛使用的方法,用于描述信息处理程序或其他过程的结构。

(1) 输入(Input):主要包括从文件读入、控制台输入、随机数据输入、交互界面输入、网络输入和程序内部参数输入等方式。

(2) 处理过程(Process):对输入数据的处理方法也称为"算法",如求三角形的面积,可以用底乘以高,再除以 2,也可以用"海伦公式",这是不同的算法。

(3) 输出(Output):包括控制台输出、写出到文件、网络输出以及操作系统内部变量输出等方式。

4.3.1 程序设计的基本结构

上面求三角形面积的例子是采用自然语言的方式描述算法的,但是对于复杂的问题,用自然语言描述时,如果程序发生多次跳转,则会降低程序的可读性。本节以下面 3 道例题为例,讲解描述算法的不同方法。

【例 4-1】　将变量 a 和 b 的值交换（a 和 b 的初值为 a＝8，b＝5）。

【例 4-2】　计算 z 的值，z＝a－b（输入 a、b 的值）。

【例 4-3】　求 1～5 的累加和。

1. 自然语言

```
例 4-1
S1: a =8, b =5
S2: 定义临时变量 temp,temp =a
S3: a =b
S4: b =temp
S5: 输出 a 和 b 的值

例 4-2
S1: 输入 a 和 b 的值
S2: 判断 a >b?
是: S21: z =a -b; 转到 S3 步
否: S22: z =b -a; 转到 S3 步
S3: 输出 z 的值

例 4-3
S1: i =1, s =0
S2: 当 i ≤ 5 时,执行 S21 和 S22,否则执行 S3
S21: s =s +i
S22: i =i +1,执行 S2
S3: 输出 s 的值
```

2. 传统流程图

常见的传统流程图的符号如表 4-16 所示。

表 4-16　传统流程图的符号

图　　形	含　　义	图　　形	含　　义
起止框	起止框	… □	注释框
◇	判断框	⇄ ↑↓	流向线
▭	处理框	○	连接点
▱	输入/输出框		

用传统流程图表示例题结果，如图 4-7 所示。

3. 伪代码

用伪代码表示例题结果，如下所示。

```
例 4-1
a =8
b =5
temp =a
a =b
b =temp
```

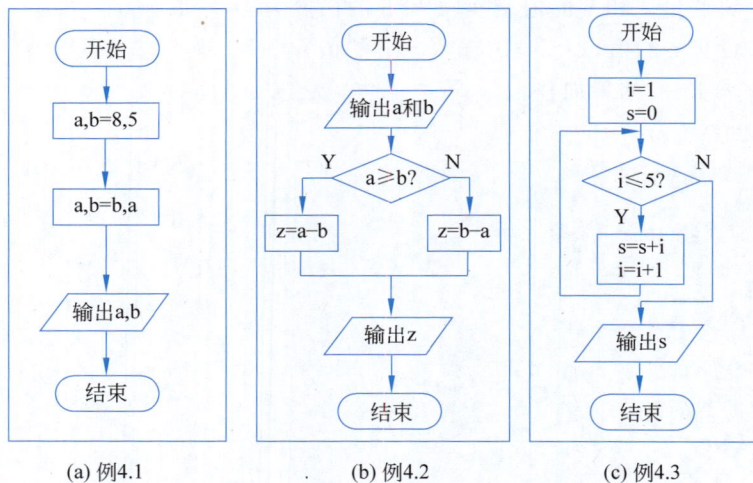

(a) 例4.1   (b) 例4.2   (c) 例4.3

图 4-7 传统流程图

```
print(a, b)

例 4-2
input(a, b)
if a >=b then
z =a -b
else
z =b -a
end if
print(z)

例 4-3
i =1; s =0
while i <=5
s =s +i
i =i +1
end while
print(s)
```

用自然语言描述算法虽然简单,但当循环较多时,不易直观地表述清楚;传统流程图比较直观,但当算法复杂时,传统流程图占篇幅较多,而且当程序转向较多时,传统流程图难以阅读与修改。伪代码介于自然语言与计算机语言之间,用文字和符号描述算法,易于修改,其表达近似于编程语言,便于向程序过渡。

4.3 种基本结构

在图 4-7 中,3 个流程图分别对应程序设计中的 3 种基本结构:顺序结构、选择结构和循环结构。3 道例题分别用 Python 实现的代码如下。

```
例 4-1
a, b =8, 5
a, b =b, a
print(a, b)
```

```
例 4-2
a =int(input('a='))
b =int(input('b='))
if a >=b:
z =a - b
else:
z =b - a
print(z)

例 4-3
i =1
s =0
while i <=5:
s =s +i
i =i +1
print(s)
```

4.3.2　顺序结构

顺序结构按照语句的先后顺序执行,几乎每个程序中都包含顺序结构。

【例 4-4】　将输入的摄氏温度转换为华氏温度。

```
c=float(input("请输入摄氏温度:"))
f=9/5* c+ 32
print("华氏温度为:",f)

#运行结果
请输入摄氏温度:30
华氏温度为: 86.0
```

input()函数的返回值是字符型,通过 float()函数转换为实数类型并赋值给变量 c,根据摄氏温度与华氏温度之间的转换公式计算对应的华氏温度并输出结果。

4.3.3　选择结构

1. 单分支结构

单分支结构的格式为:

```
if<表达式>:
    <语句块>
```

表达式可以为算术表达式、关系表达式和逻辑表达式。当表达式成立时,执行语句块;当表达式不成立时,不执行语句块。

【例 4-5】　比较 x 和 y 的值,如果 x>y,则输出 x 的值。

```
x,y=4,3
if x>y:
    print(x)
```

2. 双分支结构

双分支结构类似于当走到有两条分支的岔路口时,只能选择其中一条岔路前进的情景。双分支结构的格式为:

```
if <表达式>:
    <语句块 1>
else:
    <语句块 2>
```

当表达式成立时,执行语句块 1;当表达式不成立时,执行语句块 2。语句块中的语句由一条或多条语句组成,要注意缩进格式,如当语句块 1 由多条语句组成时,所有的语句同时缩进。

【例 4-6】 根据输入的 AQI 值,判断是否适宜户外运动。

```
AQI=eval(input("请输入 PM2.5 的值:"))
if AQI>=75:
    print("不适宜户外运动")
else:
    print("适宜户外运动")


#运行结果
请输入 PM2.5 的值:80
不适宜运动
```

其中,input()函数的返回值是字符型。eval()函数用于执行一个字符串表达式,并返回表达式的值。可以简单地理解为,eval()函数将 input()函数的结果转换为数值并赋给变量 AQI。

3. 多分支结构

多分支结构类似于当面前有多条岔路时,只能选择其中一条岔路前进的情景。

多分支结构的格式为:

```
if <表达式 1>:
    <语句块 1>
elif <表达式 2>:
    <语句块 2>
    ...
elif <表达式 n>:
    <语句块 n>
else:
    <语句块 n+1>
```

(1) 首先判断表达式 1 是否成立。如果成立,则执行语句块 1。

(2) 当表达式 1 不成立时,判断表达式 2 是否成立。如果成立,则执行语句块 2。同理,判断表达式 n 是否成立。如果成立,则执行语句块 n。

(3) 如果前面的表达式都不成立,则执行语句块 n+1。

【例 4-7】 求解分段函数。

```
x=int(input("请输入一个数:"))
if x>0:
    y=1
elif x==0:
    y=0
else:
    y=-1
print("y=",y)
```

这个分段函数有 3 种可能,分别是 x<0、x=0、x>0,在使用 if…elif…else 结构时,应注意以下几点。

(1) 每个保留字后面有冒号":"。

(2) else 与 if 的配对原则:else 与距离它最近的未配对的 if 配对。

(3) 每个保留字后面的一条或多条语句的缩进层次相同。

4.3.4　循环结构

循环结构类似于小朋友跳绳,即将一个动作反复执行。Python 中的循环语句主要包括 for 语句和 while 语句,同时常结合 break 语句和 continue 语句一起使用。

1. for 语句

for 语句常与保留字 in 一起使用,同时用 range() 函数控制循环次数。

例如语句 range(start,stop[,step]),range() 函数可以创建一个整数列表,一般用在 for 循环中。参数 start、stop、step 分别表示起始值、终止值、步长。range() 函数的参数含义如表 4-17 所示。

表 4-17　range() 函数的参数含义

参　　数	含　　　义
start	起始值,默认值为 0
stop	终止值,循环变量不取 stop 的值
step	步长,默认值为 1

for 语句的格式为:

```
for 循环变量 in range(循环范围):
    语句块
```

【例 4-8】　累加求和。

例如语句 for i in range(1,10),i 的取值范围为 1~9,不包括 10,即循环 9 次。for i in range(10),i 的取值范围为 0~9,即循环 10 次,对 i 累加求和。

```
sum=0
for i in range(1,10):
    sum=sum+i
print(sum)

#运行结果
45
```

2. while 语句

while 语句的格式为:

```
while<表达式>:
    <语句块 1>
else:
    <语句块 2>
```

当 while 语句的表达式为真时,执行语句块 1,否则执行语句块 2。while 循环语句中,一般包含使循环趋于结束的语句,如 i=i+1。

【例 4-9】 用 while 语句计算 1～10 的累加和。

```
i=1
sum=0
while i<11:
    sum=sum+i
    i=i+1
print(sum)

#运行结果
55
```

一般情况下,for 语句与 while 语句是通用的。当循环次数固定时,用 for 语句比较容易清晰地表示。例如,计算 100～200 的素数;当循环次数不固定时,常用 while 语句,如计算 $1-1/3+1/5-1/7+\cdots$,直到某一项的绝对值小于 10^{-6} 为止(该项不累加)。

3. 循环嵌套

当输出九九乘法表或画图案时,用一个循环变量难以清晰地同时表示行和列,这时需要使用循环嵌套来解决问题。

【例 4-10】 输出 4×4 的乘法表的值。

```
for i in range(1, 5):
    for j in range(1, 5):
        print("{:<4d}".format(i* j),end='')
    print()

#运行结果
1   2   3   4
2   4   6   8
3   6   9   12
4   8   12  16
```

i 控制行,j 控制列,i 和 j 的取值范围均是 1～4。控制输出数据的输出格式,"<"表示左对齐,输出的数据宽度为 4。end=''表示数据之间用空格分隔。

【例 4-11】 修改例 4-10,只输出例 4-10 输出结果的下三角。

```
for i in range(1,5):
    for j in range(1,i+1):
        print("{:<4d}".format(i* j),end='')
    print()

#运行结果
1
2   4
3   6   9
4   8   12  16
```

4. break 语句与 continue 语句

break 语句和 continue 语句一般与循环语句结合使用。break 语句表示跳出当前循环;continue 语句表示结束本次循环,进行下一次判断。

【例 4-12】 计算下列程序段的输出结果。

```
sum =0
for i in range(1,11):
    if i >5:
```

```
        break
    sum = sum + i
print(sum)

#运行结果
15

sum= 0
for i in range(1,11):
    if i<=5:
        continue
    sum = sum + i
print(sum)

#运行结果
40
```

在例 4-12 中,第一个程序 i 的取值范围为 1～10,在 i 取值 1～5 时,执行累加。当 i>5 时,则跳出 for 循环。程序执行了 5 次循环,运行结果为 15。第二个程序中,当 i<=5 时, 不执行累加求和语句 sum=sum+i;当 i 取值 6～10 时,执行累加求和语句 sum=sum+i, 运行结果为 40。

习题

一、单选题

1. 下列 Python 保留字中,不用于表示分支结构的是(　　)。

　A. elif 　　　　　　　B. in 　　　　　　　C. if 　　　　　　　D. else

2. 实现多路分支的控制结构是(　　)。

　A. if 　　　　　　　B. try 　　　　　　　C. if…elif…else 　　　D. if…else

3. 下列选项中,能够实现 Python 循环结构的是(　　)。

　A. loop 　　　　　　B. do…for 　　　　　C. while 　　　　　　D. if

4. 关于 Python 的循环结构,下列选项中描述错误的是(　　)。

　A. break 语句用来跳出最内层的 for 或 while 循环,程序从循环代码后继续执行

　B. 每个 continue 语句只能跳出当前层次的循环

　C. 遍历循环中的遍历结构可以是字符串、文件、组合数据类型和 range()函数等

　D. continue 语句用来结束整个循环过程,不再判断循环的执行条件

5. 执行下列代码,下列选项中描述正确的是(　　)。

```
sum= 0
for i in range(1,11):
    sum += i
print(sum)
```

　A. 循环内语句块执行了 11 次

　B. 输出的最后一个数是 66

　C. 如果 print(sum)语句不缩进,则输出结果不变

　D. 输出的最后一个数是 55

6.关于 Python 的控制结构,下列选项中描述错误的是(　　　)。

    A. 每个 if 条件后要使用冒号":"

    B. 在 Python 中,没有 switch…case 语句

    C. Python 中的 pass 是空语句,一般用作占位语句

    D. elif 可以单独使用

7.执行下列语句,a、b、c 的值分别是(　　　)。

```
a="water"
b="juice"
c="milk"
if a>b:
    c=a
a=b
b=c
```

    A. water juice milk   B. watermilkjuice

    C. juice milk water   D. juice water water

8.执行下列代码,输出结果是(　　　)。

```
for s in "Hello,Python":
        if s=="P":
                continue
        print(s,end="")
```

    A. Hello,   B. Hello,ython   C. Hello,Python   D. Python

9.执行下列代码,输出结果是(　　　)。

```
for s in "Hello,Python":
        if s=="P":
                break
        print(s, end="")
```

    A. Hello,   B. Hello,ython   C. Hello,Python   D. Python

10.执行下列代码,输出值的个数是(　　　)。

```
num=11
start=1
if num%2!=0:
    start=1
for x in range(start,num+2,2):
    print(x)
```

    A. 6   B. 7   C. 11   D. 10

二、编程题

1.从键盘输入 3 个数作为三角形的边长,输出由这 3 条边构成的三角形的面积(保留 2 位小数)。

2.编程实现:学习成绩大于或等于 90 分用 A 表示,60~89 分用 B 表示,60 分以下用 C 表示。

3.编程实现:判断输入的一个整数能否同时被 3 和 7 整除,若能整除,则输出 Yes,否则输出 No。

4.编写实现:根据输入的年份(4 位整数)判断该年是否为闰年。

5. 编程实现：编写一个简单的出租车计费系统,当输入行程的总里程时,输出乘客应付的车费(保留 1 位小数)。计费标准具体为：3km 以内起步价 10 元,超过 3km 的费用为 1.2 元/km,超过 10km 的费用为 1.5 元/km。

6. 编程实现：输出 1~100 的奇数。

7. 编程实现：数字逆序输出,从控制台输入一个 3 位数,如输入 123,逆序输出 321。

8. 编程求解：有 4 个数字 1、2、3、4,它们能组成多少个互不相同且无重复数字的 3 位数? 请写出结果。

9. 编程实现：求 1+2!+3!+…+20!。

10. 编程实现：有分数序列 2/1,3/2,5/3,8/5,13/8,21/13,…。求这个数列的前 20 项之和。

11. 编程实现：输出钻石图形。

```
      *
     ***
    *****
   *******
    *****
     ***
      *
```

12. 编程实现：用 for 循环输出九九乘法表。

13. 编写实现：输出斐波那契数列的前 20 项,要求每行输出 5 项。

14. 编程实现：输出 100~1000 的所有水仙花数。

15. 编写实现：计算 s=a+aa+aaa+aaaa+aaaaa(n 项)的值,a 为 1~9 中的某个数字,n 是一个正整数。例如,当 a=2,n=5 时,s=2+22+222+2222+22222=24690。

4.4 函数

函数由一段代码构成,通常这段代码具有一定的功能,且可以被另一段程序调用。例如,排序函数的功能是将几个数以从小到大或者从大到小的顺序排列。在一个工程里,可以包含若干程序模块,每个模块包含一个或多个函数,每个函数实现一个特定的功能。主函数调用其他函数,其他函数之间也可以互相调用。同一个函数可以被一个或多个函数调用任意次。函数的使用能提高程序应用的模块性和代码的复用性。

函数的定义形式如下。

```
def<函数名>(<参数列表>):
    <函数体>
    return<返回值列表>
```

具体说明如下。

(1) 保留字 def 用于定义函数;函数名要符合标识符的命名规则;圆括号中包含的是形式参数,多个参数用逗号隔开,参数可以为空;第一行以冒号结尾。

(2) 函数体相对于 def 要有缩进。

(3) return 语句将返回值带回调用函数。

4.4.1 函数的调用过程

1. 形参与实参

函数名后面的小括号中一般包含参数,参数可以为空。当一个函数调用另一个函数时,调用函数中的参数称为实际参数(简称实参),被调用函数中的参数称为形式参数(简称形参)。

- 实参:调用函数的函数名后面的圆括号中的参数。
- 形参:定义函数时,函数名后面的圆括号中的参数。

具体示例如下。

```
def area(width,height):        #width、height 为形参
    z=width* height
    return z
w,h=6,5
print("面积:",area(w,h))         #w、h 为实参
```

2. 函数调用

从用户使用的角度看,函数可以分为标准函数和用户自定义函数。从函数的形式划分,函数可分为无参函数和有参函数。

1) 无参函数的调用

有的函数仅实现一定的功能,如输出字符串,这时无须指定参数。

【例 4-13】 利用函数调用输出字符串"Hello,world!"。

```
def myfun():
    print("Hello,world!")
myfun()
#运行结果
Hello,world!
```

2) 有参函数的调用

【例 4-14】 使用函数调用求矩形的面积。

```
def area(width,height):
    z=width* height
    return z
w,h=6,5
print("面积:",area(w,h))  #函数调用
```

在例 4-14 中,第 1～3 行定义了函数 area(width,height),包含两个参数的宽和高(width,height),函数功能为求矩形的面积,return 语句将 z 值返回赋给 area(w,h),即 area(w,h)的函数值等于 z 值。第 4 行中的 w 和 h 代表矩形的宽和高,分别被赋值 6 和 5。第 5 行在输出矩形面积时,发生了函数调用,实参为 w 和 h。

(1) 在 area(w,h)调用函数时,实参 w 和 h 的值分别传送给形参 width 和 height。

(2) 变量 z 的值为矩形的面积,return z 是将 z 的值作为函数返回值赋值给调用它的函数 area(w,h),即 z 的值就是 arca(w,h)的函数值。

(3) return 语句。return 带回返回值。无表达式的 return 相当于返回 None,函数只是完成一定的功能,没有返回值。这时,return 可以省略不写。

【例 4-15】　利用函数调用求两个数的和。

```
def sum(a,b):
    total=a+b
    print("函数内:",total)
    return total

total=sum(10,20)
print("函数外:",total)
#运行结果
函数内:30
函数外:30
```

语句 total＝sum(10,20)调用 sum()函数时,实参 10 和 20 分别赋值给形参 a 和 b。在被调用函数内输出求和结果为 30。语句 return total 将变量 total 的值返回并赋给 sum(10, 20),所以在函数外的输出结果也是 30。

4.4.2　局部变量与全局变量

局部变量为在函数内部定义的变量,只在函数内部起作用。形参、实参以及函数内定义的仅在函数内使用的变量都属于局部变量。全局变量是在函数外部定义的变量,作用范围是从定义点到文件结束。

【例 4-16】　局部变量与全局变量的使用。

```
#示例一
n=1                        #n 是全局变量
def func(a,b):
    c=a* b                 #c 是局部变量,a 和 b 作为函数参数,也是局部变量
    return c
s=func("knock~",2)
print(c)

#运行结果
Traceback(mostrecentcalllast):
File"<ipython-input-51-1dd5973cae19>",line1,in<module>
    print(c)
NameError:name'c'isnotdefined
```

因为变量 c 是局部变量,所以它只在 func()函数内起作用。程序在函数外部输出,所以出错。如果希望让 func()函数将 n 当作全局变量,需要在使用变量 n 前显式声明该变量为全局变量,见示例二。

```
#示例二
#n=1                       #n 是全局变量
def func(a,b):
    global n
    n=b                    #将局部变量 b 赋值给全局变量
    return a* b
s=func("knock~",2)
print(s,n)

#运行结果
knock~ knock~2
```

如果将 global n 这行去掉，而将 n 在函数外部赋值，令 n＝1 再运行，请自行分析运行结果。

习题

一、单选题

1. 关于 Python 的全局变量和局部变量，以下选项中描述错误的是（　　）。

    A. 局部变量指在函数内部使用的变量，当函数退出时，变量依然存在，下次函数调用可以继续使用

    B. 使用 global 保留字声明简单数据类型变量后，该变量作为全局变量使用

    C. 简单数据类型变量无论是否与全局变量重名，都仅在函数内部创建和使用，函数退出后变量被释放

    D. 全局变量指在函数之外定义的变量，一般没有缩进，在程序执行的全过程中有效

2. 以下选项中，不属于函数作用的是（　　）。

    A. 复用代码　　　　　　　　　B. 增强代码可读性

    C. 降低编程复杂度　　　　　　D. 提高代码执行速度

3. 在 Python 语言中，关于函数的描述，以下选项中正确的是（　　）。

    A. return 语句后可以没有返回值

    B. Python 函数定义中必须有参数

    C. 一个函数中只允许有一条 return 语句

    D. def 和 return 是函数必须使用的保留字

4. 关于形参和实参的描述，以下选项中正确的是（　　）。

    A. 程序在调用时，将形参复制给函数的实参

    B. 参数列表中给出要传入函数内部的参数，这类参数称为形式参数，简称为形参

    C. 函数定义中参数列表里面的参数是实际参数，简称为实参

    D. 多个参数之间用空格隔开

5. 以下程序的输出结果是（　　）。

```
def func(num):
    num* =2
x=20
func(x)
print(x)
```

    A. 40　　　　　　B. 出错　　　　　　C. 无输出　　　　　　D. 20

二、编程题

1. 自定义函数，求两个数的最大值。

2. 自定义函数，判断传入的字符参数是否为"回文"。

3. 自定义函数，计算 1～n 的累加和。

4. 编程实现：判断一个数字是否为素数，是则返回字符串 YES，否则返回字符串 NO，并用数字 29 与 12 进行验证。

5. 编程实现：获取系统日期，并计算该日期是所在年份的第几天。

第 5 章　计算机网络和物联网

　　计算机网络和物联网构成了人工智能发展的基础设施。计算机网络通过提供数据传输和通信的平台,使得信息能够在不同地理位置的设备和系统之间流动。物联网进一步扩展了这种连接性,通过将传感器、设备和机器接入互联网,实现了物理世界与数字世界的无缝对接。这种广泛的连接不仅促进了数据的收集,而且为人工智能的分析和决策提供了丰富的实时数据源。

　　人工智能系统利用这些数据来执行复杂的任务,如模式识别、预测分析和自动化决策。在智能家居、工业自动化、交通管理和健康监护等领域,人工智能通过分析物联网设备收集的数据提供智能化的解决方案。例如,人工智能可以优化家庭环境,预测设备维护需求,调整交通信号以减少拥堵,或者监测个人健康状况以预防疾病。这些应用展示了人工智能如何将物联网收集的大量数据转化为实际的行动和改进。

　　最后,计算机网络和物联网与人工智能之间的关系是相互促进的。网络和物联网的发展为人工智能提供了必要的数据和连通性,而人工智能的进步又推动了更智能、更高效的网络和物联网应用的开发。这种协同效应不仅加速了技术创新,而且为各行各业带来了深远的影响,共同推动了智能化时代的到来,提高了人们的生活质量和工作效率。

▎5.1　计算机网络概述

5.1.1　计算机网络概念

　　计算机网络是指在不同的地理位置分散的具有独立运算功能的计算机,通过不同的通信设备和通信链路连接起来,在一定的网络协议和软件的支持下,实现互相通信和资源共享的系统。

　　资源指的是软件资源、硬件资源和各类信息资源。软件资源中有操作系统、各种系统应用程序以及用户设计的专用程序等。硬件资源包括大型主机、光盘、硬盘、打印机以及各类通信设备等。信息资源是指数据库、数据文件或各类信息的程序。

　　计算机之间的连接通过铜导线、光纤、通信卫星等实现。

5.1.2　计算机网络的组成

　　因特网覆盖了全球,按其工作方式可分为两部分:边缘部分和核心部分。

1. 边缘部分
由所有连接在因特网上的主机组成,用来进行资源共享和通信。这部分是用户直接使用的,这些主机称为端系统。端系统可以是普通的个人计算机,也可以是昂贵的大型计算机,甚至可以是很小的掌上电脑或手机。端系统的拥有者可以是个人、单位,也可以是某个 ISP。

计算机之间的通信指的是主机 A 的某一个进程与主机 B 的另一个进程进行通信。

在网络边缘的端系统中运行的程序之间的通信方式分别为客户端/服务器方式(C/S 方式)和对等方式(P2P 方式)。

(1)客户端/服务器方式(C/S 方式)

我们上网查资料或发送电子邮件时,使用的都是客户端/服务器方式,它是在因特网上最常用的一种方式。客户端/服务器方式所描述的是进程之间服务和被服务的方式。客户端和服务器是指通信中所涉及的两个应用进程。客户端是服务请求方,服务器是服务提供方。客户端程序和服务器程序有以下特点。

① 客户端程序必须知道服务器程序的地址。客户端不需要很复杂的操作系统和特殊的硬件。

② 服务器程序是用来提供服务的程序,可同时处理本地或远地客户端的请求。服务器程序不需要知道客户端程序的地址。

(2)对等方式(P2P 方式)

对等方式不区分服务请求方和服务提供方,只要两个主机都运行了对等链接软件,它们就可以进行通信。对等连接方式也称为 P2P 文件共享,这是因为在对等连接方式中,双方都可以下载对方已经存储在硬盘中的共享文件。

2. 核心部分

核心部分是为边缘部分提供服务的,它由大量网络和连接这些网络的路由器组成。

核心部分最重要的功能是转发收到的分组。在网络核心部分中起特殊作用的关键构件是路由器,它用于实现分组交换。

分组交换是指将单个分组传送到相邻节点,存储下来后查找转发表,转发到下一个节点的过程。分组交换采用的是存储转发技术。我们将要发送的整块数据称为报文,在发送报文之前,先把较长的报文划分为等长数据段,在每个数据段上加上必要的控制信息,就构成了一个分组,这些加上的信息称为首部,如图 5-1 所示。分组又称为包,首部称为包头。

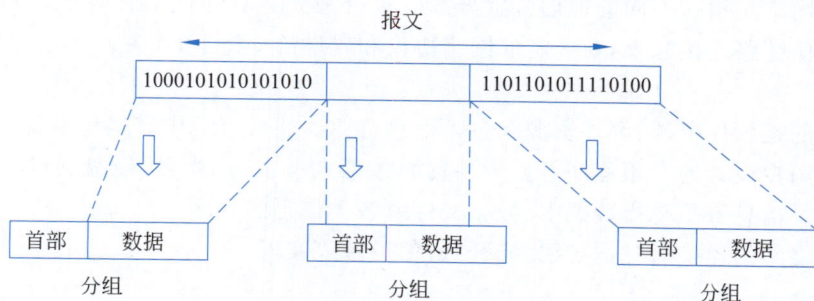

图 5-1　报文分组

分组交换的优点如下。

(1)在分组传输的过程中动态分配传输宽带,对通信链路是逐段占用的。

(2)保证可靠性网络协议。

（3）以分组作为传输单位。

5.1.3　网络类型及拓扑结构

按照以下不同的分类方式,可将网络分为不同的类型。

1. 按不同作用范围分类的网络

1）无线个人区域网（Wireless Personal Area Network,WirelessPAN）

指用无线技术把属于个人的电子设备连接起来。其覆盖范围大约为 10m。

2）局域网（Local Area Network,LAN）

指在像学校或企业等较小的范围由多台计算机相互连接而成的计算机组,其覆盖范围一般小于 10km。

3）城域网（Metropolitan Area Network,MAN）

一个城域网连接多个局域网,目前采用的是以太网技术,其连接的距离一般为 10～100km,作用范围一般是一个城市。

4）广域网（Wide Area Network,WAN）

广域网一般跨接的物理范围比较大,作用区域在几十公里到几千公里。随着计算机网络的发展,广域网的主线路传输速率从 56kb/s 发展到 155Mb/s,目前已有 2.5Gb/s 甚至更高速率的广域网。广域网又称为远程网,一般是将不同城市之间的 LAN 或者 MAN 网络互联,以实现数据、语音、图像信息的传输。

2. 按拓扑结构分类的网络

网络的拓扑结构指的是网络中的计算机等设备以一定的结构方式进行连接以实现互联,它抛开了网络物理连接。主要的拓扑结构有星形拓扑结构、总线型拓扑结构、树形拓扑结构、环形拓扑结构及网状拓扑结构,如图 5-2 所示。

（1）星形拓扑结构:此结构中所有的站点都连接在一个中央节点（网络的集线器）上。优点是单个站点的故障不会影响整个网络,因此故障易于检测和隔离。缺点是中央节点一旦产生故障,整个网络便不能工作。该结构需要大量电缆且布线复杂,因此费用较高。

（2）总线型拓扑结构:用单根传输线作为传输介质,所有的站点都通过相应的硬件接口直接连接到总线上;可靠性好,结构简单,但故障诊断和隔离困难。

（3）树形拓扑结构:即分层结构,由一个根节点和根节点分出来的分支节点构成。造价低,易于故障隔离,但根节点一旦发生故障,整个网络便不能工作。

（4）环形拓扑结构:网络中的节点通过点到点的链路组成一个闭合环路。数据传输过程中时延较大,诊断故障十分困难。

（5）网状拓扑结构:网络中的每个节点之间都有点到点的链路连接。优点是信息传输容量大,容错性高。缺点是结构复杂,成本高。

图 5-2　星形、总线型、树形、环形及网状拓扑结构

3. 按信息交换方式分类的网络

1）线路交换网（circuit switching）

其线路交换方式与电话交换方式拥有类似的工作过程。通过在通信子网中建立一个实际的物理线路连接两台计算机，通过通信子网进行数据交换。

2）报文交换网（message switching）

报文交换又称为存储转发交换，它是一种数字化网络，采用存储转发的方式来传输数据，不必建立专用的通信线路。

3）分组交换网（packet switching）

在分组交换过程中，将一个较长的报文划分为许多定长的数据段，加上源地址、目标地址等必要的控制信息构成分组，以分组作为传输的基本单位。分组交换网已成为计算机网络的主流。

4. 按使用者的不同而分类的网络

1）公用网

公用网（public network）是国家邮电部门建造的网络。"公用"的意思是只要公众能够按照国家邮电部门的规定缴纳网费，即可使用。因此，公用网也称为公众网，如 CHINANET、CERNET 等。

2）专用网

专用网（private network）是指为特殊工作而建造的网络，是某个单位为特殊部门的需要而建立的网络。专用网不向本单位以外的人员提供任何服务。例如部队、电力、铁路等系统均有各自的专用网。

5. 按网络的传输介质不同分类

1）有线网

有线网利用双绞线、同轴电缆、光纤等物理介质传输数据。

- 双绞线：由两条相互绝缘的导线按照特定规格相互缠绕在一起形成的一种通用配线。双绞线使用广泛，有很多优点，如抗干扰能力强、布线容易、价格低廉等优点。
- 同轴电缆：有两个同心导体且导体和屏蔽层之间又共用同一轴芯的电缆。同轴电缆常用于设备和设备之间的连接，或者用在总线型网络拓扑中。同轴电缆的中心轴线是一条铜导线，外面加一层绝缘材料，绝缘材料又被一根空心的圆柱形网状铜导体包裹，最外层是绝缘层。与双绞线相比，同轴电缆的抗干扰能力强、传输数据稳定、屏蔽性能好、价格便宜。
- 光纤：一种传输光能的波导介质，由纤芯和包层组成。双绞线和同轴电缆只能解决短距离、小范围的监控传输问题，光纤具有传输距离远、容量大、抗干扰能力强和受外界影响小等优点。

2）无线网

无线网用微波、卫星等无线形式传输数据。

无线网与有线网络的用途类似，最大的不同在于传输媒介不同，无线网利用无线电技术取代网线，可以和有线网络互为备份。

6. 按通信信道分类

1）点到点式网络（point-to-point networks）

一条通信信道只能连接两个节点（一对节点），如果两个节点之间没有直接连接的线路，那么通过中间节点连接。

2）广播式网络（broad network）

只有一个单一的通信通道且被所有的节点共享。一个节点广播信息，其他所有的节点都接收。向某台主机发送信息就如在公共场所喊："老李，有你的快递！"在场的人都会听到，而只有老李本人会答应，其余的人仍旧做自己的事情。发往指定地点的信息（报文）将按一定的原则分为组或包（packet），分组中的地址字段指明本分组该由哪台主机接收，如同生活中的人称"老王"。一旦收到分组，各机器都要检查地址字段，如果是发给它的，则处理该分组，否则就丢弃。

7. 按网络的频带传输分类

1）基带网（窄带网）

又称为窄带网，传输速率在 100Mb/s 以下，其传输介质为双绞线、同轴电缆等。

2）宽带网（wideband transmission）

传输速率在 100Mb/s 以上，其传输介质为光纤或同轴电缆等，以射电频率信号形式进行传输。

5.1.4 网络的技术术语

1. 交换机

交换机是用来实现交换式网络的设备，它是位于 OSI/RM 模型的第二层数据链路层的设备，能对帧进行操作，是一种智能设备。交换机的每个端口具有桥接功能，有时把交换机叫作多端口网桥。交换机的传输模式有全双工、半双工、全双工半双工自适应。网络交换机可分为广域网交换机和局域网交换机。

2. IEEE 802.3

IEEE 802.3 是一种网络协议，指以太网，描述物理层和数据链路层的 MAC 子层的实现方法。物理媒体类型包括 10Base2、10Base5、10BaseF、10BaseT 和 10Broad36 等。

3. IEEE 802.3u

IEEE 802.3u 是 100 兆比特每秒以太网的标准，它采用 3 类传输介质，即 100Base-T4、100Base-TX 和 100Base-FX。

4. IP 地址

IP 地址是 Internet 分配给主机的名字的统称，也称为网际协议地址。IP 地址就是给每个连接在 Internet 上的主机分配的一个 32bit 地址。通过 IP 地址就可以访问每一台主机。常见的 IP 地址分为 IPv4 与 IPv6 两大类。

IP 地址编址方案将 IP 地址空间划分为 A、B、C、D、E 五类，其中 A、B、C 是基本类，D、E 类作为多播和保留使用。

5. 域名

域名（Domain name）其实就是入网计算机的名字，它的作用就像寄信需要写明人们的名字、地址一样重要。

域名的结构如下：计算机主机名.机构名.网络名.最高层域名。域名用文字表达，它比用数字表达的 IP 地址更容易记忆。加入 Internet 的各级网络依照 DNS 的命名规则对本网内的计算机进行命名，并负责完成通信时域名到 IP 地址的转换。

6. 域名服务器（DNS）

DNS（Domain Name System，域名系统）是指在 Internet 上查询域名或 IP 地址的目录服务系统。在接收到请求时，它可以将另一台主机的域名翻译为 IP 地址，反之可以将 IP 地址翻译为主机的域名。大部分域名系统都维护着一个大型的数据库，它描述了域名与 IP 地址的对应关系，并且这个数据库会被定期更新。翻译请求通常来自网络上的另一台计算机，它需要 IP 地址以便进行路由选择。

7. 远程登录（Telnet）

用户可以在本地计算机发送命令使远程的服务器执行。Telnet 基于字符界面，是最常用也是最原始的远程管理命令。

8. 传输控制协议/网际协议（TCP/IP）

TCP/IP 通信协议主要包含在 Internet 上网络通信细节的标准，以及一组网络互联的协议和路径选择算法。TCP 是传输控制协议，相当于物品装箱单，保证数据在传输过程中不会丢失。IP 是网络协议，相当于收发货人的地址和姓名，保证数据到达指定的地点。

9. 普通文件传送协议

普通文件传送协议（TFTP）是无盘计算机用来传输信息的一种简化的 FTP。TFTP 是一种非常不安全的协议。

10. URL

统一资源定位符，表示资源的位置和访问方法。基本 URL 包含协议、服务器名称、路径和文件名。

11. 万维网

万维网（Word Wide Web，WWW）是 Internet 的一种信息服务，它是一种基于超文本文件的交互式浏览检索工具。用户可用 WWW 在 Internet 网上浏览、传递、编辑超文本格式的文件。

12. WAN

广域网又称为远程网，一般是将不同城市之间的 LAN 或者 MAN 网络互联，以实现数据、语音及图像信息的传输。

5.1.5 网络协议与体系结构的基本概念

在计算机网络中，为了数据交换而建立的规则、标准或约定称为网络协议，它由语法、语义和同步三个要素构成。有时，人们形象地把这三要素描述为：语法表示"怎么讲"，语义表示"要做什么"，同步表示"做的顺序"。

（1）语法：数据与控制信息的结构或格式。

（2）语义：规定了需要发出何种控制信息、完成何种动作以及做出何种响应。

（3）同步：事件实现顺序的详细说明。

网络协议是计算机网络不可缺少的组成部分，常有的协议有 TCP/IP、IPX/SPX 协议、NetBEUI 协议。Internet 上计算机使用的是 TCP/IP。

两台计算机之间传送文件的过程分为三类。

第一类：与传送文件直接相关，若文件格式不同，则应该至少有一台计算机完成格式转换。

第二类：与数据通信有关，由可靠地文件传送命令和交换文件来保证这个部分。

第三类：与网络接入有关，主要做与网络接口细节有关的工作。

网络的每层所具有的功能都是差错控制、流量控制、分段和重装、复用和分用、建立连接和释放中的一种或多种。

我们把计算机网络的各层及其协议的集合称为网络的体系结构，是这个计算机网络及其构件所应完成功能的精确定义。

5.1.6　OSI/RM 开放系统互连参考模型

国际标准化组织（IOS）提出了标准框架，即著名的开放系统互连基本参考模型 OSI/RM（Open Systems Interconnection Reference Model），简称为 OSI。在 1993 年形成了 OSI/RM 模型的正式文件，即所谓的七层协议的体系结构。"开放"是指一个遵循 OSI 标准的系统可以与世界上任何地方也遵循这个标准的任何系统进行通信。"系统"是指在现实系统中与互联有关的部分。

OSI/RM 模型将计算机网络的体系结构分成七层，从高到低依次为应用层、表示层、会话层、传输层、网络层、数据链路层、物理层，如图 5-3 所示。

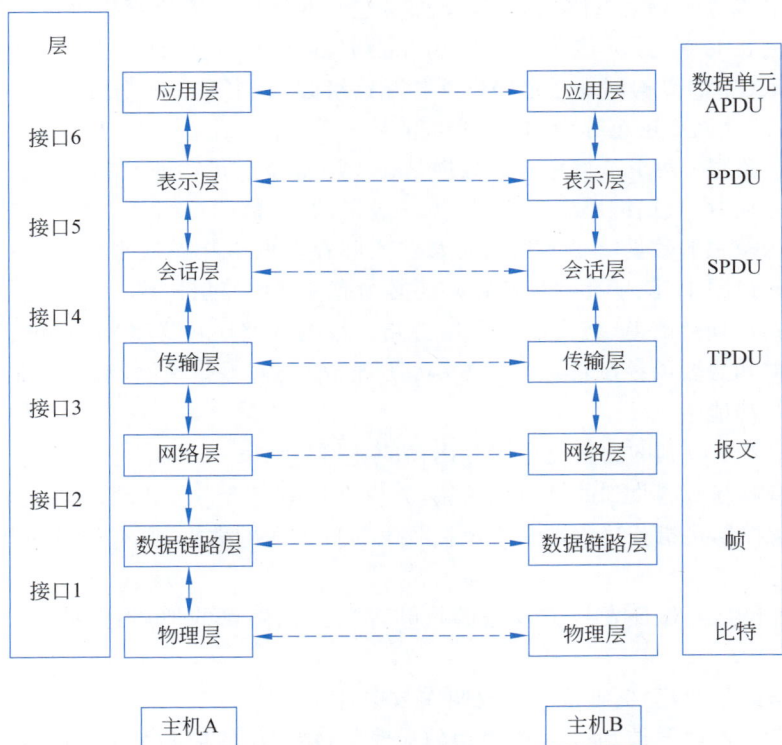

图 5-3　OSI/RM 模型

- **应用层**：是网络体系结构的最高层，它直接为用户的进程提供服务。进程是指正在运行的程序。应用层协议有支持文件传送的 FTP、支持电子邮件的 SMTP、支持万维网应用的 HTTP。大部分应用层协议基于客户端/服务器方式，客户端和服务器是通信中所涉及的两个应用进程，客户端是服务提出方，服务器是服务提供方。

- **表示层**：在不同的网络体系结构中，数据的表示方法不同，表示层负责处理这种差异和转换。如不同格式文件的转换、ASCII 码和 Unicode 码之间的转换。在表示层中，数据按照网络能理解的方式进行格式化，这种格式化根据所使用的网络类型的不同而不同。表示基层管理数据的加密和解密。

- **会话层**：它是建立在传输层之上的，会话层负责建立、管理、拆除进程之间的通信连接。会话层传送大的文件时，最为重要的功能是当通信失效时利用校验点继续恢复通信。会话层的主要功能是为会话实体建立连接、数据传输、连接释放。

- **传输层**：负责两个主机中进程之间的通信提供服务。传输层主要使用传输控制协议（TCP）和用户数据报协议（UDP），传送的数据单位为数据段。TCP 是面向连接的，数据传输的单位是报文。UDP 是无连接的，数据传输单位是用户数据报。传输层向其上层提供服务。传输层有复用和分用的功能，这是因为一个主机同时运行多个进程。复用是指多个应用进程可同时使用下面传输层的服务，分用是指传输层把收到的信息分别交付给上面应用层中相应的进程。

- **网络层**：它为分组交换网中的不同主机提供通信服务。网络层把传输层产生的报文段或用户数据报封装成分组或包进行传送。网络层使用 IP，也称为 IP 数据包。网络层传送的数据单位是分组，又称为包。网络层主要负责提供链接和路由选择，是源主机传输层所传下来的分组，能够通过网络中的路由器找到目的主机。Internet 中的异构网络通过路由器相互连接起来，主要的网络协议是 IP 和路由选择协议，因此网络层也称为 IP 层或网际层。

- **数据链路层**：两个节点之间的数据是在一段链路上传输的，在相邻的两个节点之间数据传输时，数据链路层将 IP 层传递过来的 IP 数据包组装成帧，在链路上"透明"地传送帧中的数据。透明指的是某些实际存在的事物看起来好像不存在一样。数据传输过程中，除了有物理链路外还必须有一些链路层协议。实现这些协议的软硬件加到物理链路上，就构成了数据链路。数据链路层传送数据的单位是帧，每帧包括数据和必要的控制信息。数据链路层有帧定界、差错控制、流量控制、寻址和链路管理等功能。
  - 帧定界从收到的比特流中区分出帧的开始与结束。
  - 差错控制检测收到的帧有无差错，并决定是由交给高层处理还是让发送方重传。
  - 流量控制是指若接收端来不及接收发送端发送的数据，则必须及时控制发送端的发送速率。
  - 寻址是指要保证发送方发送的每帧都送到正确目的地，当然接收方也要知道发送方。
  - 数据链路的建立、维持和释放叫作数据管理。

- **物理层**：物理层是 OSI/RM 模型的最底层，物理层传输的单位是比特。物理层的任务是透明地传送比特流，物理层不管所传送的比特是什么意思。传递信息所用的物理媒体在物理层协议的下面，因此有人把物理媒体当作第 0 层。

用一个简单的例子来比喻数据在各层之间的传递过程。一封信从最高层向下传，每经过一层，就包上一个新的信封和地址信息，传送到目的地后，从底层起，每层拆开一个信封后，就把信封中的信息交给上一层。

5.1.7　TCP/IP 的体系结构

TCP/IP 代表 Internet 协议系列,它是用于计算机通信的协议。TCP/IP 只有四层,分别是应用层、传输层、网际层和网络接口层。

网络接口层与 OSI 的物理层和数据链路层相当。网际层与 OSI 的网络层相当。传输层对应于 OSI 的传输层。应用层大致与 OSI 的应用层、表示层、会话层对应。

TCP/IP 在各式各样的网络结构的互联网上运行,也可以为各式各样的应用提供服务。

TCP(Transmission Control Protocol)的中文名称是传输控制协议,它是面向连接的协议,数据传送之前,先要建立连接。TCP 是端到端的数据流传送,它保证数据能够正确地传送给接收方,能够检测数据是否有错误,若有错误,则重发数据,直到数据正确且完全地传送给接收方为止,为数据提供了可靠的传送机制。

IP(Internet Protocol)的中文名称是网络互联协议,它负责把数据从一个节点传送到另一个节点。IP 提供了基本数据单元的传送、选择路由的功能、确定主机和路由器如何处理分组的规则等功能。

‖ 5.2　物联网的产生和发展

与其说物联网是一种网络,不如说物联网是互联网的应用。"物联网"概念的问世打破了之前的传统思维。物联网发展到今天,已经每时每刻充斥在人们的生活中。如果留心观察,就会发现我国已有众多比较常规且成功的物联网应用。

5.2.1　二维码支付

如今,人们在购物付款时,使用手机中的微信或支付宝扫一扫即可完成支付,无须像以前那样支付现金并等着商户找零钱。扫码支付大大提高了人们付款的效率。扫描支付是如何完成的呢? 这就离不开二维码的应用。

1. 二维码:信息的载体

扫码支付都是从二维码开始的。通过扫描二维码,人们可以看到付款页面商家的名称,所以二维码在这里承担的角色是信息的载体。选择二维码作为付款信息的载体,一方面是受到收银台扫描二维码来识别商品的启发,另一方面是二维码本身可存储足够多的数据信息,而且支持不同的数据格式,同时二维码有一定的容错性,部分损坏后仍可正常读取。这一切使得二维码成为被大众广泛使用的信息载体。

2. 二维码识别:扫描支付

二维码携带的信息,人们无法通过肉眼识别,不同的支付机构在二维码中注入的信息规则不一致,需要对应的服务器根据其编码规则进行解析。人们每次扫描二维码后,都会提示"正在处理中",这意味着后台服务器正在解析这个二维码的内容,通常包括校验二维码携带的链接地址是否合法(例如,微信识别出是支付宝的链接会屏蔽,支付宝识别出是微信的链接也会屏蔽)、是属于支付链接还是属于外链网址等。

校验的规则有很多,就支付链接来说,服务器校验其属于自己公司的支付链接后,会获取支付链接中包含的商户信息,进而判断该商户是否存在、商户状态是否正常等,所有校验通过后,后台服务器会把商户名称返回到发起用户的手机 App 上,同时告诉 App 服务器校验通过了,App 即调用收银台确定支付。

确定支付包括输入金额和支付密码(如果设为免密码,可直接支付)。如果需要支付密码,则提示密码输入,后台继续校验支付密码的正确性,从而完成支付。

从上面的过程来看,要实现扫码支付,最关键的是要确定哪些类型的二维码是这个App 规定的合法二维码。例如,当使用微信扫二维码时,如果发现二维码携带的信息不是事先确定的以"https://www.wx.com"开头的,则微信会进行过滤,不去请求服务器。目前,微信定义的用户付款码和条形码的规则为 18 位纯数字,以 10、11、12、13、14、15 开头。支付宝定义的支付码规则为以 25~30 开头的长度为 16~24 位的数字,实际字符串长度以App 获取的付款码长度为准。

以上说的是主动式扫码支付,也就是用户扫描商家二维码。

在这种模式中,商家需要事先按支付宝或微信支付协议生成支付二维码,用户再用支付宝或微信钱包客户端的"扫一扫"功能完成对商家二维码的扫描。为了方便用户使用,商家的二维码信息通常显示在商户 POS 终端或者打印在纸上进行张贴。用户 App 识别商家二维码,将二维码中的商家信息(如网络链接)和支付价格(用户自行输入)发送到支付机构(微信和支付宝平台);商家对支付进行验证,然后向支付系统发起支付请求,支付系统完成支付结算后,将支付结果通知用户和商家,告知支付结果。该模式适用于餐馆、酒店、停车场、医院自助挂号等没有专人值守的应用场景。

3. 二维码识别:出示二维码支付

对于用户出示二维码的被动式扫码支付,其工作原理与主动式扫码支付基本相同。在这种模式中,用户通过支付宝或微信钱包向商家展示二维码,商家使用红外线扫描枪扫描二维码以完成收款。这种模式适用于商场收银台、医院收费柜台等有人值守的应用场合。在这种模式中,用户的付款码包含该用户的专属 ID,商家通过收银系统向微信或支付宝提交订单时,把扫码枪识别出来的信息传送给微信或支付宝,它们根据这个专属 ID 即可找到对应的用户,通过代扣功能直接扣款。

5.2.2 校园一卡通

如今,大学生进入大学校门之前,伴随着录取通知书而来的也许还有校园一卡通。校园一卡通的应用为学校的各种活动带来极大的便利。学生上课签到、上机预约、实验考勤、进出宿舍、考试登记等,只须刷卡即可完成,再也不需要像以前那样人工签到、排队等候,这样不仅大大节约了时间和人力,而且可以准确记录相关信息,信息质量有了质的提升。

其实早在 21 世纪初,国家教育部门就开始在高校推广校园一卡通系统,经过近 20 年的不断发展和创新,校园一卡通系统已经取得了巨大的突破,并在全国各个高校普及应用。

校园一卡通的建设将学校里的各个部门系统联系到一起,将整个校园构成一个信息共享的有机整体。校园内部各个部门之间可以相互合作,实现数据共享。学生和教工只要刷一下校园一卡通,各种信息就会自动提交到校园信息化系统,方便对信息进行统一管理。例如:教学部门可以通过查询学生每天进出宿舍的时间来对学生的学习时间进行统计分析,从而为指导学生学业提供重要的事实依据。

校园一卡通的建设大大降低了各类消费结算的烦琐性和复杂性,因为学生统一把钱充值到一卡通上进行消费,形成了校园内部的电子货币流通形式,代替了以前的现金消费方式,学校只需要通过消费管理系统就能得到学生的各种消费数据,通过统计和分析,为助学金发放、贫困资助等提供了重要的参考。这样不仅减少了人力成本,也使管理方式更加简洁,提高了准确率。

校园一卡通系统的建设还能提高教学质量。教师只需要查看学生一卡通内的信息就可以获取学生平时学习、上课和考试等各种信息,并根据这些信息对不同的学生做出相应的学业预警方案。教师也可以将考试成绩或评价录入一卡通系统,学生只需要登录自己的账号便可以查看自己的各种信息,使操作变得更加简单,信息获取更加及时。

校园一卡通为什么能够如此神奇?因为校园一卡通运用了物联网的核心技术。

校园一卡通是一种植入了智能芯片的智能卡片,即射频电子标签(RFID),用来代替传统的纸质学生证的功能。RFID 涉及多种技术,包括单片机技术、微电子技术、嵌入式技术、计算机网络技术及数据库技术和密码学技术等。

校园一卡通将传统的各种校园卡片,如饭卡、门禁卡、签到卡、洗澡卡、水电卡等集于一身,用一张卡片即可实现各种功能,大大降低了操作的烦琐程度,方便使用且易于携带,将生活、消费、学习等结合到一起,实现生活的数字化和信息化,达成了"手持一卡,走遍校内"的目标,符合信息时代人们的生活方式。

5.2.3　刷身份证进站乘车

随着我国经济的快速发展,高铁遍布全国,高铁里程居于世界首位。以前,人们进出火车站必须凭借火车票才可以,现在只要刷一下身份证就可以快速进站,如图 5-4 所示。这种便捷的进站乘车方式,极大地减少了人员的排队时间和拥堵风险,并在验票环节节省了大量人力和物力。

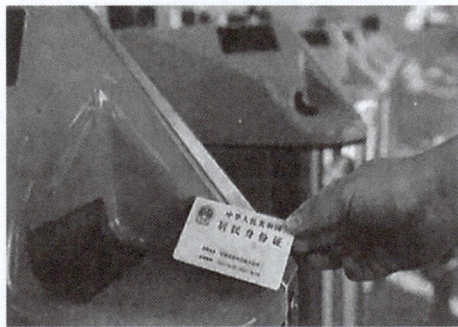

图 5-4　刷身份证进站

能够使用身份证刷卡进站乘车,主要得益于二代身份证也使用了 RFID 技术,且防伪程度高。

第一代身份证采用聚酯膜塑封,后期使用激光图案防伪,但总体防伪效果不佳,容易被犯罪分子恶意复制,所以很难实现个人身份的唯一性验证。

为了提高防伪效果,我国政府启用了第二代身份证。第二代身份证采用非接触式 IC 芯片卡,通过专门的密码技术才能读取,而且外观上还采用了定向光变色"长城"图案、防伪膜、光变光存储"中国 CHINA"字样、缩微字符串"JMSFZ"、紫外灯光显现的荧光印刷"长城"图案等防伪技术。

第二代身份证内藏的非接触式 IC 芯片是具有科技含量的 RFID 芯片。该芯片可以存储个人的基本信息,可近距离读取卡内资料。需要时,在专用读写器上扫一扫,即可显示个人身份的基本信息。而且芯片的信息编写格式和内容等只由特定厂家提供,只有通过认证的读卡器才能读取其中的内容,因此防伪效果显著,不易伪造。

5.2.4　电子停车收费

现在,很多高速公路收费站都有一个电子不停车收费系统(ETC),且无专人值守。车辆只要减速行驶,不用停车即可完成车辆信息的身份认证和自动计费,减少了大量的人工成本。

在国内,最早在首都机场高速公路开始试点不停车收费,目前在全国各地高速公路已经普遍使用。不仅高速公路上已经广泛使用 ETC,城市内部的各种停车场也在广泛使用 ETC 进行收费和管理。

图 5-5 给出了 ETC 的工作原理:当携带有 RFID 标签的车辆经过检测区域时,读写协同的天线所发出的信号会激活车载的 RFID 标签;然后 RFID 标签会发送带有车辆身份信息的信号,天线接收到信号后传送给 RFID 读写系统,经读写系统解码后,通过网络传输到数据中心,数据中心进行分析处理后,就可以获得通过检测区域的车辆的身份信息。

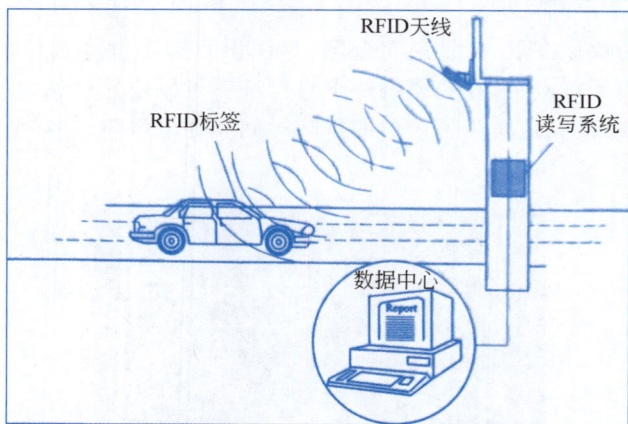

图 5-5　ETC 的工作原理

车辆每通过一个 ETC 卡口时,都会进行车辆的身份验证,由此可以判定车辆的行驶轨迹。根据车辆轨迹,不仅可以确定车辆应缴的费用,还能分析车辆行驶密度,计算路网的交通流量,为新修道路或拓宽道路提供依据。

5.2.5　手机导航与计步

目前,手机已经成为人们身边最重要的随身工具。手机的功能日益强大,除了传统的打电话和发短信功能外,还附加了照相、摄影、导航、计步、游戏甚至测量血压等功能。手机为什么功能如此强大呢?一个重要原因是手机中安装了一系列的传感器,每种传感器都有其特色功能,有时多个传感器组合起来使用,带来的功能会更加强大。

1. 计步器

健康是每个人都非常关心的事情。保障健康离不开运动,而运动量的把握就可以依靠手机的计步器软件。手机计步主要依托如下几种传感器。

1)振动传感器

振动传感器的作用主要是将机械量接收下来,并转换为与之成比例的电量。振动传感器是一种机电转换装置,所以也称之为换能器、拾振器等。振动传感器并不是直接将原始待测的机械量转变为电量,而是将原始待测的机械量作为振动传感器的输入量,然后由机械接收部分加以接收,形成另一个适合于变换的机械量,最后由机电变换部分再将其变换为电量。因此一个传感器的工作性能是由机械接收部分和机电变换部分的工作性能来决定的。

2)重力感应器

重力感应器又称为重力传感器,它采用弹性敏感元件制成悬臂式位移器,与采用弹性敏感元件制成的储能弹簧来驱动电触点,从而完成从重力变化到电信号的转换。目前,绝大多数智能手机和平板电脑都内置了重力传感器,可以完成计步、玩模拟游戏等功能。

重力传感器是根据压电效应的原理来工作的。对于不存在对称中心的异极晶体,加在晶体上的外力除了使晶体发生形变以外,还将改变晶体的极化状态,在晶体内部建立电场,这种由于机械力作用使介质发生极化的现象称为正压电效应。

重力传感器就是利用了其内部由于加速度造成晶体变形的这个特性。由于这个变形会产生电压,只要计算出产生电压和所施加的加速度之间的关系,就可以将加速度转换成电压输出。当然,还有很多其他方法可以制作重力感应器。

3)加速度传感器

加速度传感器是一种能够测量加速度的传感器,通常由质量块、阻尼器、弹性元件、敏感元件和适调电路等部分组成。传感器在加速过程中,通过对质量块所受惯性力的测量,利用牛顿第二定律获得加速度值。根据传感器敏感元件的不同,常见的加速度传感器包括电容式、电感式、应变式、压阻式、压电式等。

加速度传感器可以检测交流信号以及物体的振动。人在走动时会产生一定规律性的振动,而加速度传感器可以检测振动,从而计算出人所走的步数或跑步的步数,并计算出人所移动的位移,完成计步器的工作。

虽然加速度计可以很容易地计算出行走的步数,但由于步长因人而异(大约相差$\pm 30\%$)并且检测结果也取决于人的行走速度(通常误差大于$\pm 25\%$),所以不能精确检测出所经过的距离内的行走步数,还需要利用其他技术进行辅助判定。

2. 导航

当人们要去一个陌生的地方时,为了防止走错道路,往往需要借助手机进行导航。导航已经成为人们出差、旅行途中使用频率较高的应用。

那么,手机为何能够帮助人们导航呢? 一个关键因素是手机中内置了位置传感器。

目前,位置传感器不是一个简单的小模块,它是一个复杂的集成系统,由手机端、卫星和地面基站等多个模块构成。

为了完成导航功能,首先需要部署导航卫星,目前能够部署导航卫星的国家只有少数几个;其次,手机端需要安装导航软件(如百度地图、高德地图等),并集成位置导航模块,如北斗、GPS、伽利略等导航模块,这些模块通过接收导航卫星的通信信号确定手机的位置。

为进一步提高导航精度,在目前的中高端手机中,位置传感器已经升级为了 A-GPS。在 A-GPS 中,除了利用 GPS 信号进行定位外,还可以利用移动网络来辅助定位和确定 GPS 卫星的位置,提高定位速度和效率,在很短的时间内就可以快速定位手机。

5.2.6 物联网的概念与特征

通过物联网(Internet of Things,IoT)的典型应用案例可以发现,只有二维码、RFID 和传感器是不足以构成一个完整的物联网系统的。一个完整的物联网系统除了包含上述 3 种关键技术外,还涉及数据的传输和处理等问题。因此,下面从完整的物联网系统出发,介绍物联网的概念、特征、起源与发展。

1. 物联网的概念

顾名思义,物联网就是一个将所有物体连接起来而组成的物与物相连的互联网络。目前对于物联网的研究尚处于起步阶段,物联网的确切定义尚未统一,一个普遍被人们接受的定义为:物联网是通过使用射频识别(RFID)、传感器、红外感应器、全球定位系统、激光扫描器等信息采集设备,按约定的协议,把任何物品与互联网连接起来,进行信息交换和通信,以实现智能化识别、定位、跟踪、监控和管理的一种网络。

从定义可以看出,物联网是对互联网的延伸和扩展,其用户端可延伸到世界上的任何物品。国际电信联盟(ITU)在《ITU 互联网报告 2005:物联网》中指出,在物联网中,一个牙刷、一个轮胎、一座房屋甚至一张纸巾都可以作为网络的终端,即世界上的任何物品都能连入网络;物与物之间的信息交互不再需要人工干预,物与物之间可实现无缝、自主、智能的交互。换句话说,物联网以互联网为基础,主要解决人与人、人与物和物与物之间的互联和通信。

在物联网中,"物"的含义除了包括各种家用电器、电子设备、车辆等电子装置以及高科技产品外,还包括食物、服装、零部件和文化用品等非电子类物品,甚至包括一瓶饮料、一个轮胎、一个牙刷和一片树叶等。人们正在从今天的"物联网"走入"万物互联"(Internet of Everything,IoE)的时代,如有需要,所有的东西都将会获得语境感知、增强的处理能力和更好的感应能力。如果再将人和信息加入物联网,将会得到一个集合十亿甚至万亿连接的网络。物联网将信息转化为行动,给企业、个人和国家创造新的功能,并带来更加丰富的体验和前所未有的经济发展机遇。

但是,从信息论的角度理解,物联网中的"物"必须是通过 RFID、无线网络、广域网或者其他通信方式互联的可读、可识别、可定位、可寻址、可控制的物品(或物体)。其中,可识别是最基本的要求,不能识别的物品(或物体)不能视作物联网或万物互联的要素。

为了实现"物"的自动识别,需要对物品进行编码,该编码必须具有唯一性。同时,为了便于数据的读取和传输,需要可靠的数据传输通路以及统一的通信协议。另外,在一些智能嵌入式系统中,还要求"物"具有一定的存储功能和计算能力,这就需要"物"包含中央处理器和必要的系统软件(操作系统)。

2. 物联网的特征

经过近十年的快速发展,物联网展现出了与互联网不同的特征。与传统的互联网相比,物联网具有全面感知、可靠传递、智能处理和深度应用四个主要特征,如图 5-6 所示。

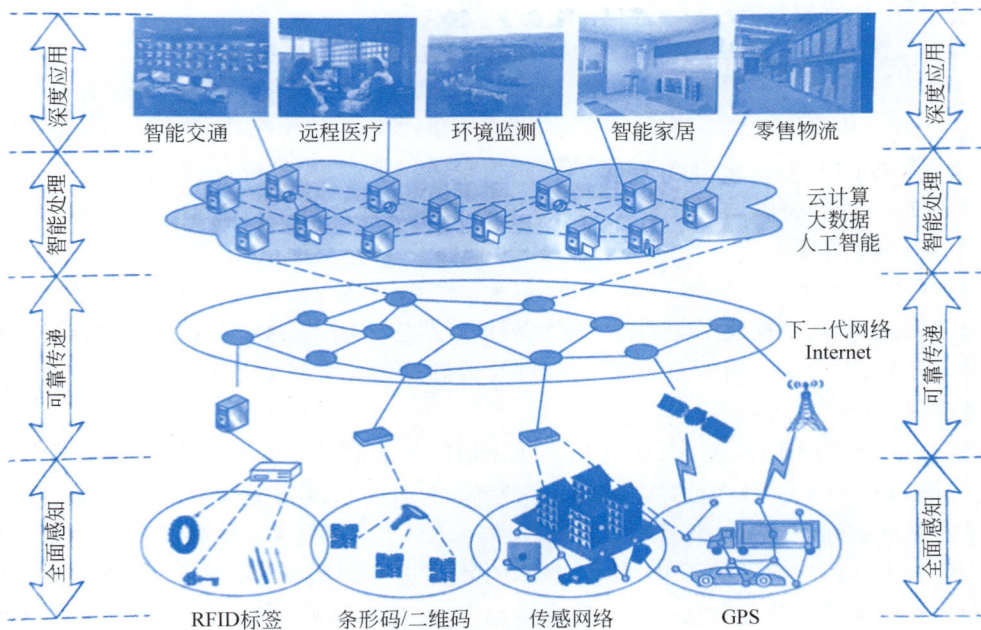

图 5-6　物联网的特征

1）全面感知

由于微电子技术的快速发展，嵌入式设备更加微型化，为每个物品、动物或人安装电子感知装置成为可能，物联网将进入全面感知时代。为了使物品具有感知能力，需要在物品上安装不同类型的身份识别装置，例如电子标签、条形码与二维码等，或者通过传感器、红外感应器等感知其物理属性和个性化特征。利用这些装置或设备，可随时随地获取物品信息，实现物体的全面感知。

2）可靠传递

由于大量感知节点的存在，每天将产生数以亿计的数据，这些数据需要借助各种通信网络进行传输。数据传输的稳定性和可靠性是保证物物相连的关键。为了实现物与物之间的信息交互，必须遵循统一的通信协议。由于物联网是一个异构网络，不同实体间的协议规范可能存在差异，因此需要通过相应的软、硬件进行转换，保证物品之间的信息能实时、准确地传递。

3）智能处理

物联网为什么需要感知和传输数据？其目的是实现对各种物品（包括人）进行智能化识别、定位、跟踪、监控和管理等，因此就需要智能信息处理平台的支撑。智能信息处理平台通过云计算、大数据和人工智能等智能处理技术，对海量数据进行存储、分析和处理，再针对不同的应用需求，对物品实施智能化的控制。

4）深度应用

应用需求促进了物联网的发展。早期的物联网只在零售、物流、交通和工业等应用领域使用。近年来，物联网已经渗透到智能农业、远程医疗、环境监控、智能家居、自动驾驶等与人们生活密切相关的应用领域。物联网的应用正在向广度和深度两个维度发展。特别是大数据和人工智能技术的发展，使得物联网的应用向纵深方向发展，产生了大量基于大数据深度分析的物联网应用系统。

5.2.7　物联网的起源与发展

自从 2009 年美国、欧盟、中国等纷纷提出物联网发展政策至今,物联网经历了高速发展阶段。传统企业和 IT 巨头纷纷布局物联网,物联网在制造业、零售业、服务业、公共事业等多个领域加速渗透,物联网正处于大规模爆发式增长的前夕。

1. 物联网的起源

物联网的起源可以追溯到 1995 年,比尔·盖茨在《未来之路》一书中对信息技术未来的发展进行了预测,其中描述了物品接入网络后的一些应用场景,这可以说是物联网概念最早的雏形。但是,由于受到当时无线网络、硬件及传感器设备发展水平的限制,这一概念并未引起足够的重视。

1998 年,麻省理工学院(MIT)提出基于 RFID 技术的唯一编码方案,即产品电子代码(Electronic Product Code,EPC),并以 EPC 为基础,研究从网络上获取物品信息的自动识别技术。在此基础上,1999 年,美国自动识别技术(AUTO-ID)实验室首先提出“物联网”的概念。研究人员利用物品编码和 RFID 技术对物品进行编码标识,再通过互联网把 RFID 装置和激光扫描器等各种信息传感设备连接起来,实现物品的智能化识别和管理。当时对物联网的定义还很简单,主要是指把物品编码、RFID 与互联网技术结合起来,通过互联网络实现物品的自动识别和信息共享。

物联网概念的正式提出是在国际电信联盟发布的《ITU 互联网报告 2005:物联网》中。该报告对物联网的概念进行了扩展,提出物品的 3A 化互联,即任何时刻(AnyTime)、任何地点(AnyWhere)、任何物体(AnyThing)之间的互联,这极大地丰富了物联网概念所包含的内容,涉及的技术领域也从 RFID 技术扩展到传感器技术、纳米技术、智能嵌入技术等。

物联网的概念是在国际一体化、工业自动化和信息化不断发展和相互融合的背景下产生的。业内专家普遍认为,物联网一方面可以提高经济效益,大大节约成本,另一方面可以为全球的经济复苏提供技术动力。

2. 物联网的发展

近年来,随着芯片、传感器等硬件价格的不断下降,以及通信网络、云计算和智能处理技术的革新和进步,物联网迎来了快速发展期。美、欧、日等发达国家或地区都在加快对物联网研究的步伐,以争取该领域的国际领先地位,我国也积极参与其中,并在标准制定和相关技术研究方面取得了阶段性成果。

美国作为物联网技术的主导国之一,最早开展了物联网相关技术与应用的研究。2007年,美国率先在马萨诸塞州剑桥城打造了全球第一个全城无线传感网。2009 年 1 月,IBM首席执行官彭明盛提出“智慧地球”的概念,其核心是以一种更智慧的方法——利用新一代信息通信技术改变政府、公司和人们相互交互的方式,以便提高交互的明确性、效率、灵活性和响应速度。具体地说,就是将新一代信息技术运用到各行各业,即把传感器嵌入和装备到全球范围内的计算机、铁路、桥梁、隧道、公路等附着的监控计算机中,并相互连接,形成物联网,然后通过超级计算机和云计算平台的相互融合,实时、可靠、智能地管理生产和生活,最终实现“智慧地球”。“智慧地球”的提出立刻引起了全球对物联网的广泛关注,时任美国总统奥巴马也积极做出回应,将“智慧地球”提升为美国的国家发展战略,期望能利用它来刺激经济,把美国的经济带出低谷。

　　欧盟委员会为了主导未来物联网的发展,近年来一直致力于鼓励和促进欧盟内部物联网产业的发展。早在 2006 年,欧盟委员会就成立了专门的工作组进行 RFID 技术研究,并于 2008 年发布了《2020 年的物联网——未来路线》,对未来物联网的研究与发展提出展望。2009 年 6 月,欧盟委员会正式提出了《欧盟物联网行动计划》,内容包括监管、隐私保护、芯片、基础设施保护、标准修改、技术研发等在内的 14 项框架。该计划的目的是希望欧盟通过构建新型物联网管理框架来引领世界物联网的发展,同时,也是为了尽快普及物联网,使物联网为尽快摆脱经济危机发挥作用。

　　工业领域正在全球范围内发挥越来越重要的作用,是推动科技创新、经济增长和社会稳定的重要力量。2011 年 4 月的汉诺威工业博览会上,德国政府正式提出了工业 4.0(Industry 4.0)战略,目标是建立一个高度灵活的个性化和数字化的产品与服务生产模式,旨在支持工业领域新一代革命性技术的研发与创新,以提高德国工业的竞争力,在新一轮工业革命中占领先机。工业 4.0 的核心就是物联网,其目标是实现虚拟生产和与现实生产环境的有效融合,提高企业生产率。作为世界工业发展的风向标,德国工业界的举动深深影响着全球工业市场的变革。

　　日本也是最早开展物联网研究的国家之一。自 20 世纪 90 年代中期以来,相继推出了 e-Japan、u-Japan 和 i-Japan 等一系列国家信息技术发展战略,在以信息基础设施建设为主的前提下,不断发展和深化与信息技术相关的应用研究。2004 年,日本政府提出 u-Japan 计划,着力发展泛在网及相关应用产业,并希望由此催生新一代信息科技革命。2009 年 8 月,日本提出了下一代信息化战略——i-Japan 计划,提出“智慧泛在”构想,其要点是大力发展电子政府和电子地方自治体,推动医疗、健康和教育的电子化。

　　此外,法国、澳大利亚、新加坡、韩国等国也在加紧部署物联网经济发展战略,加快推进下一代网络基础设施的建设步伐。

　　2020 年,全球物联网设备市场规模达到 1500 亿美元;2021 年,新增的物联网设备接入量从 2015 年的 16.91 亿台增长到 40 亿台。同时,越来越多的物品和设备正在接入物联网,2020 年,全球所使用的物联网设备数量增长至 200 亿个以上。其中,消费型可穿戴跑鞋、手表、手环、戒指等不同形态的可穿设备仍将独领风骚,用于运动健身、休闲娱乐;智能开关、医疗健康、远程控制、智能眼镜、穿戴设备正在渗透人们的生活,带来更多的便利。

　　我国对物联网的研究起步较早。1999 年,中国科学院就启动了传感网的研究,在无线智能传感器网络通信技术、微型传感器、传感器终端机、移动基站等方面取得了重大进展,并且形成了从材料、技术、器件、系统到网络的完整产业链。到目前为止,我国传感器标准体系的研究已形成初步框架,向国际标准化组织提交的多项标准提案也均被采纳,传感网标准化工作已经取得了阶段性进展。

　　与此同时,我国正逐步建立以 RFID 应用为基础的全国物联网应用平台。从 2004 年起,国家金卡工程每年都推出新的 RFID 应用试点工程,涉及电子票证与身份识别、动物与食品追踪、药品安全监管、煤矿安全管理、电子通关与路桥收费、智能交通与车辆管理、供应链管理与现代物流、危险品与军用物资管理、贵重物品防伪、票务及城市重大活动管理、图书及重要文档管理、数字化景区与旅游等众多领域。

　　2009 年 8 月 7 日,温家宝在无锡微纳传感网工程技术研发中心视察并发表重要讲话,提出了"感知中国"的理念,标志着我国物联网产业的研究和发展已上升到国家战略层面,物联网的研究在国内迅速展开。

2009年9月11日,"传感器网络标准工作组成立大会暨感知中国高峰论坛"在北京举行,会议发表了传感网发展的一些相关政策,成立了传感器网络标准工作组。2009年11月12日,中国移动与无锡市人民政府签署"共同推进TD-SCDMA与物联网融合"战略合作协议,中国移动将在无锡成立中国移动物联网研究院,重点开展TD-SCDMA与物联网融合的技术研究与应用开发。

2010年初,我国正式成立了传感(物联)网技术产业联盟。同时,工业和信息化部也宣布将牵头成立一个全国推进物联网的领导协调小组,以加快物联网产业化进程。《2010年政府工作报告》中明确提出:"要大力培育战略性新兴产业。要大力发展新能源、新材料、节能环保、生物医药、信息网络和高端制造产业。积极推进新能源汽车、电信网、广播电视网和互联网的三网融合取得实质性进展,加快物联网的研发应用。加大对战略性新兴产业的投入和政策支持。"

2011年3月,《物联网"十二五"发展规划》正式出台,明确指出物联网发展的九大领域,目标到2015年,我国要初步完成物联网产业体系构建。2013年,国家发展和改革委员会、工业和信息化部、科技部、教育部、国家标准委等多部委联合印发的《物联网发展专项行动计划(2013—2015)》包含10个专项行动计划,随后各地组织开展2014—2016年国家物联网重大应用示范工程区域试点。2014年6月,工业和信息化部印发《工业和信息化部2014年物联网工作要点》,为物联网的发展提供了有序指引。

2017年1月,工业和信息化部发布了《物联网发展规划(2016—2020年)》,提出到2020年,具有国际竞争力的物联网产业体系基本形成,包含感知制造、网络传输、智能信息服务在内的总体产业规模突破1.5万亿元,智能信息服务的比重大幅提升。2020年5月,工业和信息化部发布了《关于深入推进移动物联网全面发展的通知》,提出建立NB-IoT(窄带物联网)、4G和5G协同发展的移动物联网综合生态体系。

5.2.8　物联网支撑第四次工业革命

工业领域是推动科技创新、经济增长和社会稳定的重要力量。2011年4月的汉诺威工业博览会上,德国政府正式提出了工业4.0(Industry 4.0)战略。工业4.0的核心就是物联网,又称为第四次工业革命,其目标是实现虚拟生产与现实生产环境的有效融合,提高企业的生产效率。

从18世纪中叶以来,人类历史上先后发生了三次工业革命,主要发源于西方国家,并由其所主导。中国在第四次工业革命中第一次与世界同步,并立于潮头。历史上发生的四次工业革命的主要里程碑成果如图5-7所示。

1. 蒸汽机的发明开创了第一次工业革命

1760—1840年开创的"蒸汽时代"标志着从农耕文明向工业文明的过渡,是人类发展史上的一个伟大奇迹。工业革命首先出现于棉纺织业。1733年,机械师凯伊发明了"飞梭",大大提高了织布的速度。1765年,织工哈格里夫斯发明了"珍妮纺织机",揭开了工业革命的序幕。从此,在棉纺织业中出现了螺机、水力织布机等先进机器。

不久,在采煤、冶金等许多工业部门,也陆续有了机器生产。随着机器生产越来越多,原

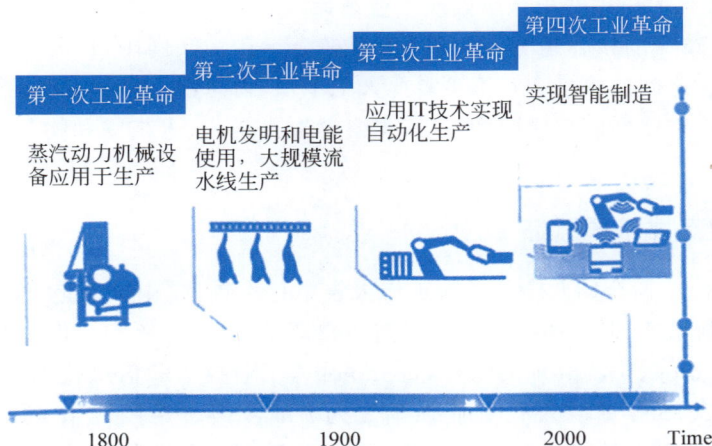

图 5-7　历史上发生的四次工业革命

有的动力,如畜力、水力和风力等已经无法满足需要。

1785 年,瓦特制成的改良型蒸汽机投入使用,得到迅速推广,大大推动了机器的普及和发展。人类社会由此进入"蒸汽时代"。

1807 年,美国人富尔顿制成的以蒸汽为动力的轮船试航成功。

1814 年,英国人史蒂芬森发明了蒸汽机车。

1825 年,史蒂芬森亲自驾驶着一列拖有 34 节小车厢的火车试车成功,人类的交通运输从此进入了以蒸汽为动力的时代。

1840 年前后,英国的大机器生产基本上取代了传统的手工业,工业革命基本完成。英国成为世界上第一个工业国家。

此后,工业革命逐渐从英国向西欧大陆和北美传播,后来,扩展到世界其他地区。第一次工业革命是技术发展史上的一次巨大革命,它开创了以机器代替手工劳动的时代。

2. 电力的发明开创了第二次工业革命

1840—1950 年进入的"电气时代"使得电力、钢铁、铁路、化工、汽车等重工业兴起,石油成为新能源,并促使交通迅速发展,世界各国的交流更为频繁,逐渐形成了全球化的国际政治、经济体系。

1866 年,德国工程师西门子发明了世界上第一台大功率发电机,这标志着第二次工业革命的开始。随后,电灯、电车、电影放映机相继问世,人类进入了"电气时代"。

以煤气和汽油为燃料的内燃机的发明和使用是第二次工业革命的另一个标志。1862 年,法国科学家罗沙对内燃机热力过程进行理论分析之后,提出提高内燃机效率的要求,这就是最早的四冲程工作循环。1876 年,德国发明家奥托运用罗沙的原理,成功研制第一台以煤气为燃料的往复活塞式四冲程内燃机。

3. 计算机的发明开创了第三次工业革命

两次世界大战之后的第三次工业革命开创了"信息时代",这期间,全球信息和资源交流变得更为迅速,大多数国家和地区都被卷入全球化进程之中,世界政治、经济格局进一步确立,人类文明的发达程度也达到空前的高度。第三次信息革命方兴未艾,还在全球扩散和传播。

4. 物联网技术的出现开创了第四次工业革命

第四次工业革命的核心是"人-机-物"深度融合。在物联网中,世界上的任何物品都能连入网络;物与物之间的信息交互不再需要人工干预,物与物之间可实现无缝、自主、智能的交互。换句话说,物联网以互联网为基础,主要解决人与人、人与物和物与物之间的互联和通信。

5.2.9　物联网支撑中国制造 2025

2015 年 3 月 5 日,全国两会的政府工作报告中首次提出"中国制造 2025"的宏大计划,旨在加快推进制造产业升级。"中国制造 2025"的基本思路是,借助两个 IT 的结合 (Industry Technology & Information Technology,工业技术和信息技术)改变中国制造业现状,令中国到 2025 年跻身现代工业强国之列。如今,从"中国制造 2025"再到"互联网＋",都离不开物联网的技术支持。物联网已被国务院列为我国重点规划的战略性新兴产业之一,在国家政策的带动下,我国物联网领域在技术标准研究、应用示范和推进、产业培育和发展等领域取得了长足的进步。随着物联网应用示范项目的大力开展、国家战略的推进,以及云计算、大数据等技术和市场的驱动,我国物联网市场的需求不断被激发,物联网产业呈现出蓬勃生机。

事实上,最近几年,基于物联网的中国智能制造取得了辉煌成就。下面是其中的 3 个案例。

(1) 中国研发了空中造楼机,挑战超高层建筑。空中造楼机使用诸多传感器与控制器,拥有 4000 多吨的顶升力,使用它可轻松在千米高空进行施工作业。而且它还能在八级大风中平稳进行施工,四天一层的施工速度更是让人惊叹。这台空中造楼机完美地展现了中国超高层建筑施工技术。

(2) 中国研发了全球领先的穿隧道架桥机。近几年,中国高铁的发展速度令世人瞩目,逢山开路、遇水架桥,中国速度的背后,离不开一种独特的机械装备——穿隧道架桥机。架桥机共有上百个传感器,负责转向、防撞、测速等功能。根据这些传感器数据,可以判断架桥机的运行情况,进行精准控制。

(3) 中国研发了"挖隧道神器"——隧道掘进机。2015 年 12 月 24 日,我国首台双护盾硬岩隧道掘进机研制成功。该机器具有掘进速度快、适合较长隧道施工的特点。每台隧道掘进机使用的物联网技术的探测系统和控制系统包括激震系统、接收传感器、破岩震源传感器、噪声传感器等。

显然,随着物联网的发展,我国智能制造技术不断被激发,呈现出蓬勃生机。

此外,各地方政府也积极营造物联网产业发展环境,已初步形成环渤海、长三角、珠三角、中西部、"一带一路"五大区域产业集聚区。与此同时,芯片巨头、设备制造商、IT 厂商、电信运营商、互联网企业等纷纷依托核心能力,积极进行物联网生态布局,建立技术优势,积极申请专利,抢占行业发展先机,在竞争与合作中共同推动物联网向前进步。

总之,物联网是继计算机、互联网与移动通信网之后的又一次信息产业浪潮,被列入各个国家重点发展的战略性新兴产业之一。我国的物联网研究与国际发展基本同步,相关的产业链和应用研究均呈现出良好的发展态势。

▎5.3　物联网体系结构

认识任何事物都有一个从整体到局部的过程,尤其对于结构复杂、功能多样的系统更是如此。首先需要对它的整体结构有所了解,然后才能进一步讨论其中的细节。正如在不同的地质结构和不同地理环境区域建造房子需要规划不同的房屋结构一样,搭建物联网系统的首要任务是建立科学、合理的体系架构。

5.3.1　物联网体系结构的定义

物联网体系结构是指描述物联网部件组成和部件之间相互关系的框架和方法。正如体系结构的英文表示是 Architecture,其含义是"结构""建筑"的意思,表示要建造一栋房子先要对其结构、布局等进行规划,最后才能动工实施,否则只是纸上谈兵。漫无目的地开工,没有统一的规划指导,最后可能前功尽弃。由于物联网的建设尚处于迅速发展之中,涉及不同领域、不同行业、不同应用,因此需要细心规划,建立全面、准确、灵活、满足不同应用需求的体系结构。

物联网体系结构是指导物联网应用系统设计的前提。物联网应用广泛,系统规划和设计极易因角度的不同而产生不同的结果,因此亟需建立一个具有框架支撑作用的体系结构。另外,随着应用需求的不断发展,各种新技术将逐渐纳入物联网体系中,体系结构的设计也将决定物联网的技术细节、应用模式和发展趋势。

5.3.2　物联网四层体系结构

目前,国内外对于物联网的体系结构还未形成完全统一的认知,还没有一个公认的规范化物联网体系架构模型。其中,国际电信联盟从通信角度出发,在其物联网产业白皮书中给出了物联网的三层结构,包括感知层、传输层和应用层。该三层结构将数据处理等功能隐藏到了应用层中,不符合计算机科学工作者的视角。因此,通过对该结构的细化可以抽象出数据处理层或中间件层。包含数据处理层的物联网四层体系结构可指导物联网的理论和技术研究,如图 5-8 所示。该结构侧重于物联网的定性描述而不是协议的具体定义。因此,物联网可以定义为一个包含感知控制层、数据传输层、数据处理层、应用决策层的四层体系结构。

该体系结构采用自下而上的分层结构,各层功能描述如下。

1. 感知控制层的功能

感知是指对客观事物的信息直接获取并进行认知和理解的过程。人类对事物的信息需求是对事物的识别与辨别、定位及状态和环境变化的动态信息,进而通过专家系统辅助分析和决策,最终实现对物理世界的反馈控制,构成一个闭环的过程。感知和标识技术是物联网的基础,它负责采集物理世界中发生的物理事件和数据,实现对外部世界信息的感知和识别。感知信息的获取需要技术的支撑。人们对于信息获取的需求促使感知信息的新技术不断被研发出来,如传感器、RFID、定位技术等,如图 5-9 所示。目前,物联网主要应用到感知识别技术有以下几种。

1)传感技术

传感技术同智能计算技术、通信技术一起被称为物联网技术的三大支柱。从仿生学的

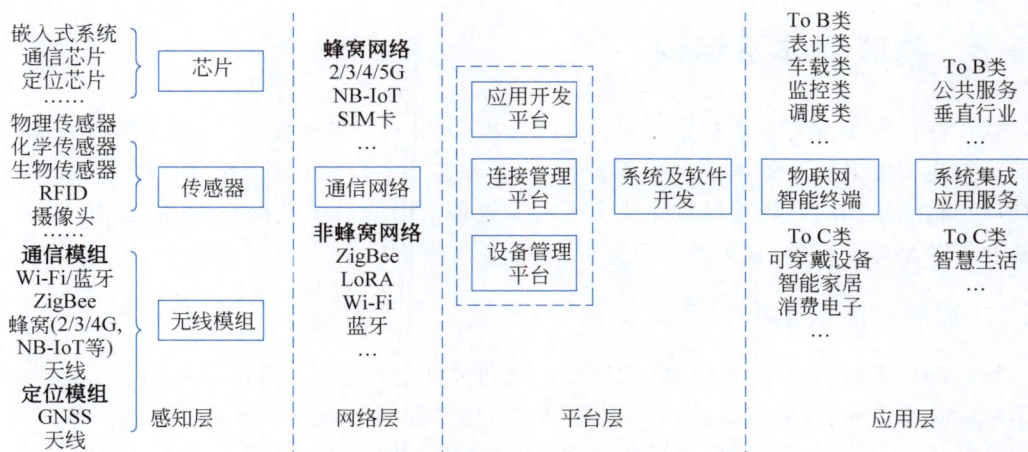

图 5-8　物联网的四层体系结构

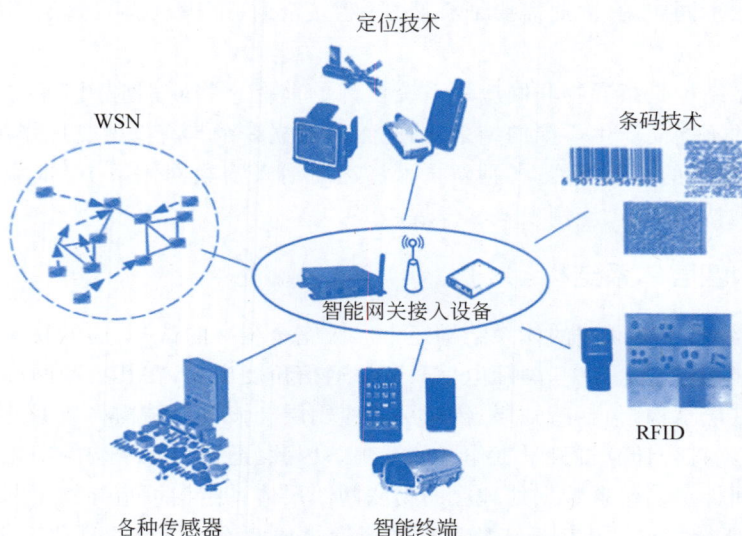

图 5-9　物联网感知技术

观点看,如果把智能计算看成处理和识别信息的"大脑",把通信系统看成传递信息的"神经系统",那么传感器就是物理世界的"感觉器官"。

2）标识技术

标识技术是通过 RFID、条形码等设备所感知到的目标外在特征信息来证实和判断目标本质的技术。目标标识过程是将感知到的目标外在特征信息转换成属性信息的过程。标识技术涵盖物体识别、位置识别和地理识别。对物理世界的识别是实现全面感知的基础。

物联网标识技术是以二维码、RFID 标识为基础的,用来解决目标的全局标识问题。标识是一种自动识别各种物联网物理和逻辑实体的方法。识别之后才可以实现对物体信息的整合和共享,对物体的管理和控制,以及对相关数据的正确路由和定位,并以此为基础实现各种各样的物联网应用。

3）定位技术

定位技术是测量目标的位置参数、时间参数、运动参数等时空信息的技术，它利用信息化手段来得知某一用户或者物体的具体位置。定位技术在物流调度、智能交通、服务行业等基于位置的服务上有广阔的应用前景。目前，常见的定位技术包括卫星定位、蜂窝定位、网络定位等。

2. 数据传输层的功能

物联网的数据传输层主要用于信息的传送，它是物理感知世界的延伸，可以更好地实现物与物、物与人以及人与人之间的通信。它是物联网信息传递和服务支撑的基础设施，通过泛在的互联功能，实现感知信息高可靠性、高安全性的传送。物联网中感知数据的传递主要依托网络和通信技术，其中通信技术根据传输类型的不同分为无线通信和有线通信，如图 5-10 所示。

物联网的数据传输层主要包括接入网和核心网两层结构。接入网为物联网终端提供网络接入功能和移动性管理等。接入网包括各种有线接入和无线接入。核心网基于端口统一、高性能、可扩展的网络，支持异构接入以及终端的移动性。现行的通信网络有 4G、5G 移动网络以及计算机互联网、有线电视网、企业网等。

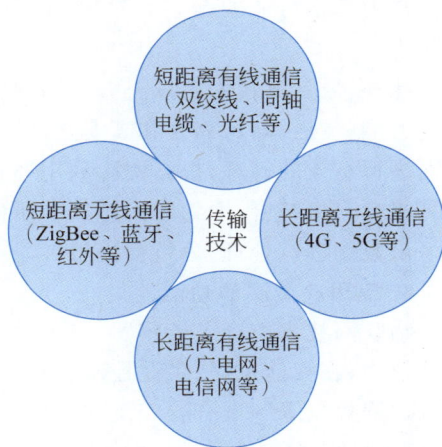

图 5-10　物联网数据传输技术

3. 数据处理层的功能

海量感知信息的计算与处理是物联网的支撑核心，数据处理层则利用云计算平台实现海量感知数据的动态组织与管理。云计算技术的运用，使数以亿计的各类物品的实时动态管理成为可能。随着物联网应用的发展、终端数量的增长，借助云计算处理海量信息进行辅助决策，提升物联网信息处理能力，主要实现了以下功能。

1）智能计算

在物联网中，为了感知某一事件的发生，需要部署多种类别不同的感应设备来监测事件的不同属性，通过对感知数据的融合处理来判别事件是否发生。其中的关键技术是如何将感知的物理数据转换为便于人和机器理解的逻辑数据。智能信息处理融合了智能计算、数据挖掘、优化算法、机器学习等技术，通过智能技术可以将物品"讲话"的内容进行智能处理和分析，最终将结果交付给用户。例如，当我们在超市拿起一件物品时，通过智能信息处理技术可以将产品的产地、结构、成分等用户关心的信息返回给我们，帮助我们更好地了解该产品。物联网所带来的变革是将思想注入物体中，使物体能和人直接交流，形成一个智能化的网络。如何使物具有"思想"，其关键就是各种智能技术的引入。

2）海量感知数据的存储

未来物联网中需要存储数以亿计的传感设备在不同时间采集的海量信息，并对这些信息进行汇总、拆分、统计、备份，这需要弹性增长的存储资源和大规模的并行计算能力。采用云计算技术可实现信息存储资源和计算能力的分布式共享，为海量信息的高效利用提供支撑。

3）服务计算

在物联网中，虽然不同行业应用的业务流程和功能存在较大差异，但从应用角度来看，其计算控制的需求是相同的，都需要对采集的数据进行分析处理。因此，可以将这部分功能从与行业密切相关的流程中剥离出来，封装成面向不同行业的服务，以平台服务的方式提供给客户。智能云终端通过集中各类应用资源并结合专家系统，建立网络化信息处理基础设施，为广泛感知的各种数据信息提供存储、分析、决策的平台，最终以服务的方式提供给用户。服务不仅是泛在感知网络和智能网络之间的纽带和"黏合剂"，也是以动态、开放、移动和聚众为基本特征的新兴移动网络环境下各类应用的核心载体，开辟了新的协同和交互模式。

此外，云计算技术可以充分利用网络中的计算能力实现对资源的共享和服务，它具有虚拟化、订制灵活、高可靠性和高安全性以及强大的计算能力与存储能力等优点，可以对海量数据进行有效的管理，提高资源利用率和服务质量。因此，业界普遍认为，未来物联网和云计算将会有机结合，即物联网感知物质世界，实现万物皆入网，云计算则负责对物联网收集的海量数据进行处理、分析与决策。

4. 应用决策层的功能

物联网技术综合了传感器、嵌入式计算、互联网及无线通信、分布式信息处理等多个领域的技术，在智能家居、工业控制、城市管理、远程医疗、环境监测、抢险救灾、防恐反恐、危险区域远程控制等领域有着广泛的应用。

1）监控型应用

物联网中，监控型应用主要运用各种传感设备和现代科技手段对代表物体属性的要素进行监视、监控和测定，实现信息的采集、传递、分析以及控制，如环境监测、远程医疗、物流跟踪等。

2）控制型应用

与监控型应用不同，控制型应用更加强调和注重对物体的控制。控制的基础是信息，一切信息的获取都是为了控制，最终控制的实现也是依靠相关信息的反馈。控制的目的是改变受控物体的属性或功能，从而更好地满足人们的需求。智能家居、智能交通都是典型的控制型应用。

3）扫描型应用

随着物联网技术应用的普及，基于传感器、二维码、RFID 技术的手机钱包、电子支付等扫描型业务发展得如火如荼。具有二维码支付功能的手机钱包实现了通过手机二维码支付缴费的功能。它不需要用户更换手机，只需要将手机的 SIM 卡与含有用户信用信息的 RFID 相结合，当用户需要付费时，通过 RFID 阅读器进行感应、解读即可完成整个支付功能。随着全球通信技术的迅猛发展，以手机等设备为载体的基于 RFID 的电子支付功能将在未来的社会移动商务中扮演重要角色。

‖ 5.4 物联网的核心技术

通过 5.3 节介绍的应用可以发现，物联网的底层核心技术主要包括条形码（特别是二维码）、RFID 和各类传感器（如位置、重力、温湿度等）。下面对这三类物联网核心技术进行具体讲解。

5.4.1　条形码

条形码(Bar Code,简称为条码)技术是集条码理论、光电技术、计算机技术、通信技术、条码印制技术于一体的自动识别技术。条形码是由宽度不同、反射率不同的条(黑色)和空(白色)按照一定的编码规则编制而成的,用来表达一组数字或字母符号信息的图形标识符。条码技术具有速度快、准确率高、可靠、寿命长、成本低廉等特点,因此广泛应用于商品流通、工业生产、图书管理、仓储管理、信息服务等领域。

1. 一维条形码

一维条形码是由一组规则排列的条、空以及对应的字符组成的标记。"条"指对光线反射率较低的部分;"空"指对光线反射率较高的部分。这些条和空组成的数据可以表达一定的信息,并能够用特定的设备识读,以转换成与计算机兼容的二进制和十进制信息。

任何一种条形码都是按照预先规定的条形码编码规则和有关技术标准,由条和空组合而成的。一个完整的条形码符号是由两侧的空白区(静区)、起始字符、数据字符、校验字符(可选)和终止字符组成的。

- 空白区:也称为静区,指条码左右两端外侧与空的反射率相同的限定区域,它能使阅读器进入准备阅读的状态。当两个条码相距较近时,静区有助于将它们加以区分。静区的宽度通常应不小于 6mm(或 10 倍模块宽度)。
- 起始字符:条形码符号的第一个字符是起始字符,用于识别一个条形码符号的开始。阅读器确认此字符的存在,进而处理扫描器的一系列脉冲。
- 数据字符:是位于起始字符的后面由条形码字符表示的数据,也是这个条形码符号表示的真正信息。
- 校验字符:在条形码编码中定义了校验字符。有些码制的校验字符是必需的,有的则是可选的。校验字符是通过对数据字符进行一种算术运算而确定的。当符号中的各字符被解码时,译码器对其进行同一种算术运算,并将结果与校验字符比较,两者一致则说明读入信息有效,这样就进一步保证了数据的准确性。
- 终止字符:条形码符号的最后一位字符是终止字符,用于识别一个条形码符号的结束。阅读器识别终止字符,以便知道条形码符号已扫描完毕,而且若条形码符号有效,阅读器则向计算机传送数据信息并向操作者提供"有效读入"的反馈。终止符号的使用避免了不完整信息的输入。当采用校验字符时,终止字符还指示阅读器对数据字符实施校验计算。

目前,常用的一维条形码码制主要有 EAN、ISBN 与 ISSN,不同的码制有各自的应用领域,下面分别介绍这些编码技术。

1) EAN 码

EAN 是欧洲物品条码(European Article Number Bar Code)的英文缩写,是以消费资料为使用对象的国际统一商品代码。只要用条形码阅读器扫描该条码,便可以了解该商品的名称、型号、规格、生产厂商、所属国家或地区等信息。

EAN 条码字符包括 0~9 共 10 个数字字符,但对应的每个数字字符有 3 种编码形式:左侧数据符奇排列、左侧数据符偶排列以及右侧数据符偶排列。这样,10 个数字将有 30 种编码,数据字符的编码图案也有 30 种,至于从这 30 个数据字符中选择哪 10 个字符,要视具体情况而定。

在这里,所谓的奇或偶是指所含二进制"1"的个数为奇数或偶数。EAN 条形码有两个版本,一个是 13 位标准条码(EAN-13 条码),另一个是 8 位缩短条码(EAN-8 条码)。

EAN-13 标准码共 13 位数,如图 5-11 所示。其中,国家代码占 3 位,厂商代码占 4 位,产品代码占 5 位,校验码占 1 位。

图 5-11 EAN-13 编码结构

- 国家代码由国际商品条码总会授权。我国的国家代码为 690~691,以区别于其他国家。
- 厂商代码由中国物品编码中心核发给申请厂商,占 4 位,代表申请厂商的号码。
- 产品代码占 5 位,代表单项产品的号码,由厂商自由编定。
- 校验码占 1 位,用于条码扫描器误读时的自我检查。

2) ISBN 码

国际标准书号(International Standard Book Number,ISBN)是应图书出版、管理的需要,便于国际上出版物的交流与统计所发展出的一套国际统一的编号制度。它由一组冠有 ISBN 代号(978)的 10 位数码组成,用来识别出版物所属国别、地区或语言、出版机构、书名、版本及装订方式。这组号码可以说是图书的代表号码。世界各地的出版机构、书商及图书馆都可以利用国际标准书号迅速而有效地识别某一本书及其版本、装订形式。ISBN 码示例如图 5-12 所示。

图 5-12 ISBN 码示例

在 ISBN 码中,除 978 作为 ISBN 前缀外,后续第一段号码是地区号,又叫作组号(Group Identifier),最短的位为数字,最长的达 5 位数字,大体上兼顾文种、国别和地区。把全世界自愿申请参加国际标准书号体系的国家和地区划分成若干地区,各有固定的编码。

0、1 代表英语,使用这两个代码的国家有澳大利亚、加拿大、爱尔兰、新西兰、波多黎各、南非、英国、美国、津巴布韦等;2 代表法语,法国、卢森堡、比利时以及加拿大和瑞士的法语区使用该代码;3 代表德语,德国以及奥地利和瑞士的德语区使用该代码;4 是日本出版物的代码;5 是俄罗斯出版物的代码;7 是中国出版物使用的代码。

第二段号码是出版社代码(Publisher Identifier),由其隶属的国家或地区 ISBN 中心分配,取值范围为 2～5 位数字。出版社的规模越大,出书量越多,其号码就越短。中国出版社的代码是 3 位。

第三段是书序号(Title Identifier),由出版社自己给出,而且每个出版社的书序号是定长的。最短的 1 位,最长的 6 位。出版社的规模越大,出书越多,书序号越长。

3) ISSN 码

ISSN 号即标准国际刊号,是标准国际连续出版物号(International Standard Serial Number)的英文简称。ISSN 是为各种内容类型和载体类型的连续出版物(如报纸、期刊、年鉴等)所分配的具有唯一识别性的代码。分配 ISSN 的权威机构是 ISSN 国际中心、国家中心和地区中心。ISSN 码示例如图 5-13 所示。

2. 二维条形码

目前,一维条码技术在商业、交通运输、医疗卫生、快递仓储等行业得到了广泛应用。但是,一维条码存在非常多的缺陷。首先,其表征的信息量有限,每英寸只能存储十几个字符信息;其二,一维条码只能表达字母和数字,而不能表达汉字和图像;其三,一维条码不具备纠错功能,比较容易受外界污染的干扰。二维条形码(简称为二维码)的诞生解决了一维条码的上述问题。

图 5-13 ISSN 码示例

国外对二维码技术的研究始于 20 世纪 80 年代末。我国对二维码技术的研究开始于 1993 年。中国物品编码中心对几种常用的二维码技术规范进行了跟踪研究,制定了两个二维码的国家行业标准:二维码网格矩阵码(SJ/T11349-2006)和二维码紧密矩阵码(SJ/T11350-2006),并将两项二维条形码行业标准的修订版统一称为 GB/T23704-200,从而大大促进了我国具有自主知识产权技术的二维码的研发。

1) 二维码的构成

二维码是在一维码的基础上扩展出另一维具有可读性的条码,使用黑白矩形图案表示二进制数据,被设备扫描后可获取其中所包含的信息。一维码的宽度记载着数据,而其高度没有记载数据。二维码的长度、高度均记载着数据。二维码有一维码没有的“定位点”和“容错机制”。容错机制在即使没有辨识到全部条码或条码有污损时,也可以正确地还原条码上的信息。二维码的种类很多,不同的机构开发出的二维码具有不同的结构以及编写、读取方法。

每种二维码都有其编码规则,按照这些编码规则,通过编程即可实现条形码生成器。

目前,人们所看到的二维码绝大多数是 QR 码(QR Code),QR 码是 Quick Response 的缩写。QR 码一共有 40 个尺寸,包括 21×21 点阵、25×25 点阵,最高是 177×177 点阵。

2) QR 码的基本结构

一个标准的 QR 码的结构如图 5-14 所示。

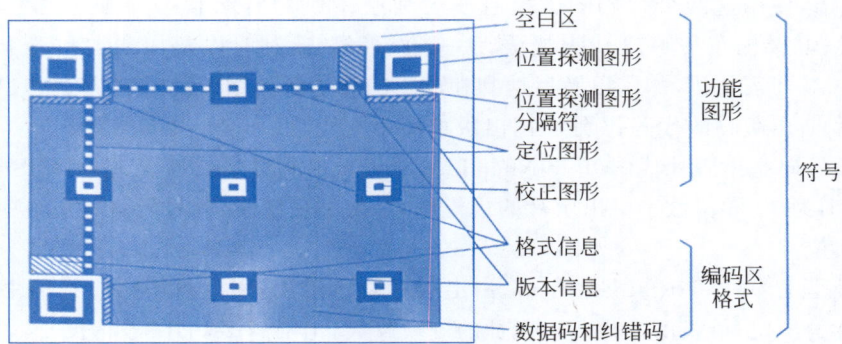

图 5-14　QR 码的结构

图中各个位置模块具有不同的功能,各部分的功能介绍如下。

- 位置探测图形:用于标记二维码的矩形大小,个数为 3,因为 3 个即可标识一个矩形,同时可以用于确认二维码的方向。
- 位置探测图形分隔符:留白是为了更好地识别图形。
- 定位图形:二维码有 40 种尺寸,尺寸过大的需要有一根标准线,以免扫描时扫歪了。
- 校正图形:只有 25×25 点阵及以上的二维码才需要。点阵规格确定后,校正图形的数量和位置也就确定了。
- 格式信息:用于存放一些格式化数据,表示二维码的纠错级别,分为 L、M、Q、H 四个级别。
- 版本信息:即二维码的规格信息。QR 码符号共有 40 种规格的矩阵。
- 数据码和纠错码:存放实际保存的二维码信息(数据码)和纠错信息(纠错码),其中纠错码用于修正二维码损坏带来的错误。

3）QR 码的生成

接下来介绍如何生成二维码。

数据编码就是将数据字符转换为位流,每 8 位一个码字,整体构成一个数据的码字序列。目前,二维码支持的数据集如下。

- ECI(Extended Channel Interpretation):用于特殊的字符集。
- 数字:数字编码,从 0 到 9。
- 字母数字:字符编码。包括 0~9,大写的 A~Z(没有小写),以及符号 $、%、*、+、−、·、/、:,包括空格。
- 字节:可以是 0~255 的 ISO-8859-1 字符。有些二维码的扫描器可以自动检测是不是 UTF-8 的编码。
- 汉字:包括日文假名编码和中文双字节编码。
- 结构链接:用于混合编码,也就是说,这个二维码中包含多种编码格式。
- FNC1(Function1 Symbol Character):主要是给一些特殊的工业或行业使用,如 GS1 条形码。

QR 码缺少一部分或者被遮盖一部分也能正确扫描,这要归功于 QR 码在发明时的“容错度”设计,生成器会将部分信息重复表示(冗余)以提高其容错度。QR 码在生成时可以选择 4 种程度的容错度,分别是 L、M、Q、H,对应 7%、15%、25%、30%的容错度。也就是说,如果生成二维码时选择 H 级容错度,即使 30%的图案被遮挡,那么也可以正确扫描。这也就是为什么现在许多二维码中央都可以加上个性化信息(如学校 LOGO)而不影响正确扫描的原因。

二维码的纠错码主要是通过里德·所罗门纠错算法来实现的。大致的流程为对数据码进行分组,然后根据纠错等级和分块的码字产生纠错码字。

QR 码的编码过程主要包括以下几个步骤。

(1)数据分析:在这个阶段需要明确进行编码的字符类型,按照规定将数据转换成符号字符,定义编码的纠错级别,纠错级别定义越高,写入的数据量就越小。

(2)数据编码:将步骤(1)中得到的符号字符位流每 8 位表示一个字,得到一个码字序列。这个码字序列就完整地表示了二维码中写入数据的内容。

(3)纠错编码:将之前得到的码字序列进行分块处理,根据步骤(1)中定义的纠错级别和分块之后的码字序列得到纠错码字,将其添加到数据码字序列的尾部,形成新的数据序列。

(4)构造矩阵:将得到的分隔符、定位图形、校正图形和得到的新的数据序列放入矩阵。

(5)掩模:利用掩模图形平均分配到符号编码区域,使得二维码图形中的黑色和白色能够以最优的比例分布。

(6)格式和版本信息:将编码过程中的编码格式和生成的版本等信息填入规定区域。

【例 5-1】　二维码的编码。

二维码的生成可以基于二维码编码规则来实现,但该方法工作量大,对于普通学习者,没有必要从零开始编程实现二维码。实际上,Python 语言提供了强大的二维码函数库,用户可以通过引用其中的库函数,完成二维码的实现。以下为基于 QRcode 库的二维码生成方法,QRcode 库不是 Python 解释器自带的函数库,需要使用 pip 工具进行安装。

具体方法为:使用 cmd 命令进入命令行状态,找到 pip.exe 所在目录,在该目录下输入:pip install qrcode,按 Enter 键后系统会自动安装。安装完成后就可以使用 qrcode 库了。

程序运行结束后,找到 qrl.png 文件,打开后即可看见所生成的二维码。当然,也可以在程序最后利用 img.show()语句来显示生成的二维码。读者使用手机微信或支付宝扫描上面生成的二维码后,将自动识别出其表示的网址,并转入相应网站。

上面是使用默认参数生成的二维码,读者也可以自己设置参数来生成二维码。

4)QR 码的识读

目前,市面上使用的许多 App 均支持二维码识读,即通过移动设备的摄像头对二维条码进行扫描解析以得到其中写入的数据。具体识读过程主要包括 3 步。

(1)条码定位:包括预处理、定位、角度纠正、特征值提取等多个步骤。首先需要找到二维码的区域,相当于使用 App 进行扫描时聚焦到二维码,不同的条码具有不同的结构特征,需要根据特征对条码符号进行下一步处理。

(2)条码分割:二维码在经过边缘检测之后的边界并不是完整的,只有经过进一步的修正才可以读取其中的数据。在读取数据之前,需要分割出一个完整的条码区域,基本步骤是从符号的小区域开始,这个小区域可以称为种子,为了修正条码的边界,需要加长这个区域的范围使得该范围能够包含二维条码中的所有点,然后可以使用凸壳计算出结果进行准确分割，从而得到整个数据。

（3）译码：译码时一般采用激光进行识别或者通过手机摄像头进行识别，针对一个完整的二维码，对二维码上的每个网格交点的图像进行识别，在完成网络采样之后，根据设置的阈值来分配黑色和白色区域。一般情况下，使用二进制的 1 代表黑色像素，0 代表白色像素，通过这个规则可以得到二进制的序列值，再对得到的序列值进行纠错和译码整理之后，根据条码的逻辑编码规则将原始二进制序列值转换为数据码字，再根据数据码字得到 ASCII 码，这个过程恰好是数据编码过程的逆流程。

5）识读 QR 码的目的

识读 QR 二维码的主要目的是获取数据、打开地址链接、进行交易验证、发起网络通信等。

（1）通过 QR 码识读获取数据信息。

获取二维码编码数据信息是指通过手机的摄像头作为二维码识别接口，通过解析软件获取二维码编码的数据信息。常见的应用包括电子名片、商品介绍等。以电子名片为例，用户可将个人信息，如姓名、手机号码、电子邮箱内容利用二维码编码软件生成二维码图案，打印成二维码名片，用户进行名片交换后，可以省去手工步骤，直接用扫描软件扫描二维码名片，将信息存储到 SD 卡中。

（2）通过 QR 码识读获取 URL 地址链接。

二维码扫描的数据信息如果是一个 URL 地址链接，用户则可以直接触摸链接进行访问操作，通过系统配置的默认浏览器或者下载软件进行网上冲浪或者数据下载。现在很多电商会在纸质广告上打印出其网站的链接信息，这样可以让用户很方便地登录到商家指定的网站，该方式也可以有效地起到广告宣传的作用。

（3）通过扫描二维码完成交易验证。

在一些电子券交易中，当用户支付完成后，商家往往可以通过短信给用户发送一个二维码商品凭证，当用户使用这些电子券时，只需要提供二维码凭证，服务人员就可以通过扫描这些二维码来确认客户是否已经支付。现阶段，在购买电影票或者餐券时都提供该项服务。

（4）通过解析二维码完成网络通信。

解析二维码得到的结果是电话号码、短信、电子邮箱和网络链接等形式，用户可进行短信投票、收发 E-mail、打电话等业务。

6）QR 码的在线生成

前述 QR 码生成流程讲得比较简单，具体的细节可进一步查看 QR 码的标准文档。读者也可以采用比较简单的方式生成二维码。例如，利用百度应用可在线生成二维码，如图 5-15 所示。

QR 码生成器支持在线生成二维码、付款二维码、名片二维码等二维码图案。

除了手机 App 的二维码在线生成器外，现在互联网上还提供了很多支持条形码生成的 Web 服务，包括一维条形码生成器和二维条形码生成器，读者可以在互联网上进行检索并使用。

图 5-15　利用百度应用在线生成二维码

5.4.2　RFID 技术

RFID 技术是一种非接触式全自动识别技术,早在 20 世纪 30 年代,该技术就被应用于飞机的敌我识别。到了 20 世纪 90 年代,RFID 技术才开始逐渐应用于社会的各个领域。其基本原理是利用电磁信号和空间耦合(电感或电磁耦合)的传输特性实现对象信息的无接触传递,从而实现对静止或移动的物体或人员的非接触自动识别。

1. RFID 技术的主要特点

与传统的条形码技术相比,RFID 技术具有以下优点。

1)快速扫描

使用条形码,一次只能有一个条形码被扫描,而 RFID 阅读器可同时读取多个 RFID 标签。

2)体积小型化、形状多样化

RFID 在读取上并不受尺寸大小与形状的限制,不需要为了读取精确度而要求纸张的固定尺寸和印刷品质。此外,RFID 标签可向小型与多样化形态发展,以应用于不同产品。

3)抗污染能力和耐久性好

传统条形码的载体是纸张,因此容易受到污染,但 RFID 对水、油和化学药品等物质都具有很强的抵抗性。

4)可重复使用

现今的条形码印刷之后就无法更改,RFID 标签则可以重复新增、修改、删除其中存储的数据,方便信息的更新。

5)可穿透性阅读

在被覆盖的情况下,RFID 能够穿透纸张、木材和塑料等非金属或非透明的材质进行穿透性通信,而条形码扫描机必须在近距离且没有物体遮挡的情况下才可以辨读条形码。

6)数据的记忆容量大

一维条形码的容量通常是 50B,二维条形码的最大容量可存储 3000B,而 RFID 的最大容量有几兆字节。

7)安全性

由于 RFID 承载的是电子式信息,因此其数据内容可由密码保护,使其内容不易被伪造及编造。

2. RFID 系统的组成

通常,RFID 系统由电子标签(Tag)、读写器(Reader)和数据管理系统组成,其组成结构如图 5-16 所示。

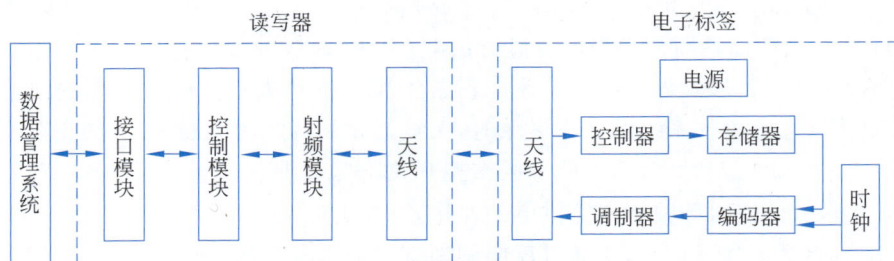

图 5-16　RFID 系统的构成

RIFD 的电子标签由耦合元件及芯片组成,每个标签都具有全球唯一的电子编码,将它附着在物体目标对象上即可实现对物体的唯一标识。标签内编写的程序可根据应用需求的不同进行实时读取和改写。通常,标签的芯片体积很小,厚度一般不超过 0.35mm,可以印制在塑料、纸张、玻璃等外包装上,也可以直接嵌入商品。

RFID 的电子标签具有以下特点。

- 具有一定的存储量,可以存储物品的相关信息,如产地、日期、种类等。
- 标签芯片根据工作环境的不同,其内部数据能够被读出或写入。
- 数据信息可以进行编码,实现对数据的加密保护。
- 标签种类繁多,可以根据不同的应用场景选取不同技术规格的标签。

标签与阅读器之间通过电磁耦合进行通信,与其他通信系统一样,标签可以看成一个特殊的收发信机,标签通过天线收集阅读器发射到空间的电磁波,芯片对标签接收到的信号进行编码、调制等各种处理,实现对信息的读取和发送。

3. RFID 的电子标签分类

RFID 标签根据其工作原理、硬件组成、协议标准等的不同,可以有多种分类方式。

1) 根据系统的工作频率划分

电子标签的工作频率是其重要特点之一,标签的工作频率决定着 RFID 系统的工作原理、识别距离。

低频(30kHz～300kHz)系统用于短距离、低成本的应用,如多数的门禁控制、动物监管、货物跟踪;高频(3MHz～30MHz)系统用于门禁控制和需传送大量数据的应用;超高频系统用于需要较长的读写距离和较高的读写速度的场合,如火车监控、高速公路收费系统等。图 5-17、图 5-18 分别给出了低频、高频标签的样例。

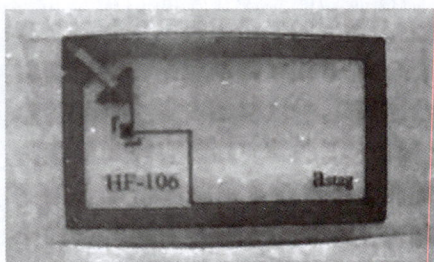

图 5-17　低频标签

图 5-18　高频标签

2) 根据电子标签的工作方式划分

根据标签的工作方式可分为被动(Passive)标签、半主动(Semi-passive)标签和主动(Active)标签。主动标签内部自带电池进行供电,工作可靠性高,信号传送距离远。被动式标签内部不带电池,要靠外界提供能量才能正常工作。被动式标签产生电能的典型装置是天线与线圈。当标签进入系统的工作区域时,天线接收到特定的电磁波,线圈中就会产生感应电流,在经过整流电路时,激活电路上的微型开关给标签供电。半主动标签本身也带有电池,但是只起到对标签内部数字电路供电的作用,标签并不通过自身能量主动发送数据,只有被阅读器的能量场"激活"时,才通过反向调制方式传送自身的数据。

3）根据电子标签的可读性划分

根据标签的可读性可分为只读标签与可多次读写标签。只读标签内部只有只读存储器（ROM）和随机存储器（RAM）。ROM 用于存储发射器操作系统程序和安全性要求较高的数据，它与内部的处理器或逻辑处理单元完成内部的操作控制功能，如响应延迟时间控制、数据流控制、电源开关控制等。RAM 用于存储标签反应和数据传输过程中临时产生的数据。只读标签中除了 ROM 和 RAM 外，一般还有缓冲存储器，用于临时存储调制后等待天线发送的信息。可多次读写标签内部的存储器除了 ROM、RAM 和缓冲存储器之外，还有非活动可编程记忆存储器。非活动可编程记忆存储器有许多种，其中 EEPROM（电可擦除可编程只读存储器）是比较常见的一种，这种存储器在加电的情况下，可以实现原有数据的擦除以及重新写入。

4）根据耦合原理划分

RFID 阅读器和标签在通信前必须先完成耦合。耦合的方式一般分为电感耦合、电容耦合、磁耦合和后向散射耦合。耦合的方式将决定 RFID 系统的频率与通信距离范围。

电感耦合的工作距离比电容耦合远，约为 10cm。电容耦合一般用于非常近的距离（小于 1cm），能够传递的能量很大，因此能够驱动标签中较复杂的电路。磁耦合的工作距离与电容耦合一样，在 1cm 以内，多用于插入式读取。后向散射耦合方式是目前 RFID 系统中采用得较多的一种，其工作距离可达 10m 以上。

4. RFID 读写器

读写器是 RFID 系统的重要组成部分，也是标签与后台系统的接口。读写器的接收范围受很多因素的影响，例如电波频率、标签的尺寸和形状、读写器功率、金属干扰等。

读写器可以通过多种方式与标签相互传送信息。其中，对于被动式标签，读写器利用天线在周围形成电磁场，被动标签从电磁场中接收能量，然后将信号发送给读写器，读写器获得标签的相关信息。目前，支持不同种类标签的通用读写器比较少，通常一个读写器只支持某些特定频段的标签。

读写器完成的主要功能如下。

（1）读写器与电子标签之间的通信。

（2）读写器与后台程序之间的通信。

（3）对读写器与电子标签之间传送的数据进行编码、解码。

（4）对读写器与电子标签之间传送的数据进行加密、解密。

（5）能够在读写作用范围内实现多标签的同时识读，具备防碰撞功能。

固定式读写器和手持式读写器是两种常用的 RFID 读写器设备，如图 5-19 所示。

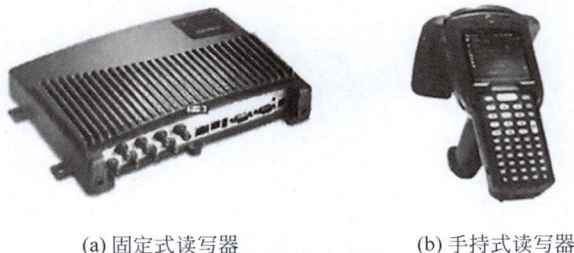

(a) 固定式读写器　　　　　(b) 手持式读写器

图 5-19　常用的 RFID 读写器设备

5.4.3 传感器

传感器是实现自动检测和自动控制的首要环节,如果没有传感器对原始参数进行精确可靠的测量,那么无论是信号转换或信息处理,还是获取、显示最优化数据,进而实现精确控制,都是不可能实现的。

1. 传感检测模型

随着物联网、云计算等新兴技术的出现,人类已进入科学技术空前发展的信息社会。在这个瞬息万变的信息世界里,传感器可检测出满足不同需求的感知信息,充当着计算机、智能机器人、自动化设备、自动控制装置的"感觉器官"。如果没有传感器将形态各异、功能各异的数据转换为能够直接检测并被人类理解的信息,物联网等技术的发展是很困难的。显而易见,传感器在物联网技术领域中占有极其重要的地位。

在人们的生产和生活中,经常要和各种物理量和化学量打交道,例如经常要检测长度、重量、压力、流量、温度、化学成分等。在生产过程中,生产人员往往依靠仪器、仪表来完成检测任务。这些检测仪表都包含或者本身就是敏感元件,能很敏锐地反映待测参数的大小。在为数众多的敏感元件中,那些能将非电量形式的参量转换成电参量的元件叫作传感器。从狭义角度来看,传感器是一种将测量信号转换成电信号的变换器。从广义角度看,传感器是指在电子检测控制设备输入部分起检测信号作用的器件。

通常,传感器输出的电信号(如电压和电流)不能在计算机中直接使用和显示,还要借助模数转换器(A/D 变换器)将这些信号转换为计算机能够识别和处理的信号。只有经过变换的电信号才容易显示、存储、传输和处理。为此,把能够感受规定的被测量并按照一定规律将其转换成可用输出信号的元器件或装置称为传感检测装置。

传感检测模型的功能结构如图 5-20 所示,它包括传感器部件和信号处理部件两大部分。其中,传感器部件主要由敏感元件、转换元件和信号调理转换电路组成。敏感元件是指传感器中能直接感受或响应被测对象的部分。转换元件是指传感器中能将敏感元件感受或响应的被测量转换成适于传输或测量的电信号的部分。由于传感器输出信号一般都很微弱,所以还需要一个信号调理转换电路对微弱信号进行放大或调制等。此外,传感器的工作必须有辅助电源,因此辅助电源也作为传感器部件的一部分。随着半导体器件与集成技术在传感器中的应用,传感器的信号调理转换电路与敏感元件和转换元件通常会集成在同一芯片上,安装在传感器的壳体内。传感器部件的输出信号有很多种形式,如电压、电流、电容、电阻等,输出信号的形式由传感器的原理确定。通常,信号处理部件由信号变换电路和信号处理系统及辅助电源构成。信号变换电路负责对传感器输出的电信号进行数字化处理(转换为二进制数据),一般由模/数转换电路构成。信号处理系统按照有关处理方法将二进

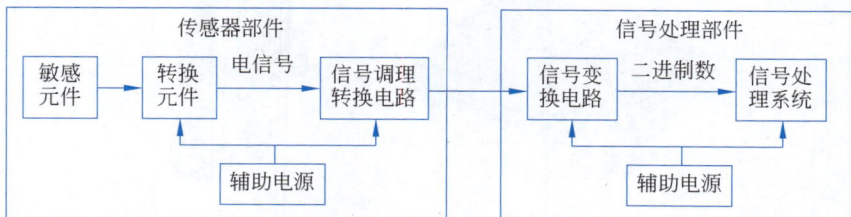

图 5-20 传感检测模型的功能结构

制数据转换为用户容易识别的信息,一般由单片机或微处理器组成。

2. 传感器分类

传感器一般是根据物理学、化学、生物学等的特性、规律和效应设计而成的,其种类繁多,往往同一种被测量可以用不同类型的传感器来测量,而同一原理的传感器又可测量多种物理量,因此传感器有许多种分类方法。

1) 按照测试对象分类

根据被测对象划分,常见的有温度传感器、湿度传感器、压力传感器、位移传感器、加速度传感器。

温度传感器是利用物质各种物理性质随温度变化的规律将温度转换为电量的传感器。温度传感器是温度测量仪表的核心部分,品种繁多。按测量方式可分为接触式和非接触式两大类,按照传感器材料及电子元件特性可分为热电阻和热电偶两类。

湿度传感器是能感受气体中水蒸气含量,并将其转换成电信号的传感器。湿度传感器的核心器件是湿敏元件,它主要有电阻式、电容式两大类。湿敏电阻的特点是在基片上覆盖一层用感湿材料制成的膜,当空气中的水蒸气吸附在感湿膜上时,元件的电阻率和电阻值都会发生变化,利用这一特性即可测量湿度。湿敏电容则是用高分子薄膜电容制成的。常用的高分子材料有聚苯乙烯、聚酰亚胺、酪酸醋酸纤维等。

压力传感器是能感受压力并将其转换成可用输出信号的传感器,主要是利用压电效应制成的。压力传感器是工业实践中最常用的一种传感器,广泛应用于各种工业自控环境,涉及水利水电、铁路交通、智能建筑、航空航天、石化、电力、船舶、机械制造等众多行业。

位移传感器又称为线性传感器,分为电感式位移传感器、电容式位移传感器、光电式位移传感器、超声波式位移传感器、霍尔式位移传感器。常用的电感式位移传感器是属于金属感应的线性器件,接通电源后,在开关的感应面将产生一个交变磁场,当金属物体接近此感应面时,金属中产生涡流而吸收了振荡器的能量,使振荡器输出幅度线性衰减,然后根据衰减量的变化来完成无接触检测物体。

加速度传感器也叫作加速度计,是一种能够测量加速度的电子设备。加速度计有两种:一种是角加速度计,是由陀螺仪(角速度传感器)改进的;另一种是线加速度计。

除上述介绍的传感器外,还有流量传感器、液位传感器、力传感器、转矩传感器等。按测试对象划分的优点是比较明确地表达了传感器的用途,便于使用者根据用途选用。但是这种分类方法将原理互不相同的传感器归为一类,很难找出每种传感器在转换机理上有何共性和差异。

2) 按照工作原理分类

传感器按照工作原理可以分为电学式传感器、磁学式传感器、光电式传感器、电势型传感器、电荷传感器、半导体传感器、谐振式传感器、电化学式传感器等。

这种分类方法是以传感器的工作原理为基础的,将物理和化学等学科的原理、规律和效应作为分类依据,如电压式、热电式、电阻式、光电式、电感式等。这种分类方法的优点是对于传感器的工作原理比较清楚,类别少,利于对传感器进行深入的分析和研究。

3) 按照输出信号分类

根据输出信号的性质可分为模拟式传感器和数字式传感器。模拟式传感器输出模拟信号,数字式传感器输出数字信号。

模拟式传感器发出的是连续信号,用电压、电流、电阻等表示被测参数的大小。例如温度传感器、压力传感器等都是常见的模拟式传感器。

数字式传感器是指将传统的模拟式传感器经过加装或改造 A/D 转换模块,使其输出信号为数字量(或数字编码)的传感器,主要由放大器、A/D 转换器、微处理器(CPU)、存储器、通信接口电路等组成。

4) 按照能量转换原理分类

根据传感器工作时的能量转换原理可分为有源传感器和无源传感器。有源传感器将非电量转换为电能量,如电动势、电荷式传感器等;无源程序传感器不起能量转换的作用,只是将被测非电量转换为电参数的量,如电阻式、电感式及电容式传感器等。

除了上述常见的分类标准外,传感器还可以按照其材料进行分类。在外界因素的作用下,所有材料都会做出相应的、具有特征性的反应,其中对外界作用最敏感的材料即那些具有功能特性的材料,被用来制作传感器的敏感元件。

3. 传感器的发展趋势

传感器技术是当今迅猛发展的高新技术之一,受到世界各发达国家的高度重视。

传感器技术的当前发展趋势主要是微型化、智能化、多样化等,主要形式有微型传感器、光纤传感器、纳米传感器和智能传感器等。

(1)微型化:随着微电子工艺、微机械加工和超精密加工等先进制造技术在各类传感器的开发和生产中的不断普及,传感器向以微机械加工技术为基础、仿真程序为工具的微结构技术方向发展。例如采用微机械加工技术制作的微型机电系统(MEMS)、微型光电系统(MEOMS)、片上系统(SOC)等,具有划时代的微小体积、低成本、高可靠性等独特的优点。

(2)智能化:智能传感器的概念是在 1980 年提出的。智能传感器具有一定的智能,可以将纯粹的原始传感器信号转换成一种更便于人们理解和使用的方式。它还具有数值优化功能,从而可以优化信号的质量,而不再是简单地将信号传出。智能化传感器的发展开始与人工智能相结合,创造出各种基于模糊推理、人工神经网络、专家系统等人工智能技术的高智能传感器,并且已经在家用电器方面得到应用。含有智能传感器的主要家用电器包括空调、洗衣机、电饭煲、微波炉和血压测试仪等。

(3)多样化:多样化体现在传感器能测量不同性质的参数,实现综合检测。例如集成了压力、温度、湿度、流量、加速度、化学等不同功能敏感元件的传感器,能同时检测外界环境的物理特性或化学特性,进而实现对环境的多参数综合监测。未来的传感器将突破零位、瞬间的单一量检测方式,在时间上实现广延,空间上实现扩张,检测量实现多元,检测方式实现模糊识别。目前,智能手机已经包含视觉、听觉、温度、压力、方向和加速度等多种智能传感器。

(4)网络化:传感器的网络化是传感器领域近些年发展起来的一项新兴技术,它利用TCP/IP,使现场测量数据就近通过网络与网络上有通信能力的节点直接进行通信,实现了数据的实时发布和共享。传感器网络化的目标是采用标准的网络协议,同时采用模块化结构将传感器和网络技术有机结合起来,实现信息交流和技术维护。

(5)集成化:是指将信息提取、放大、变换、传输以及信息处理和存储等功能都制作在同一基片上,实现一体化。与一般传感器相比,它具有体积小、反应快、抗干扰、稳定性好及成本低等优点。

（6）开发新型材料：陶瓷、高分子、生物、智能等新型材料的开发与应用，不仅扩充了传感器种类，而且改善了传感器的性能，拓宽了传感器的应用领域。例如新一代光纤传感器、超导传感器、焦平面阵列红外探测器、生物传感器、诊断传感器、智能传感器、基因传感器及模糊传感器等。

（7）高精度、高可靠性：随着自动化生产程度的不断提高，要求研制出具有灵敏度高、精确度高、响应速度快、互换性好的新型传感器以确保生产自动化的可靠性。同时，需要进一步开发高可靠性、宽温度范围的传感器。目前，大部分传感器的工作温度都在 $-20℃\sim70℃$，在军用系统中要求工作温度在 $-40℃\sim85℃$，汽车、锅炉等场合对传感器的温度要求更高，而航天飞机和空间机器人甚至要求工作温度在 $-80℃$ 以下或 $200℃$ 以上。

‖ 5.5　物联网典型应用

物联网应用层主要面向用户需求，利用所获取的感知数据，经过前期分析和智能处理，为用户提供特定的服务。目前，物联网应用的研究已经扩展到移动支付、智能交通、智慧物流、环境监测、医疗健康、智能家居、智能电网等多个领域。

5.5.1　智能交通与智慧物流

1. 智能交通

随着人们生活水平的不断提高，车辆的数量日益增加，城市交通承受的压力也越来越大，道路拥堵、交通事故等不断见诸报端。据相关统计数据显示，目前有 30% 的燃油浪费在寻找停车位及因道路拥堵而造成的等候过程中，不仅造成了资源浪费、环境污染，还给人们的生活带来了很大的不便。通过使用不同的传感器和 RFID，可以对车辆进行识别和定位，了解车辆的实时运行状态和路线，方便车辆的管理，同时也可实现交通的监控，了解道路交通状况。

另外，还可以利用自动识别实现高速公路的不停车收费、公交车电子票务等，提高交通管理效率，减少道路拥堵。近十年来，我国路网监测密度和实时性不断提高，高速公路电子不停车收费技术得到推广应用，公交运营实现了监测、调度、出行服务的智能化。智能交通在服务大众便捷出行和交通科学管理方面发挥着重要作用。

2. 智慧物流

现代物流系统从供应、采购、生产、运输、仓储、销售到消费，由一条完整的供应链构成。在传统的管理系统中，无法及时跟踪物品信息，对物品信息的录入和清点也多以手工为主，不仅速度慢，而且容易出现差错。引入物联网技术，结合全球定位系统（GPS），能够改变传统的信息采集和管理的方式，实现从生产、运输、仓储到销售各环节的物品流动监控，提高物流管理的效率。

近几年，中国快递业已进入年业务量“200 亿件”时代，必须思考和解决一个共同的问题：如何让海量包裹更快、更好地送达每一个消费者。从整个物流发展轨迹来看，智慧物流的发展应该是从传统配送到集中配送、协同配送、共同配送，最后到智能配送，最终用互联网技术改进传统的运作模式。随着“互联网＋物联网”的发展，智能化和信息化技术在生产与物流中快速普及应用，所有核心环节都将变得更加“智能”。而智慧物流能使整个物流系统模仿人的智能,具有思维、感知、学习、推理判断和自行解决物流中某些问题的能力,标志着信息化在整合网络和管控流程中进入一个新的阶段,即实现动态、实时进行选择和控制的管理水平,并成为未来发展的方向。

5.5.2　环境监测与医疗健康

1. 环境监测

我国幅员辽阔,环境和生态保护问题严峻。通过利用不同类型的传感器,可以感知大气和土壤、水库、河流、森林绿化带、湿地等自然生态环境中的各项指标,为大气保护、土壤治理、河流污染监测和森林水资源保护等提供数据依据,形成对河流污染源的监测、灾害预警以及智能决策的闭环管理。

从物联网环境监测应用的具体细分领域来看,污染监测系统是物联网环境监测应用市场的主力,其中废水和废气污染源监测系统市场发展相对比较成熟,固体废物在线监管系统兴起较晚,市场仍处于成长阶段。环境监测系统市场广阔,其中大气质量监测系统、地表水质监测系统等市场快速发展,土壤墒情、近岸海域水质监测等市场也正处于快速成长阶段。

2. 医疗健康

通过在人身上放置不同的医疗传感器,可以对人体的健康参数进行实时监测,及时获知用户生理特征,提前进行疾病的诊断和预防。对于医疗急救,可利用物联网技术将病人当前身体各项监测数据上传至医疗救护中心,以便救护中心的专家提前做好救护准备,或者给出治疗方案,对病人实施远程医疗。美国英特尔公司目前正在研制家庭护理的传感网系统,作为美国"应对老龄化社会技术项目"的一项重要内容。

随着中国老龄化时代的到来,物联网技术和短距离无线通信技术的快速发展,可穿戴设备的广泛使用,智能监护为人们看病提供方便的同时,还促进了人们自身医疗健康保健意识的提高。

5.5.3　智能家居与智能电网

1. 智能家居

智能家居又称为智能住宅,是以计算机技术和网络技术为基础,利用综合布线技术、网络通信技术、安全防范技术、自动控制技术、音视频技术将与家居生活有关的设备集成,这些设备包括各类电子产品、通信产品、家电等,通过不同的互联方式进行通信及数据交换,实现家庭网络中各类电子产品之间的"互联互通"的一种服务。

2. 智能电网

智能电网以物联网为基础,其核心是构建具备智能判断和自适应调节能力的多种能源统一入网和分布式管理的智能化网络系统。通过对电网与用户用电信息进行实时监控和采集,采用最经济、最安全的输配电方式将电能输送到终端用户,实现对电能的最优配置与利用,提高电网运行的可靠性和能源的利用效率。从智能电网的能源接入、输配电调度、安全监控与继电保护、用户用电信息采集、计量计费到用户用电,都是通过物联网技术来实现的。

例如,针对电气设备节点处易发热的现象,采用光纤传感技术,主动在线监测节点温度变化情况,更早发现事故隐患,将损失减至最低。同时,可将工作人员从繁重的巡检中解脱出来,提供大量在线监测数据,为用户全面了解和评价电气设备的使用情况提供可靠依据,指导以后的检修工作。

　　总之,从目前的一些物联网应用系统来看,大部分是一些封闭的专用系统,应用范围相对较小,而且电信运营商也未能有效参与其中,还是以行业内零散的应用为主,并未实现真正意义上的物体相联。在国家大力推动工业化与信息化两化融合的背景下,需要更进一步地加强行业间的合作,加快物联网应用的推广和普及。

习题

一、简答题

1. 按拓扑结构计算机网络可分为哪几类?

2. 简述 OSI/RM 模型构成及各层的功能。

3. 物联网的定义是什么?

4. 物联网的 3 个主要特征是什么? 简述每个特征的含义。

5. 试述物联网中"物"的含义。

6. 物联网体系结构可以分为哪几个层次? 每层的功能是什么?

7. 什么叫传感器? 它由哪几部分组成? 它们的相互关系如何?

8. 行排式二维码与矩阵式二维码的编码原理有何不同?

9. 什么是 RFID 技术? RFID 系统的基本组成部分有哪些? RFID 的工作原理是什么?

10. 物联网数据的特点有哪些? 物联网数据存储有哪几种模式? 各有何优缺点?

二、选择题

1. 基于 RFID 技术的唯一编码方案,即产品电子编码(EPC)最早由(　　　)提出。

　　A. 麻省理工学院　　B. 北京大学　　C. 哈佛大学　　D. 西安交通大学

2. 2009 年 8 月 7 日,温家宝在无锡微纳传感网工程技术研发中心视察并发表重要讲话,提出了(　　　)。

　　A. 感知中国　　B. 物联中国　　C. 中国制造 2025　　D. 工业 4.0

3. RFID 系统中,无源标签的能耗来自(　　　)。

　　A. 光照　　B. 磁场　　C. 电池　　D. 振动

4. 目前流行的智能手机的计步功能主要通过传感器的(　　　)实现。

　　A. 加速度　　B. 温度　　C. 光　　D. 声音

5. 利用支付宝进行地铁支付,其技术实现主要是基于(　　　)。

　　A. 一维码　　B. 二维码　　C. RFID　　D. 图像

6. 条码扫描译码过程是(　　　)。

　　A. 光信号→数字信号→模拟电信号　　B. 光信号→模拟电信号→数字信号

　　C. 模拟电信号→光信号→数字信号　　D. 数字信号→光信号→模拟电信号

7. 不属于电子钱包的是(　　　)。

　　A. 微信零钱　　B. 支付宝花呗　　C. 银行信用卡　　D. 京东白条

三、判断题

1. 微信支付中,使用的物联网核心技术是 RFID。(　　　)

2. RFID 在数据读写过程中需在识别系统与特定目标之间建立机械或光学接触。(　　　)

3. 一维条码具有纠错功能，可以实现对错误字符的校验和纠错。（　　）

4. EAN 的商品项目代码由中国物品编码中心负责分配和管理。（　　）

5. 第三次工业革命的代表性产品是计算机。（　　）

6. QR 码的纠错码可以纠正拒读错误和替代错误。（　　）

7. 卫星定位系统主要由空间部分和用户设备部分构成。（　　）

四、课外练习与阅读

1. 使用 Python 语言设计一个 ISBN 条形码，并进行识读。

2. 讨论刷脸技术的广泛应用对个人隐私的冲击和影响。

第6章 走进大数据

大数据与人工智能之间存在着互为支撑的密切关系。大数据以其庞大的数据量、多样的数据类型和高速的数据流转，为人工智能提供了丰富的训练数据和分析基础。人工智能算法，特别是机器学习和深度学习，依赖于这些数据来发展其模式识别、预测分析和决策制定的能力。没有大数据的支撑，人工智能的学习和进化将受到限制，而没有人工智能的分析能力，大数据的价值也将难以充分发掘。

人工智能技术在大数据分析中的应用不仅提高了数据处理效率，还增强了数据的洞察力。人工智能能够自动执行数据清洗、特征选择、模型训练等任务，从而快速从海量数据中提取有价值的信息。例如，在商业智能中，人工智能帮助企业从客户数据中发现行为模式和市场趋势；在健康医疗领域，人工智能分析医疗记录以预测疾病风险和个性化治疗方案。大数据的实时更新和多样性为人工智能模型提供了持续学习和适应新情况的机会，确保了模型的持续优化和准确性。因此，大数据和人工智能的结合不仅推动了技术的进步，也为社会各领域带来了深远的影响和创新。

6.1 大数据的基本概念

大数据(Big Data)是指海量、多样且快速更新的数据集合，其价值密度低但潜在价值高，无法用传统工具有效处理，需借助新型技术和架构进行分析，以支持决策和创新。按照国际数据公司(International Data Corporation，IDC)提出的4V模型，大数据应具有4个典型特征，即数据容量大(Volume)、价值巨大(Value)、种类多(Variety)、处理速度快(Velocity)。近年来，大数据技术不断发展和完善，大数据的特征演变为5V和7V模型，即大数据具有5(7)个典型的特征，即Volume、Value、Variety、Velocity、Veracity(Visualization、Viscosity)。

- 容量(Volume)：数据的规模决定着数据包含的信息量。
- 价值(Value)：合理运用分析方法，以挖掘数据的潜在价值。
- 种类(Variety)：数据构成通常包括结构化数据、半结构化数据和非结构化数据。
- 速度(Velocity)：对海量数据快速采集、处理、分析、挖掘的能力。
- 真实性(Veracity)：现实、真实获取的反映事物客观发展变化的数据。
- 可视化(Visualization)：将大数据分析挖掘的结果以可视化的形式呈现。
- 黏性(Viscosity)：用户对数据包含的信息和价值的依赖程度。

6.1.1 数据类型

从数据的信息构成特点来看，通常分为3种类型，分别是结构化数据、非结构化数据和半结构化数据。

1. 结构化数据

结构化数据是数据库可以存储的数据,也就是存储于数据库中,可用二维表格形式表征的数据,表格每一列的数据类型都相同,如表 6-1 所示。

表 6-1　结构化数据示例

车 站 编 号	车 站 名	车 站 类 型	所 属 线 路
0101	四惠东	换乘站	一号线
0102	四惠	换乘站	一号线
0103	大望路	普通站	一号线
…	…	…	…

结构化数据便于人和计算机对事物进行存储、处理和查询,在结构化数据的访问和分析过程中,可以直接抽取有价值的信息,对于新增数据,可以用固定的技术手段进行处理。

2. 非结构化数据

非结构化数据是数据结构不规则或不完整,没有预定义的数据模型,不方便用数据库二维表来直接呈现的数据。常见的非结构化数据包括办公文档、文本、各类报表、图片、图像和音/视频文件等,如图 6-1 所示。

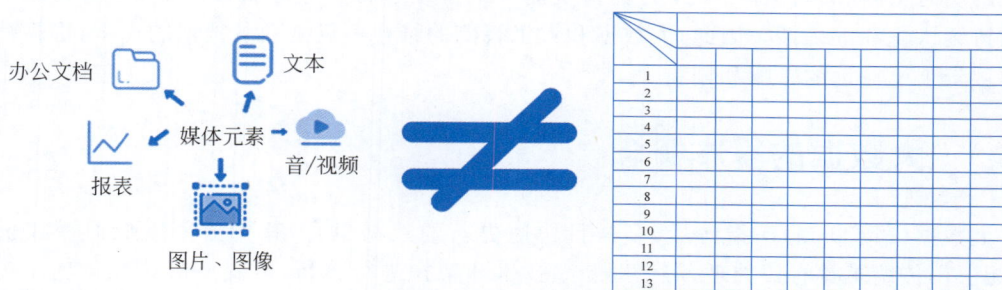

图 6-1　非结构化数据

非结构化数据由于没有统一规范的结构化属性,导致其在保存数据时还需要保存数据的原始结构,这就加大了对数据进行存储和处理的难度。进入 21 世纪后,随着互联网和多媒体技术的快速发展,以音/视频、各类文档为代表的非结构化数据增长迅速,新的数据类型不断出现,传统的数据处理技术已经不能满足非结构化数据的处理需要。通过人工智能技术分析、挖掘非结构化数据,提取结构化信息成为近年来的热门研究方向。

3. 半结构化数据

半结构化数据介于结构化数据和非结构化数据之间,结构化数据和非结构化内容混杂在一起,如 XML、HTML 等,存储结构中既包括可以用二维表形式存储的字段数据,又包括音/视频等文件数据,如图 6-2 所示。

6.1.2　大数据的信息处理

伴随着大数据的采集、传输、处理而应用的相关技术就是大数据信息处理技术,是一系列使用非传统的工具来对大量的结构化、半结构化和非结构化数据进行处理,从而获得分析

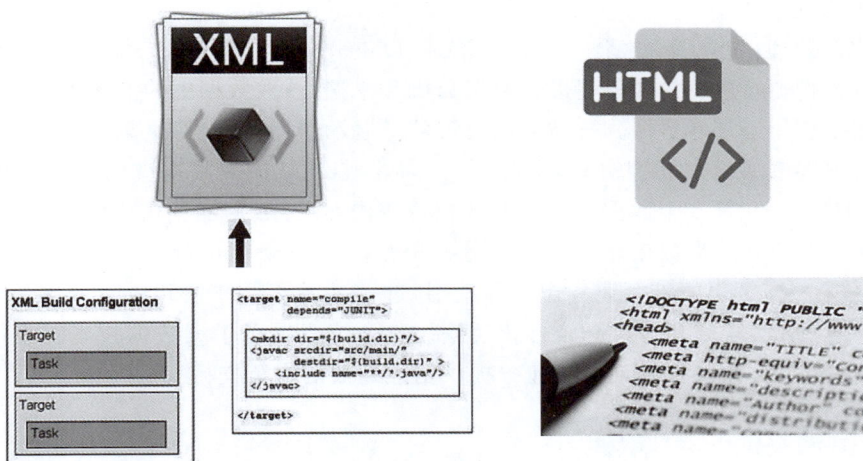

图 6-2　半结构化数据

和预测结果的一系列数据信息处理技术，或简称为大数据技术。大数据技术主要包括数据采集、数据存取、基础架构、数据处理、数据分析、数据挖掘、模型预测、可视化展示等技术。

大数据的信息处理流程是一个包含数据采集、接入、存储、处理、分析挖掘、统计、预测、仿真评估、数据应用与展示的过程，如图 6-3 所示。它涉及批量和实时采集数据，通过 ETL 操作清洗和转换，存放于合适的大数据存储系统中，并运用数理统计、机器学习等技术进行深入分析，建立数据模型和算法以提取特征和制定规则。通过实时分析模型，该流程支持即时决策和预测，同时结合任务调度和管理系统确保数据处理的效率及准确性。最终，分析结果和决策信息通过数据应用与展示系统提供给用户，以辅助业务运营和战略规划。这一流程不仅体现了大数据技术的强大功能，也揭示了其在推动决策智能化和社会进步中的关键作用。

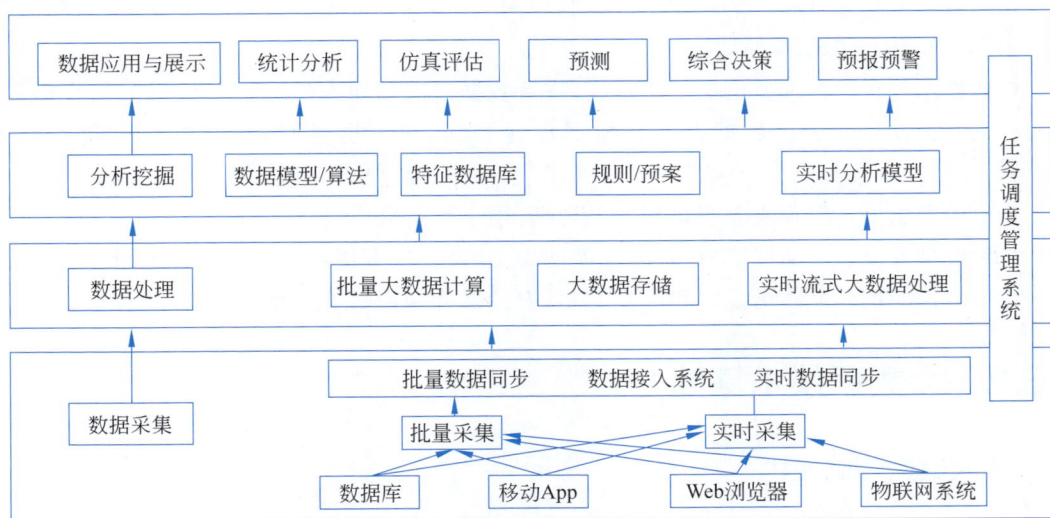

图 6-3　大数据信息处理

（1）数据采集：包括批量采集和实时采集，数据可以通过数据库、移动 App、Web 浏览器和物联网系统获取。

（2）数据处理：进行数据清洗、转换和治理，以供分析和存储。

（3）分析挖掘：利用数据模型进行数据分析和挖掘，获取数据中的潜在价值。

（4）数据应用与展示：将分析结果和决策信息展示给用户，支持决策和操作。

金融企业贷款业务的信息处理流程是一个高效、自动化的大数据应用实例，如图 6-4 所示。它从淘宝、1688 等多个数据源采集业务相关数据，经过数据加工流水线的清洗和治理，得到 PB 级以上的高质量数据。利用数据分析模型和业务规则执行计算任务，完成业务数据的分析挖掘。决策引擎结合业务逻辑和规则，进行准入资质评估和风险评价。通过授信模型和准入模型，实现客户分层和个性化授信。整个流程展示了大数据技术在金融服务领域应用的复杂过程，为微贷和理财等业务提供精准高效的决策支持。

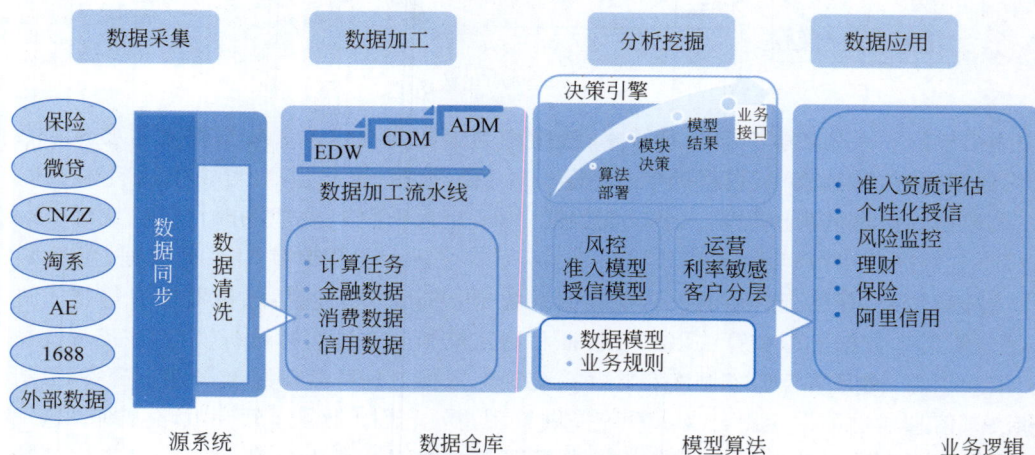

图 6-4　金融企业贷款业务的信息处理流程

（1）数据采集：通过金融互联网数据源如淘宝、1688 等平台以及外部数据源，收集海量金融、消费、信用等数据源的信息。

（2）数据加工：通过数据加工流水线，进行数据清洗和同步，处理 PB 级以上的数据量。

（3）分析挖掘：运用数据模型和数据作业算法，执行海量数据计算任务，深入分析数据。

（4）决策引擎：部署业务逻辑和业务规则，用于准入资质评估和风险监控。

（5）模型开发：开发授信模型、准入模型等，涉及客户分层和利率敏感性分析。

（6）数据应用：个性化授信和风险控制，支持微贷和理财等金融服务。

6.2　大数据技术基础

6.2.1　大数据存储技术

大数据存储技术是大数据技术的重要组成部分，其主要功能包括数据采集、数据预处理和数据存储。

首先，数据采集是大数据存储技术的基础，通过各种传感器、北斗系统、摄像头等设备实时采集数据,以获取管理式服务对象的相关信息。

其次,数据预处理是对采集到的数据进行处理和清洗的过程,包括数据抽取、数据格式转换等操作,以提高数据质量和准确性。

最后,数据存储是将预处理后的数据加载到数据库或数据仓库中的过程,以便于后续的查询和分析。由于数据量庞大,需要使用分布式存储系统,如 Hadoop、Spark、Cassandra 等技术实现海量数据的存储和管理。

综上所述,大数据存储技术是一个复杂的技术范畴,需要运用多种技术手段来实现从数据采集到数据存储管理的全过程。

1. 数据仓库技术

随着数据量规模的不断扩大,数据呈现出愈加庞大和构成复杂的趋势。为了实现对数据的高效管理和统计,数据仓库技术应运而生。该技术支持将各种数据源收集、加载、存储、处理和分析功能在同一系统平台上完成,从而提供全面、准确的数据存储和应用支持。

具体来说,数据仓库技术通常包括数据抽取与转换技术、元数据管理技术、中央数据库系统和数据集市等部分。在系统开发过程中,需要选择合适的语言和开发平台,完成架构和数据库结构的设计。根据系统总体目标和功能模块的构成,还要要绘制系统的功能模块图、流程图以及 E-R 图等。

值得注意的是,在数据仓库技术的建设中,除了技术手段的选择外,还需关注数据安全、隐私保护等方面的问题,注重相关政策法规的遵守,采取可靠的安全措施保护数据的安全。

2. 数据建模技术

数据建模是数据仓库系统设计的重要环节,目的是将原始数据转换为可以被数据仓库所理解的结构化数据,常见的数据建模方法有维度建模和实体关系建模,以实现数据仓库的数据模型。设计数据仓库的数据模型需要经历以下过程。

(1) 确定业务需求:确定数据仓库将用于哪些业务场景。

(2) 识别维度和指标:根据业务需求和数据源特点,识别需要分析和查询的维度和指标。

(3) 设计维度模型:通过使用星形模型或雪花模型等方法,设计符合业务需求的维度模型,并建立维度表和事实表之间的联系。其中,维度表描述维度的属性和内容,事实表存储各种度量的值。

(4) 建立数据管道:在建立数据仓库之前,需要建立一个有效且高效的数据管道,将来自多个数据源的数据整合到数据仓库中。

3. ETL 技术

ETL 是大数据存储处理最基本的技术之一,其主要功能是从不同的数据源中抽取(Extract)数据,并将它们转换(Transform)为适合数据仓库存储的格式,最后将数据加载(Load)到数据仓库中,以实现数据的集成、清洗和分析。ETL 是数据仓库和商业智能系统中常见的一种技术手段,也是实现数据管理和分析的重要手段之一。ETL 的处理步骤如图 6-5 所示。

对于大规模的数据,ETL 可以帮助人们将数据从多个数据源中提取出来,并通过数据转换和清洗操作,将数据转换为可用于分析和应用的形式。下面是大数据 ETL 的 3 个主要步骤。

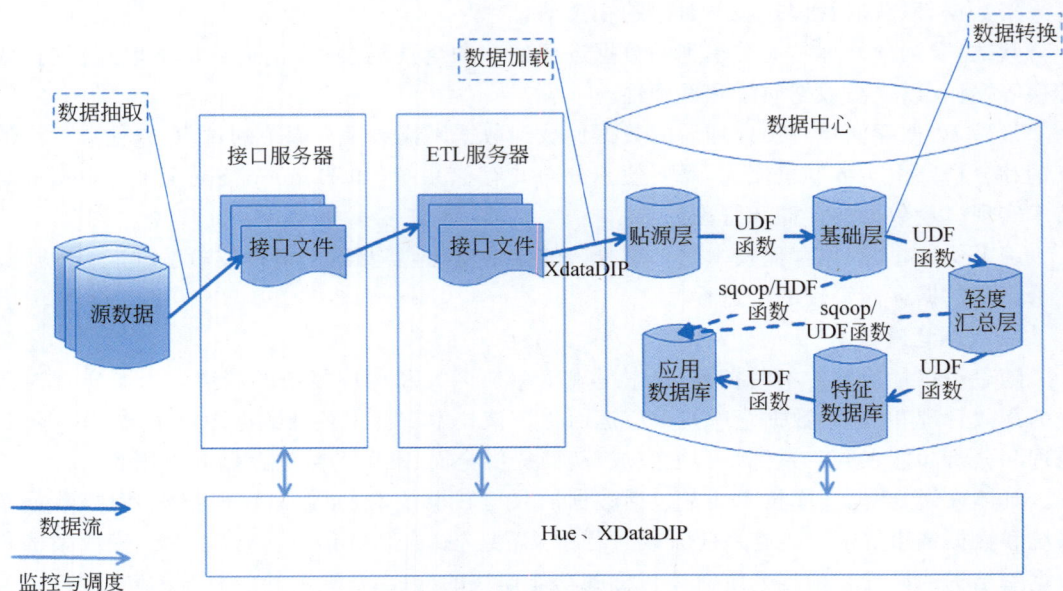

图 6-5　ETL 处理步骤

（1）抽取（Extract）：在此步骤中，需要确定需要的数据源，并通过连接数据库或者 API 接口等方式获取这些数据。同时，需要注意确保数据准确性和完整性，并针对不同数据源采取不同的抽取方法。

（2）转换（Transform）：在此步骤中，需要对抽取的数据进行预处理、清洗和转换操作，以便于后续使用，例如去除重复数据、规范字段名称和数据格式、根据业务需求进行数据筛选等。

（3）加载（Load）：在此步骤中，将经过抽取和转换处理的数据加载到目标数据库或数据仓库中。在此过程中需要进行数据校验，确保数据质量符合要求，并根据需要对数据进行备份和存档。

大数据 ETL 设计和实现是一个相对复杂的过程，需要充分考虑数据来源、数据质量、数据结构等因素，并采用适当的技术手段和工具来实现。只有通过 ETL 过程中的全面和有效处理，才能使海量数据得到有效的管理和应用。

6.2.2　数据质量治理

数据质量治理是指对数据进行清洗、校验、完善、标准化等一系列操作，确保数据具有可靠性、准确性和适用性。以下是数据质量治理的一些关键措施。

1. 数据清洗

数据清洗（Data Cleaning）是指从原始数据中去除不必要的信息，如重复数据、错误数据和无效数据等。清洗数据通常涉及处理缺失值、异常值和去重等操作，以提高数据的质量和准确性。以下列举了一些数据清洗方法。

（1）去除异常值：通过检查数据中的最大值和最小值，去除不符合实际情况或超出合理范围的数据。

（2）填补缺失值：对于缺少某项数据的情况，可以选择填充平均值、中位数、众数等常用统计量,或使用插值法进行填补。

(3) 数据格式转换:将数据从不同类型的文件或格式中导入一致的数据库或文件。例如,将多个 Excel、Word 文件中的数据导入统一的数据仓库表中。

(4) 数据去重:对于重复出现的数据,应该去重,以避免错误地增加数据分析的权重和影响。

(5) 数据规范化:对于不同来源和格式的数据,应该把它们标准化,以提高可比性和数据质量。例如,将日期格式标准化为 YYYY-MM-DD 格式。

(6) 数据验证:为了确保数据的有效性,应建立数据校验规则以判断采集到的数据是否有效。

(7) 检查数据完整性:对于采集到的数据,需要检查数据完整性。

通过以上方法,可以有效地清洗数据,并提高其数据质量和可靠性。

2. 数据预处理

数据预处理(Data Preprocessing)是指在数据分析之前对原始数据进行转换、归一化、降噪等操作,以使原始数据适合建模分析。数据预处理可以通过数据平滑、数据抽样、数据离散化、数据归一化、数据变换等方式实施,以提高数据的可用性和可靠性。

(1) 数据平滑:通过进行数据平滑处理,去除数据中的毛刺或尖刺,从而减少噪声。

(2) 数据抽样:为了降低数据处理的时间成本,可以随机抽取一部分数据进行分析,而不必处理所有数据。

(3) 数据离散化:将连续型变量转换为离散型变量。

(4) 数据归一化:将不同范围和单位的数据转换为相同的比例和单位,以便更好地进行数据分析和挖掘,并确保各属性之间具有可比性。

(5) 数据变换:通过变换数据的形式,如对数变换、指数变换等,可以改善数据的分布情况,并提高模型的准确性。

3. 数据核查

数据核查是指在数据分析前或数据应用过程中,对数据的来源、完整性、准确性等方面进行检测、验证和确认的一系列操作,对数据进行检查以避免错误或不适当的数据使用,确保数据的质量和可靠性。数据核查是数据分析工作中非常重要的步骤,它可以帮助分析人员发现数据中存在的问题,并通过修复或删除不良数据来提高分析结果的准确性和可靠性。数据核查需要结合实际业务需求进行,针对不同的数据类型和分析目的采取不同的核查方法和技术手段,以确保数据质量符合使用要求。

4. 数据标准化

数据标准化是指对数据进行规范化处理,使其满足特定的标准和要求。该过程可以包括数据格式、数据命名、数据编码、数据字典等方面的标准化处理。数据标准化的目的如下。

(1) 提高数据质量:统一标准可以减少因为数据不一致而造成的错误和冲突,提高数据的质量和可靠性。

(2) 便于交换和共享:通过制定统一的数据格式和编码标准,可以使不同系统之间快速且准确地交换和共享数据。

(3) 促进数据应用:标准化的数据可以提高数据的可读性和可操作性,从而更容易实现数据挖掘、分析和应用。

| 6.3 大数据与大数据技术的发展历程

6.3.1 大数据的发展历程

　　大数据是信息技术发展的必然产物,更是信息化进程的新阶段,其发展推动了数字经济的形成与繁荣。信息化已经历了两次高速发展的浪潮,第一次始于 20 世纪 80 年代,是以个人计算机普及和应用为主要特征的数字化时代;第二次始于 20 世纪 90 年代中期,是以互联网大规模商业应用为主要特征的网络化时代;当前,我们正在进入以数据的深度挖掘和融合应用为主要特征的大数据时代。大数据时代的到来标志着一场深刻的革命,数据正以生产资料要素的形式参与到生产之中,它取之不尽、用之不竭,并在不断循环中交互作用,创造出难以估量的价值,这就是信息化发展的“第三次浪潮”。

　　回顾大数据的发展历程,大数据总体上可以划分为以下 4 个阶段:萌芽期、成长期、爆发期和稳步发展期,如图 6-6 所示。

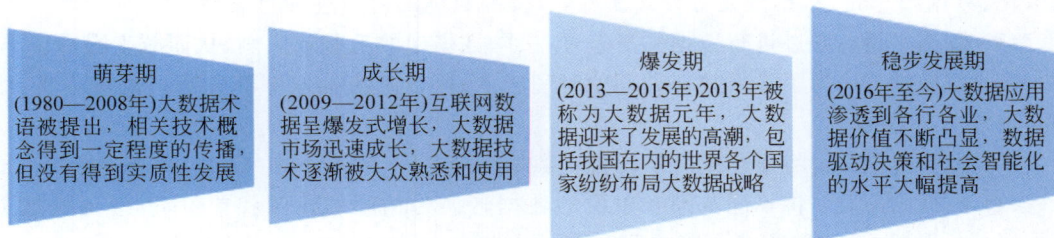

萌芽期	成长期	爆发期	稳步发展期
(1980—2008年)大数据术语被提出, 相关技术概念得到一定程度的传播, 但没有得到实质性发展	(2009—2012年)互联网数据呈爆发式增长, 大数据市场迅速成长, 大数据技术逐渐被大众熟悉和使用	(2013—2015年)2013年被称为大数据元年, 大数据迎来了发展的高潮, 包括我国在内的世界各个国家纷纷布局大数据战略	(2016年至今)大数据应用渗透到各行各业, 大数据价值不断凸显, 数据驱动决策和社会智能化的水平大幅提高

图 6-6　大数据发展历程

1. 萌芽期(1980—2008 年)

　　在这个阶段,“大数据”术语被提出,相关技术概念得到一定程度的传播,但没有得到实质性发展。同一时期,随着数据挖掘理论和数据库技术的逐步成熟,一批商业智能工具和知识管理技术开始被应用。1980 年,未来学家托夫勒在其所著的《第三次浪潮》一书中首次提出“大数据”一词,将大数据称赞为“第三次浪潮的华彩乐章”。2002 年 9·11 事件后,美国政府为阻止恐怖主义,已经涉足大规模数据挖掘。2008 年 9 月,《自然》杂志推出了“大数据”封面专栏。

2. 成长期(2009—2012 年)

　　随着互联网技术的高速发展,互联网数据呈爆发式增长,大数据市场迅速成长,大数据技术逐渐被大众熟悉和使用。2010 年 2 月,肯尼斯·库克尔在《经济学人》上发表了长达 14 页的大数据专题报告《数据,无所不在的数据》。2011 年 6 月,麦肯锡发布研究报告《大数据:下一个创新、竞争和生产率的前沿》,报告指出“大数据时代已经到来”。2012 年,牛津大学教授维克托·迈尔·舍恩伯格的著作《大数据时代》开始在我国风靡,推动了大数据在我国的发展。

3. 爆发期(2013—2015 年)

　　2013 年被称为大数据元年,大数据迎来了发展的高潮,包括我国在内的世界各个国家纷纷布局大数据战略。以百度、阿里巴巴、腾讯为代表的国内互联网公司各显身手,纷纷推出创新性的大数据应用。2013 年 11 月,国家统计局与阿里巴巴、百度等 11 家企业签署了战略合作框架协议,推动大数据在政府统计中的应用。2014 年,"大数据"首次写入我国《政府工作报告》,上升为国家战略。2015 年 8 月,国务院发布《促进大数据发展行动纲要》,全面推进我国大数据发展和应用,进一步提升创业创新活力和社会治理水平。

4. 稳步发展期(2016 年至今)

大数据应用渗透到各行各业,大数据价值不断凸显,数据驱动决策和社会智能化的水平大幅提高。2016 年 1 月,《贵州省大数据发展应用促进条例》出台,成为全国第一部大数据地方法规。2019 年 5 月,《2018 年全球大数据发展分析报告》显示,中国大数据产业发展和技术创新能力有了显著提升。截至 2020 年,全球以 bigdata 为关键词的论文发表量达 64739 篇,全球申请大数据领域相关专利 136694 项。2021 年 9 月,《中华人民共和国数据安全法》实施,对大数据的安全使用和发展具有深远影响。2024 年 1 月,国家数据局等 17 个部门联合印发《"数据要素×"三年行动计划(2024—2026 年)》,旨在充分发挥数据要素乘数效应,赋能经济社会发展。随着我国大数据战略谋篇布局的不断展开,国家高度重视并不断完善大数据政策支撑,大数据产业迅速发展,IDC 最新发布的 GlobalDataSphere2023 显示,中国数据量规模将从 2022 年的 23.88ZB 增长至 2027 年的 76.6ZB,年均增长速度达到 26.3%,为全球第一,如图 6-7 所示,我国正逐步从数据大国向数据强国迈进。

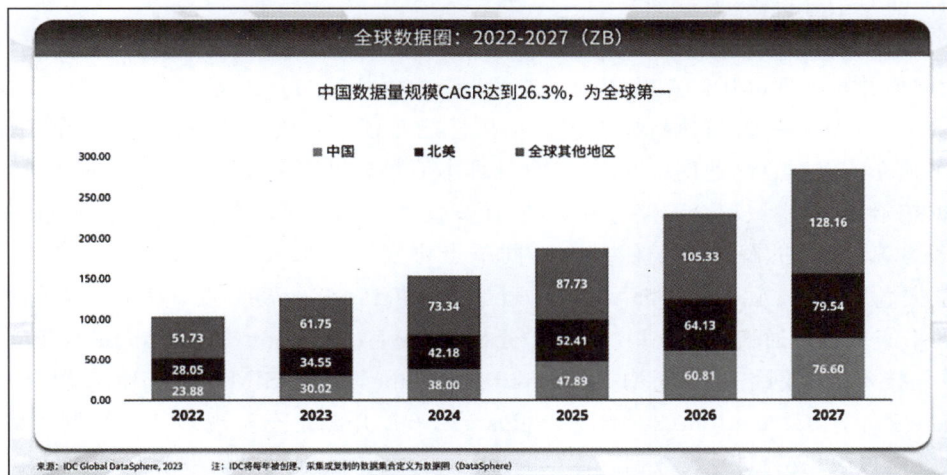

图 6-7　数据规模预测图

6.3.2　大数据技术的发展历程

按照计算架构和数据运算的组织形式,可将大数据技术的发展历程可以划分为 4 个阶段,包括单机计算架构阶段、并行计算架构(MPP)阶段、分布式大数据平台(开源生态)阶段以及云上-云原生架构阶段,如图 6-8 所示。

1. 单机计算架构阶段(1940—1980 年)

此阶段以单台计算机为核心,依赖集中式存储与串行处理,技术特征表现为硬件性能受

图 6-8　大数据技术发展

限、数据规模较小(GB级)。1964年,IBM推出的System/360系列作为首款通用计算机,兼容科学计算与商业应用,成为企业级计算的标准化平台。1970年,EdgarF.Codd提出关系模型理论,奠定了现代数据库的理论基础。随后,IBMDB2和Oracle等关系数据库管理系统(RDBMS)通过结构化查询语言(SQL)实现了事务处理(OLTP)与复杂查询的标准化管理。1976年,CharlesBachman提出的实体-关系图(ERD),进一步推动了数据逻辑建模的规范化。此阶段虽然建立了数据管理的理论框架,但受限于单机硬件性能,无法支持大规模并发访问与复杂分析需求。

2. 并行计算架构阶段(1980—2000年)

大规模并行处理(MPP)架构以无共享设计(Shared-Nothing)为核心,通过分布式计算单元、数据分片策略和并行执行模型突破单机性能瓶颈。其核心特征包括:分布式计算单元(多个独立节点通过高速网络互联,各自处理本地数据以避免资源争用)、数据分片与本地化(数据按哈希、范围或混合策略分片存储,计算任务分解为子任务并行执行)、并行执行模型(单条SQL查询拆解为多子任务由不同节点协同完成)。1984年,Teradata推出首款MPP数据仓库DBC/1012,采用AMP(AccessModuleProcessor)节点管理本地存储并通过Ynet网络实现节点通信,支持TB级数据分析;1990年,Paragon(Intel)与SP2(IBM)引入虫孔寻径技术优化网络通信,CM-5(ThinkingMachines)结合SIMD与MIMD混合并行模式支持科学计算,Greenplum(2003)基于PostgreSQL开源生态实现多节点协同。MPP突破单机性能极限,支持TB级数据仓库(如Teradata客户数据规模从1992年的130TB增至1999年的176TB),金融领域的富国银行采用Teradata实现实时风险监控,电信领域的AT&T基于MPP构建亿级用户话单计费系统,响应速度提升至秒级。MPP的优势在于扩展灵活性与高性能,但受限于专用硬件,导致成本高、运维复杂。

3. 分布式大数据平台(开源生态)(2000—2010年)

此阶段以开源生态和分布式架构为核心,技术特征表现为高扩展性、容错性强,支持PB级数据处理。2003—2006年谷歌发布的有关GFS(分布式文件系统)、MapReduce(批处理编程模型)和BigTable(稀疏列存储系统)的三大论文奠定了分布式计算的存储与计算范式:GFS通过分块存储与副本机制实现了高可用性与横向扩展,MapReduce抽象分布式计算逻辑以降低并行编程复杂度,BigTable则以动态Schema支持非结构化数据的高效读写。

2004 年，DougCutting 基于 GFS/MapReduce 实现 HDFS 与 MapReduce。2006 年，ApacheHadoop 项目成立并逐步扩展为包含 Hive(类 SQL 查询引擎)、HBase(实时 NoSQL 数据库)和 ZooKeeper(分布式协调服务)的完整生态。同期，NoSQL 数据库迎来爆发，如 MongoDB(2007 年文档数据库)和 Cassandra(2008 年分布式宽列存储数据库)通过灵活数据模型与横向扩展能力适配 Web2.0 时代对于非结构化数据的需求。此阶段从单机/集中式转向分布式架构，但 MapReduce 的磁盘 I/O 瓶颈导致实时性不足，编程模型复杂度仍需优化。

4. 云上-云原生阶段(2010 年至今)

此阶段以云计算和容器化技术为核心，技术特征体现为弹性扩展、资源按需分配与微服务化架构，支持 EB 级数据处理。2010 年，云原生大数据平台(如 AmazonEMR、GoogleBigQuery、Snowflake)通过全托管服务实现按需计费与自动化运维，降低了企业基础设施的管理成本。Docker(2013)与 Kubernetes(2014)的容器化与编排技术推动了应用动态调度与混合云部署，云厂商进一步推出 EMRonKubernetes 以支持多云环境协同。2014 年，阿里巴巴提出的"数据中台"概念整合数据采集、治理与分析流程，赋能业务决策，同时将 AI 与大数据深度融合，AutoML(自动机器学习)与 ServerlessSQL(无服务器查询)等技术降低了实时分析与决策门槛。此阶段依托云计算的弹性扩展能力显著提升了成本效益，但多租户环境下的数据安全与跨云协同仍需持续突破。

6.3.3　大数据的发展趋势

大数据技术正在经历从工具属性向数字社会核心基础设施的跃迁，其发展趋势呈现技术架构重构、多领域融合与价值释放的深度变革，具体表现为以下 6 个方向，如图 6-9 所示。

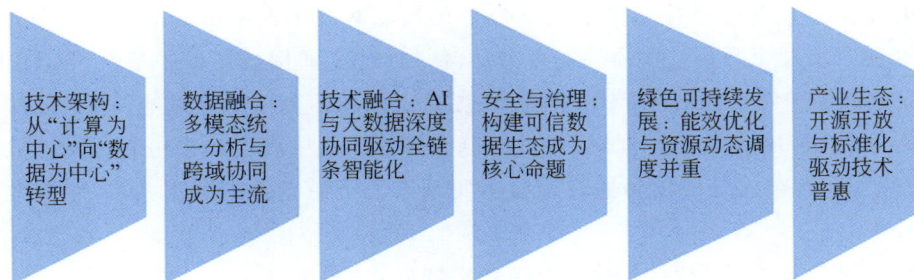

图 6-9　大数据技术的发展趋势

1. 技术架构：从"计算为中心"向"数据为中心"转型

大数据技术架构正从以计算资源优化为核心转向以数据要素价值释放为核心。在数据要素化的驱动下，数据逐步脱离应用场景独立流通，形成标准化确权、交易与治理体系(如数据交易所、隐私计算平台)，打破"数据孤岛"。存储与计算模式发生根本性转变，近数处理技术成为突破性能瓶颈的关键：存储上移(边缘计算节点就近处理实时数据)、算力下移(端侧设备部署轻量化推理模型)。例如，自动驾驶领域通过车载边缘节点实时处理传感器数据，减少云端依赖，响应延迟可降低至毫秒级。系统设计从扩展性优先转向性能优先，领域专用软硬件协同优化成为主流，例如存算一体芯片(如 GraphcoreIPU)通过近内存计算提升了能效比,可以支持超大规模图数据分析,能耗较传统架构降低 40%。

2. 数据融合:多模态统一分析与跨域协同成为主流

异构数据的融合处理需求推动了技术范式革新,多模态统一分析技术(如多模态大模型 CLIP、DALL-E)实现了文本、图像、视频等数据的跨模态关联学习,图神经网络(GNN)则通过关系建模挖掘复杂数据的关联性。跨域数据协同需突破隐私保护与信任壁垒,联邦学习(如 FATE 框架)与多方安全计算(MPC)技术支持数据"可用不可见",例如医疗领域跨机构联合建模实现疾病预测,同时满足隐私合规要求;区块链存证技术(如 HyperledgerFabric)为数据流通提供可追溯的信任机制,支持跨境贸易、政务数据共享等场景。

3. 技术融合:AI 与大数据深度协同驱动全链条智能化

AI 技术深度融入大数据全生命周期,形成"数据-算法-算力"闭环。在数据治理环节,自动化标注(如 AmazonSageMakerGroundTruth)与异常检测(基于深度强化学习)提升了数据质量,某电商平台通过 AI 质检将数据错误率从 5% 降至 0.3%;在分析环节,大模型(如 GPT-3)驱动自然语言查询优化,实现了交互式数据分析,使金融领域的智能投顾系统的响应速度提升了 3 倍;在决策环节,因果推理模型(如 DoWhy 框架)结合流计算(ApacheFlink),支持实时动态决策,例如金融风控中的实时监测交易异常并触发干预策略,误报率降低了 60%。AI 驱动的 AutoML 工具(如 H2O.ai)进一步降低了机器学习的门槛,某制造业企业通过 AutoML 将预测模型的开发周期从 2 周缩短至 3 天。

4. 安全与治理:构建可信数据生态成为核心命题

数据安全与隐私保护从技术问题上升为社会治理问题,差分隐私(如 Apple 的 iOS 数据收集方案)与同态加密(MicrosoftSEAL 库)技术被广泛应用于隐私敏感场景,例如在政府统计数据发布中实现个体信息脱敏,隐私泄露风险降低了 90%。治理体系从分散管理转向标准化与体系化,基于数字对象架构(DOA)的数联网(InternetofData)通过统一元数据标准与 API 接口实现了数据全生命周期可审计,例如欧盟《通用数据保护条例》(GDPR)要求企业建立数据保护影响评估(DPIA)机制,违规处罚最高达全球营业额的 4%。区块链与隐私计算结合(如 Fabric+ABY 框架)在供应链金融等场景中提供了去中心化可信数据流通的解决方案,某汽车供应链项目通过该技术实现了上下游企业的数据共享,融资效率提升了 50%。

5. 绿色可持续发展:能效优化与资源动态调度并重

为应对算力需求指数级增长,绿色技术从硬件层(如液冷服务器、ARM 架构服务器)向系统层延伸。存算一体芯片(如 IntelLoihi)通过减少数据搬运降低能耗,某数据中心部署液冷技术后 PUE(能源使用效率)从 1.5 降至 1.1,年省电费超千万元。在资源动态调度方面,云原生与 Serverless 架构(如 AWSLambda)实现了算力按需分配,某视频平台渲染任务闲置资源被自动释放,资源利用率从 20% 提升至 80%。绿色数据中心通过可再生能源(如北欧水电集群)与智能调度算法的结合,使微软数据中心的可再生能源占比已达 60%,碳排放强度下降 45%。

6. 产业生态:开源开放与标准化驱动技术普惠

开源社区持续主导技术创新,Apache 基金会项目(如 Flink、Iceberg)推动实时计算与表格式存储标准化,Flink 社区贡献者超 5000 人,代码更新频率达每日 30 次。国产化替代加速,华为 openGauss 数据库性能对标 PostgreSQL,TPC-C 测试吞吐量达 150 万 tpmC,已在金融、电信领域实现 30% 的替代率。标准化进程提速,国际电工委员会(IEC)发布《大数据参考架构》,统一数据治理、质量评估等核心标准,促进跨行业协作。某智能制造联盟基于标准接口实现了设备数据互通,故障诊断准确率提升至 92%。产业联盟(如 DataOps 联盟)推动开发运维一体化,某零售企业通过 DataOps 平台将数据产品上线周期从 3 个月压缩至 2 周。

6.4 大数据分析挖掘

大数据分析挖掘的常用方法包括以下方面。

6.4.1 基本统计分析

基本统计分析指利用统计学的基本理论和方法对数据进行分析,以获得有关数据特征、趋势和规律等方面的信息的过程。它是数据分析的一项基础性工作,可以通过计算均值、标准差、中位数、众数、方差等统计量来描述数据的集中趋势、散布情况、分布形态等基本特征。以下是数据基本统计分析的主要方法。

1. 频次分布

频次分布是一种描述性统计方法,用于对数据进行频率和数量的总结和展示。它通常用于研究某个特定变量在不同取值范围内出现的频率或数量。下面是频次分布的主要内容。

(1)计算频率:首先需要将数据按照一定的规则进行分类,并计算每组数据的频率。例如,在研究城市轨道交通客流量分布情况时,可将一天内的进出站人数分为早发车、早高峰、午平峰、晚高峰、晚平峰、晚收车 6 个时间区间,然后计算各个区间内的进出站人数及其所占比例。

(2)绘制直方图:通过绘制频次分布直方图可视化地展示数据的分布情况。每个直方表示一个区间,直方的高度表示该区间的频率,而每个区间的宽度可以相等或不相等。

(3)确定分布形态:通过观察直方图的形状来判断数据的分布形态,例如正态分布、偏态分布等。如果直方图呈现钟形曲线,则说明数据符合正态分布。

(4)分析异常值:通过观察直方图中是否有明显的离群点(也称为异常值)来判断数据的稳定性和可靠性。如果有明显的离群点,则需要进一步分析,以确定其产生的原因。

(5)通过频次分布分析可以了解数据的分布情况,为制定运营计划和管理策略提供参考依据。同时,也可以为后续的数据建模和分析提供基础支持。

2. 中心趋势分析

中心趋势分析是一种描述性统计方法,用于研究数据的中心位置和集中程度。通过计算均值、中位数、众数等统计量,可以了解数据的中心趋势和集中程度。下面是中心趋势分析的主要内容。

(1)均值:均值是指所有数据的平均值,通过对所有数据求和并除以数据个数得到,均值可以反映数据整体的中心位置。

189

（2）中位数：中位数是按照大小排列后处于中间位置的那个数，中位数可以反映数据的中心位置，受异常值的影响较小。

（3）众数：众数是指出现次数最多的数值，可以反映数据的集中程度。众数常用于描述多峰分布的数据。

（4）加权平均值：加权平均值是指对不同数据赋予不同的权重，以更准确地计算数据的中心位置。

通过中心趋势分析，可以了解不同指标的中心位置和集中程度，为制定运营计划和管理策略提供参考依据，同时也可以发现数据的异常值，判断数据的稳定性和可靠性，从而更好地支持管理和决策。

3. 变异性分析

变异性分析（Variability Analysis）是一种描述性统计方法，用于测量数据的离散程度或变化幅度，其公式为

$$C_V = \frac{S}{\overline{X}} \times 100\% \tag{6-1}$$

其中，C_V 表示变异系数，S 表示样本标准差，$\overline{X}$ 表示样本均值。

下面是变异性分析的主要内容。

（1）极差：极差是指最大值与最小值之间的差值，是衡量数据变异程度的最简单方法。

（2）方差：方差是所有数据与均值偏离程度的平方和的平均值，可以用来衡量数据的分散程度。

（3）标准差：标准差是方差的平方根，可以反映数据的分散程度，同时也是衡量数据稳定性的重要指标。

（4）离散系数：离散系数是标准差与均值之比，可以衡量数据变异性的相对大小。

通过变异性分析，可以了解不同指标的变化情况和波动程度，为制定运营计划和管理策略提供参考依据，同时也可以发现异常数据，判断数据的稳定性和可靠性，从而更好地支持管理和决策。

4. 相关性分析

相关性分析是一种描述性统计方法，用于研究两个或多个变量之间的关系。相关性分析可以用来研究不同指标之间的相互关系，以提取有用信息和支持管理决策。下面是相关性分析的主要内容。

（1）相关性系数：相关性系数是用来度量两个变量之间线性相关程度的指标。例如，皮尔逊（Pearson）相关系数可以用于衡量两个连续型变量之间的线性相关程度，其公式为

$$r_{xy} = \frac{\sum_{i=1}^{n}(x_i - \overline{x})(y_i - \overline{y})}{\sqrt{\sum_{i=1}^{n}(x_i - \overline{x})^2}\sqrt{\sum_{i=1}^{n}(y_i - \overline{y})^2}} \tag{6-2}$$

其中，r_{xy} 表示变量 x 和 y 之间的皮尔逊相关系数，n 表示数据点的数量，$\overline{x}$ 和 $\overline{y}$ 分别表示 x 和 y 的样本平均值。

而 Spearman 相关系数可以用于衡量两个序列变量之间的单调关系，其公式为

$$r_s = 1 - \frac{6\sum\limits_{i=1}^{n} d_i^2}{n(n^2-1)} \tag{6-3}$$

其中，r_s 表示 Spearman 等级相关系数，n 表示数据点的数量，d_i 表示 x_i 和 y_i 的秩次之差。

（2）绘制散点图：通过绘制散点图可以直观地了解两个变量的分布情况和相关程度。如果数据呈现明显的线性趋势，则可以使用线性回归模型进行预测。

（3）分组分析：通过将数据按照不同的条件进行分组，可以探索不同因素对变量之间关系的影响。

（4）因果分析：在确定两个变量之间存在相关性后，需要进一步进行因果分析，以确认其中一个变量是否直接影响另一个变量。

通过相关性分析，可以了解不同指标之间的关联关系，发现有价值的信息，并为运营决策和管理策略提供支持。同时，在实际应用中需要注意，相关性并不一定代表因果关系，因此需要结合具体情况进行综合分析和判断。

5. 时间序列分析

时间序列分析是一种用于研究时间序列数据的统计方法，旨在识别和解释数据中的模式、趋势、周期性和不规则变化。时间序列分析涉及到多种指标和算法，下面是其中常见的几个术语。

（1）自相关系数。自相关系数用于测量时间序列自身在不同时间点上的相关性，其公式为

$$r_k = \frac{\sum\limits_{t=k+1}^{n} (y_t - \bar{y})(y_{t-k} - \bar{y})}{\sum\limits_{t=1}^{n} (y_t - \bar{y})^2} \tag{6-4}$$

其中，r_k 表示时间序列在时滞 k 下的自相关系数，n 表示时间序列的长度，y_t 表示时间 t 的值，$\bar{y}$ 表示时间序列的均值。

（2）平稳性检验。平稳性是时间序列分析中的重要概念，其检验方法包括 ADF 单位根检验和 KPSS 检验等。以 ADF 检验为例，其零假设为时间序列具有单位根（非平稳），备择假设为时间序列为平稳序列。ADF 检验的统计量 t，其计算公式为

$$t = \frac{\beta - 1}{\mathrm{SE}(\beta)} \tag{6-5}$$

其中，β 是单位根回归系数的估计值，$\mathrm{SE}(\beta)$ 是标准误差。

（3）ARIMA 模型。ARIMA 模型是一种基于时间序列的预测方法，其核心是差分运算和自回归移动平均模型。ARIMA(p, d, q) 模型中，p 表示自回归项数，d 表示差分次数，q 表示移动平均项数。ARIMA 模型的预测公式为

$$y_{t+h} = \hat{y}_{t+h} + \mathrm{e}_{t+h} \tag{6-6}$$

其中，y_{t+h} 表示时间序列在 $t+h$ 时刻的值，$\hat{y}_{t+h}$ 表示预测值，e_{t+h} 表示误差项。

下面是时间序列分析的主要内容。

（1）数据平滑：通过移动平均、指数平滑等方法，去除随机波动和季节性变化，从而更好地展示长期趋势。

（2）趋势分析：通过回归分析和趋势线拟合等方法，揭示数据集中的长期趋势。例如，使用线性回归模型可以预测数据在未来几年内的变化趋势。

（3）季节性分析：通过分解时序数据中的季节变化分量和残差项，确定数据中是否存在季节性变化，并对其进行分析。

（4）预测分析：通过 ARIMA（自回归积分移动平均）模型、指数平滑等方法，对未来数据的变化趋势进行预测和分析。

通过时间序列分析，可以了解不同指标的变化趋势和周期性，为制定运营计划和管理策略提供参考依据。同时也可以发现异常数据和变量之间的因果关系，从而更好地支持管理和决策。

6. 空间分析

空间分析是一种用于研究地理空间数据的统计方法，旨在识别和解释数据中的模式、趋势、聚集和随机性，其涉及到多种指标和算法，下面是其中常见的几种术语。

（1）空间自相关系数。空间自相关系数用于测量地理空间上不同位置之间的数据相关性，其公式为

$$\rho(h) = \frac{\sum_{i=1}^{n-h}(y_i - \bar{y})(y_{i+h} - \bar{y})}{\sum_{i=1}^{n}(y_i - \bar{y})^2} \tag{6-7}$$

其中，$\rho(h)$ 表示距离为 h 的空间自相关系数，n 表示数据点数量，y_i 表示第 i 个数据点的值，$\bar{y}$ 表示所有数据点的平均值。

（2）克里金插值。克里金插值是一种常用的空间预测方法，其核心是利用已知点的信息对未知点进行预测。假设需要预测某一未知点 X_0 的值 $Z(X_0)$，则克里金插值的预测公式为

$$Z(X_0) = \sum_{i=1}^{n}\lambda_i(X_0)Z(X_i) \tag{6-8}$$

其中，$\lambda_i(X_0)$ 表示权重系数，可以通过距离等方式计算得到。

（3）空间聚类。空间聚类是一种基于地理空间信息分类的方法，常用的算法包括 k-means、DBSCAN 等。以 k-means 为例，其核心是通过最小化各个聚类内部的样本点与其聚类中心之间的距离来实现聚类。k-means 的公式为

$$J(C, \mu) = \sum_{i=1}^{m} \| x_i - \mu_{c_i} \|^2 \tag{6-9}$$

其中，$J(C, \mu)$ 表示目标函数，C_i 表示第 i 个样本所属聚类的标记，μ_c 表示第 C 个聚类的中心。

下面是空间分析的主要内容。

（1）空间插值：通过对已知的数据点进行插值或外推，预测未来某个区域的特定指标。

（2）空间自相关性分析：通过计算一组数据与其邻近数据之间的相关性，确定数据是否有空间相关性，并评估这种相关性的程度和方向性。

（3）空间聚类：通过聚类分析识别空间上相似的数据点，并将其视为一个簇。

（4）空间回归：通过空间统计模型估计不同指标之间的关系。

6.4.2　聚类分析

聚类分析是一种用于找出数据集中相似的样本,并将它们组合成簇的统计方法。下面是聚类分析的主要内容。

1. 相似度度量

相似度度量是一种用于衡量两个对象之间相似程度的方法。下面介绍几种常见的相似度度量方法。

(1)欧几里得距离:欧几里得距离是一个常见的距离度量指标,用于衡量两个空间位置之间的距离。欧几里得距离公式为

$$d(P,Q) = \sqrt{(x_1-y_1)^2 + (x_2-y_2)^2 + \cdots + (x_n-y_n)^2} \tag{6-10}$$

其中,$P = (x_1, x_2, \cdots x_n)$,$Q = (y_1, y_2, \cdots y_n)$。

(2)曼哈顿距离:曼哈顿距离也是一种距离度量指标,用于衡量两个点在网格状坐标系上的距离。在一个二维平面上,两个点之间的曼哈顿距离是指从第一个点出发,先沿着水平方向走到另一个点所在的同一行,再沿着竖直方向走到另一个点所在的同一列,最后计算这两段路程的总和,其数学表达式为

$$d_{\text{Manhattan}}(P,Q) = \sum_{i=1}^{n} |p_i - q_i| \tag{6-11}$$

(3)余弦相似度:余弦相似度是一种常用的相似度度量方法,可以用于衡量两个向量之间的相似度。

(4)Jaccard 相似系数:Jaccard 相似系数是一种测量有限样本集的相似度的方法。给定两个集合 A 和 B,Jaccard 系数定义为 A 与 B 的交集的大小与 A 与 B 的并集的大小的比值,数学公式表示为

$$\text{Jaccard}(A,B) = \frac{|A \bigcap B|}{|A \bigcup B|} \tag{6-12}$$

其中,$|\cdot|$ 表示集合的大小,即其元素数量。因此,这个系数的取值范围为 $[0,1]$,取 1 表示两个集合完全相同,取 0 表示两个集合没有共同的元素。

2. 聚类算法

聚类算法是一种将数据点分组为若干个簇的方法,以使每个簇内部的数据点足够相似,而不同簇之间的数据点尽可能的不同。下面介绍几种常见的聚类算法。

(1)k-means 聚类:k-means 聚类是一种基于距离度量的聚类算法,它将数据点分配到最近的簇中,并根据新的簇心(质心)重新计算每个簇的中心位置,重复这个过程直到达到收敛条件,k-means 聚类常用于数据集中样本数量很大的场景,其具体步骤如图 6-10 所示。

(2)DBSCAN 聚类:DBSCAN 聚类是一种基于密度的聚类算法,可以自动识别任意形状的簇。DBSCAN 算法将具有足够高密度的数据点组合成一个簇,而低密度区域被视为噪声或不属于任何簇,适用于数据集中存在不同密度区域的情况。DBSCAN 算法将数据点分为 3 类,如图 6-11 所示。

- 核心点:稠密区域内部的点,如果一个对象在其半径 Eps 内含有超过 MmPts 数目的点,则该对象为核心点。

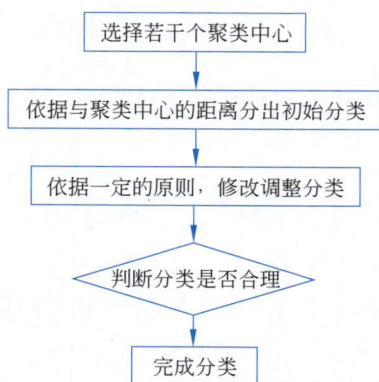

图 6-10　k-means 聚类的具体步骤

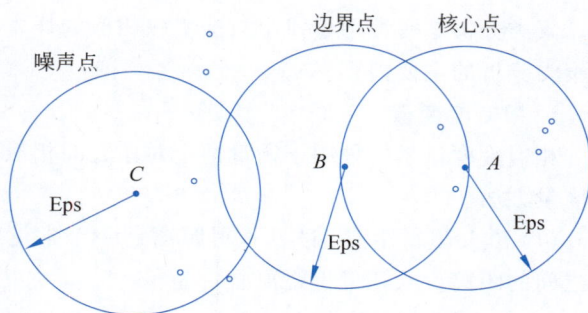

图 6-11　算法数据点类型示意

- 边界点：稠密区域边缘的点，如果一个对象在其半径 Eps 内含有点的数量小于 MinPts，但是该对象落在核心点的邻域内，则该对象为边界点。
- 噪音点：稀疏区域中的点。

（3）层次聚类：层次聚类是一种将数据点分组为树形结构的聚类算法，这种算法可以是自上而下（称为 AGNES 算法）或自下而上（称为 DIANA 算法）的，因此也称之为"凝聚层次聚类"或"分裂层次聚类"，常用于具有复杂结构的大型数据集。层次聚类的基本思想如下。

- 计算数据集的相似矩阵。
- 假设每个样本点为一个簇类。
- 循环：合并相似度最高的两个簇类，然后更新相似矩阵。
- 当簇类个数为 1 时，循环终止。

3. 簇数选取

在聚类分析中，簇数选取是一个重要的问题。确定合适的簇数可以使得在保证簇间相似度不变的情况下，最大程度地提高簇内相似度。以下是几种常用的簇数选取方法。

（1）肘部法则：肘部法则是一种基于可视化的簇数选取方法。该方法先绘制出簇内平均距离与簇数的关系图，然后从图形中找到拐点或弯曲处（"肘部"），将该位置作为最佳的簇数。

（2）轮廓系数：轮廓系数是一种基于数学计算的簇数选取方法，该方法可以衡量每个数据点在其所属簇内的相似度及其与其他簇的差异，从而评估整个聚类结果的稠密度和分离度，通过计算不同簇数的轮廓系数，并选择轮廓系数最高的簇数作为最优簇数。轮廓系数的计算公式为

$$S(i) = \frac{b(i) - a(i)}{\max\{a(i), b(i)\}} \tag{6-13}$$

$$S(i) = \begin{cases} 1 - \dfrac{a(i)}{b(i)}, & a(i) > b(i) \\ 0, & a(i) = b(i) \\ \dfrac{b(i)}{a(i)} - 1, & a(i) < b(i) \end{cases} \tag{6-14}$$

其中,$a(i)$是样本 i 与本身所属簇中其他点的平均距离,$b(i)$是样本 i 与最近簇中心所属簇中其他点的平均距离,平均值在所有样本上取平均值就得到了聚类的整体平均轮廓系数。

通过计算不同聚类数量下的平均轮廓系数,并选择具有最高平均轮廓系数的聚类数作为最优的聚类数量。对于这种方法,结果应该尽可能地接近于 1。

（3）Gap 统计量:Gap 统计量是一种基于随机抽样的簇数选取方法。该方法通过比较原始数据集与经过随机重复抽样生成的 n 个数据集之间的总误差来确定最佳的簇数。

在实施大数据聚类分析时,需要进行以下工作步骤。

① 需要对数据进行准备,包括数据清洗和预处理。数据清洗包括缺失值处理、异常值处理和数据归一化等。数据预处理可以使数据更加规范化和标准化,方便后续的数据分析和挖掘。

② 需要选择合适的特征指标作为聚类的依据。

③ 需要选择适当的聚类算法。常见的聚类算法包括 k-means 聚类、DBSCAN 聚类和层次聚类等。聚类算法的选择需要考虑算法的适用性、效率和准确性等因素。

④ 对聚类结果进行分析和解释,评估聚类的效果和可行性。在聚类结果分析的过程中,采用可视化手段对聚类结果进行展示,帮助业务部门更好地理解和使用结果。

⑤ 对聚类模型进行优化,改进模型的性能和效果,提高聚类的准确性和可靠性。

6.4.3　城市轨道交通客流聚类分析

本节根据城市轨道交通客流时间序列数据特征,使用基于距离的聚类算法进行分析,划分聚类方法和层次聚类方法都是基于距离的聚类算法。轨道交通的客流受到诸多因素的影响,客流时空分布特征可以反映城市发展状况、站点周边土地开发程度、公共交通系统发展水平等。车站的进出站客流受到周边土地利用性质、日期属性和时段属性的影响,表现出不同的时空分布特性,客流序列之间存在一定的相似性及差异性,可以通过对车站客流时间序列之间的距离计算结果进行相似度比较以完成分类,辅助分析车站客流构成的特点,掌握车站的客流变化规律。

1. 聚类算法选取与实现步骤

考虑到客流时间序列数据的特点,选用 k-means 算法进行车站聚类分析,该算法需要初始化 k 个簇中心才能完成后续的聚类工作,k-means 聚类方法的收敛情况、聚类结果与簇中心的初始化选择密切相关,如果选择的簇中心不合适,则聚类结果将失去原本的意义,k-means++ 聚类方法可以通过使选取的簇中心之间的距离尽可能的远,从而合理的完成簇中心的初始化,k-means++ 算法的具体步骤如下。

步骤 1:随机选取初始簇中心。

步骤 2:计算数据集中的每个样本 x 与当前已存在的簇中心之间的最短距离 $D(x)$,$D(x)$值越大,该样本被选为新簇中心的概率越大。

步骤 3:根据公式 $\dfrac{D(x)^2}{\sum\limits_{x \in X} D(x)^2}$ 计算每个样本被选为簇中心的概率,根据轮盘法选择出下一个簇中心。

步骤 4:重复步骤 2 和步骤 3 直到选出 k 个簇中心。

步骤5：计算数据集中每个样本与簇中心之间的距离,并将该样本分配到距离最近的簇中心所在的簇中。

步骤6：对簇中心集合进行更新,将每个簇的中心更新为该簇所有样本的平均值。

步骤7：重复步骤5和步骤6,直到簇中心不再发生明显的变化。

2. 基于肘部法则的簇数选取

在使用 k-means++ 进行聚类分析时,还面临如何合理确定 k 值的问题,本节将北京全线网车站分成 k 个类别,k-means++ 通过 Elbow Method(肘部法则)来选择 k 的数量,使用 WCSS(Within-Cluster Sum of Squares)方法对 k-means 算法进行评估。

本节以 2018 年北京地铁全线网数据为基础,选取 1 月 8 日至 1 月 14 日一周的全网车站进站客流数据,对轨道站点进行聚类分析,基于肘部法则进行簇数选取,确定车站的最佳分类数,如图 6-12 所示,横轴代表簇中心的数量,纵轴表示 WCSS。WCSS 越小,代表总体性能越好。

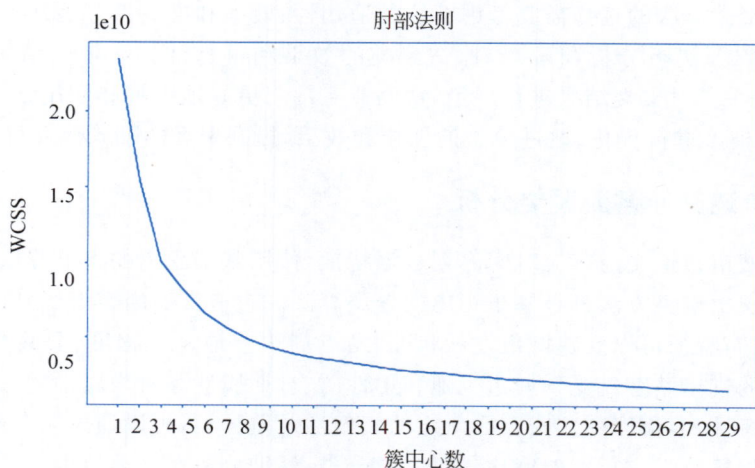

图 6-12　不同 k 值下的 WCSS 变化图

从图 6-12 中可以发现,在 k 从 1 到 14 的过程中,聚类性能有着明显的提升,但是再继续增加聚类的个数,性能提升的幅度就没有之前那么明显了,而且聚类个数太多,也会让数据集变得过于分散。结合聚类结果以及人工判断,在本例中确定 $k=14$。

3. 聚类结果展示及分析

k 值代表将全线网车站分类的最终数量,根据北京地铁全线网车站 2018 年 1 月 8 日至 1 月 14 日一周的进站客流数据。进行聚类的最终结果如表 6-2 所示,划分了 14 个小类,进一步归结为 7 个大类。

表 6-2　全线网车站客流聚类分析结果

大　类	小　类	聚　类　结　果
居住类	1	回龙观,霍营,立水桥,宋家庄
	2	天通苑,天通苑北
	3	草房,回龙观东大街,龙泽,苹果园,沙河,物资学院路

续表

大 类	小 类	聚 类 结 果
职住偏居住类	4	八宝山,八角游乐园,北苑,北运河西,成寿寺,褡裢坡,达官营,大红门,古城路,果园,黄渠,角门东,梨园,立水桥南,刘家窑,六里桥,六里桥东,潘家园,平西府,蒲黄榆,沙河高教园,生命科学园,十里堡,石榴庄,首经贸,双桥,顺义,天通苑南,通州北关,通州北苑,土桥,永泰庄,玉泉路,育新,长阳,朱辛庄
	5	草桥,昌平,传媒大学,慈寿寺,次渠南,丰台南路,丰台站,俸伯,管庄,和平门,后沙峪,花梨坎,欢乐谷景区,角门西,九棵树,旧宫,科怡路,篱笆房,良乡大学城西,临河里,潞城,马泉营,南楼梓庄,南邵,泥洼,石门,双合,同济南路,小红门,亦庄桥,育知路
职住偏办公类	6	朝阳门,国贸,西二旗
	7	东大桥,东单,东四十条,丰台科技园,阜成门,复兴门,呼家楼,建国门,金台夕照,亮马桥,苏州街,团结湖,五道口,永安里
职住混合类	8	大望路,东直门,三元桥,西直门
	9	常营,崇文门,海淀五路居,积水潭,劲松,青年路,芍药居,十里河,双井,四惠东,五棵松,长椿街
	10	白石桥南,北苑路北,车公庄,大屯路东,灯市口,海淀黄庄,和平西桥,惠新西街北口,健德门,牡丹园,上地,四惠,太阳宫,望京东,西土城,雍和宫,知春路
大型枢纽类	11	北京西站,北京站
大型商圈类	12	王府井,西单
其他类	13	安定门,安华桥,安立路,安贞门,奥林匹克公园,白堆子,百子湾,北土城,北新桥,车道沟,车公庄西,磁器口,大郊亭,大钟寺,东四,高碑店,公主坟,鼓楼大街,光熙门,广安门内,广渠门内,广渠门外,和平里北街,花园桥,惠新西街南口,金台路,经海路,军事博物馆,柳芳,六道口,木樨地,南礼士路,南锣鼓巷,前门,荣昌东街,荣京东街,天安门东,天坛东门,湾子,万寿路,望京,望京西,西钓鱼台,西小口,宣武门,长春桥,知春里
	14	T2航站楼,T3航站楼,安德里北街,奥体中心,八里桥,巴沟,北海北,北沙滩,北邵洼,菜市口,昌平东关,昌平西山口,次渠,崔各庄,大葆台,稻田,东夏园,分钟寺,丰台东大街,巩华城,关庄,广阳城,郭公庄,国展,虎坊桥,化工,火器营,纪家庙,焦化厂,金安桥,九龙山,栗园庄,莲花桥,良乡大学城,良乡大学城北,良乡南关,林萃桥,南法信,农业展览馆,平安里,七里庄,桥户营,桥湾,清华东路西口,森林公园南门,上岸,什刹海,十三陵景区,石厂,四道桥,苏庄,孙河,天安门西,万源街,西局,小园,肖村,亦庄文化园,张自忠路,珠市口

表 6-2 中,每类车站都具有相似的进站客流波形,而不同类别的车站进站客流波形或者客流量规模差异较大,这表明不同类别的车站周边土地利用性质和客流吸引力不同。接下来对 14 类车站进行分析,因为某些类别的车站数量较多,故未显示全部图例。

在第 1 类站点,包括回龙观、霍营、立水桥和宋家庄 4 个车站,如图 6-13 所示,工作日峰值进站客流量在 8000 人左右,工作日进站客流量有明显的早高峰,而晚高峰进站客流量峰值相对较低,但晚高峰的客流量也比较大,周末进站客流量比工作日下降很多,反映了这些车站周边是大型居住区所在地且有少量的办公场所,工作日早高峰客流量大可能与上班族、学生等人士的出行有关,而晚高峰客流量较高可能与办公场所下班、购物、娱乐等出行活动有关。

第 2 类站点峰值为 7000 人左右,两个车站分别为天通苑和天通苑北,这两个车站工作

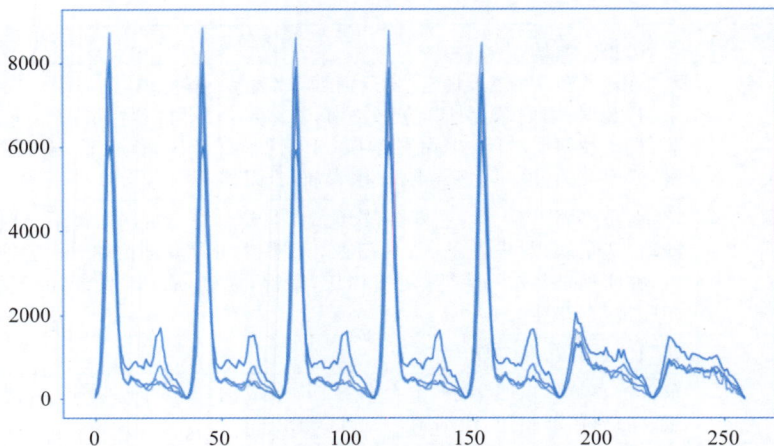

图 6-13　第 1 类站点客流量

日有明显早高峰,周末进站客流量下降很多,反映了这些车站位于居住社区,早高峰客流量较高可能与上班族、学生等人士的出行有关,是居住社区聚集地,如图 6-14 所示。

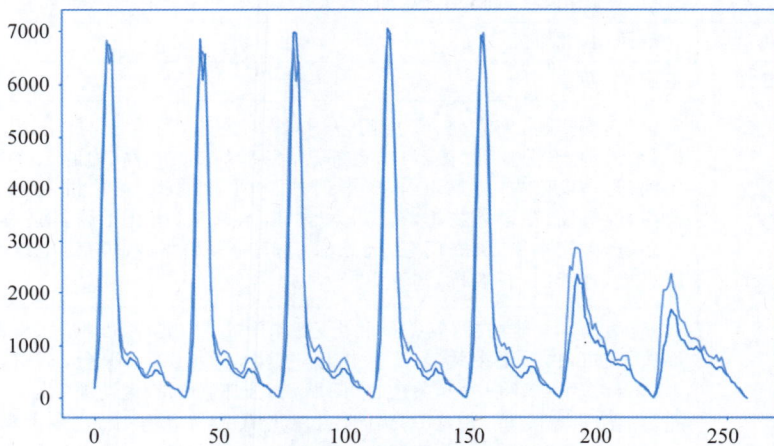

图 6-14　第 2 类站点客流量

第 3 类车站包括草房、回龙观东大街、龙泽、苹果园、沙河、物资学院路等,如图 6-15 所示。工作日车站峰值进站量在 6000 人左右,工作日有明显早高峰,客流规模略低于第 1、2 类车站,周末客流量比工作日下降很多,反映了这些车站位于居住社区,早高峰进站量较高可能与上班族、学生等人士的出行有关,是居住社区聚集地。

根据前三类站点进站客流的分析结果,这三类站点在性质上十分相似,它们具有共性的特征,工作日均表现出明显的早高峰单峰形特征,周末客流规模远低于工作日,可归为一个大类——居住类站点。代表性车站回龙观、天通苑、沙河、物资学院等周边均为北京大型居民社区。

第 4 类站点进站客流峰值在 4000 人左右,工作日出现明显的早高峰和轻微的晚高峰,周末客流规模明显降低,如图 6-16 所示。明显的早高峰反映了车站周边居住社区比较集中,轻微晚高峰反映周边有少量的办公和商业场所。这类站点数量较多,代表性的车站有八

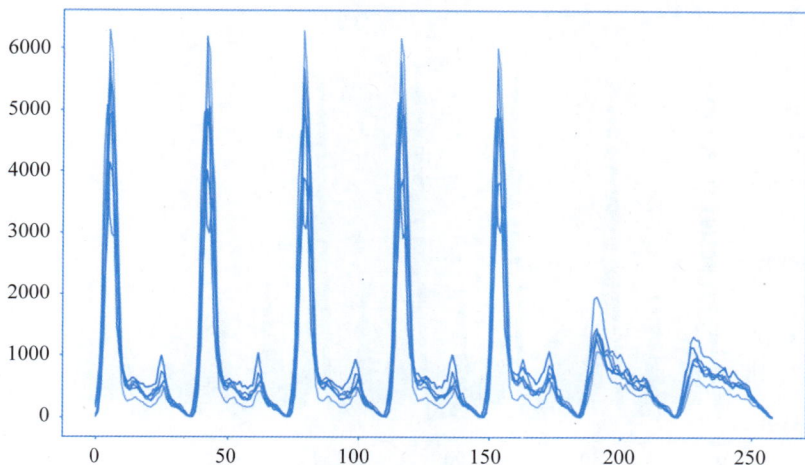

图 6-15　第 3 类站点客流量

角游乐园、北苑、北运河西、成寿寺等。

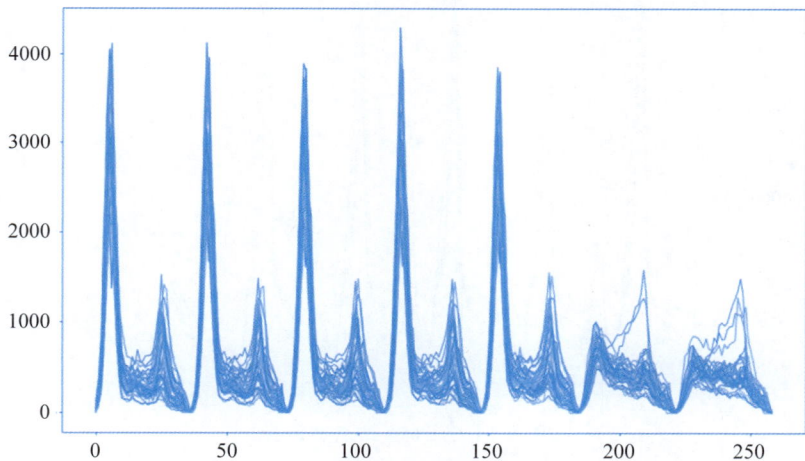

图 6-16　第 4 类站点客流量

　　第 5 类站点进站客流峰值在 2300 人左右，工作日出现明显的早高峰和轻微的晚高峰，晚高峰相对早高峰小很多，周末客流规模明显降低，如图 6-17 所示。明显的早高峰反映了车站周边居住社区比较集中，轻微的晚高峰反映了周边有少量的办公和商业场所。代表性车站有草桥、昌平、传媒大学、慈寿寺、次渠南、丰台南路、丰台站等。

　　第 4 类和第 5 类工作日的早高峰明显且客流量规模较大，同时具有轻微晚高峰，晚高峰比早高峰进站客流量规模小很多，周末客流规模明显降低。这两类站点可归为一个大类，即职住混合型，偏居住类。

　　第 6 类站点进站客流峰值在 8300 人左右，工作日出现明显的晚高峰和轻微的早高峰，早高峰相对晚高峰不明显，但仍具有很大的客流量，周末客流规模明显降低，3 个车站分别为朝阳门、国贸和西二旗，如图 6-18 所示。明显的晚高峰反映了车站周边办公场所比较集中，轻微早高峰反映了周边有少量的居住社区。

　　第 7 类站点峰值在 5300 人左右，包括东大桥、东单、东四十条、丰台科技园、阜成门、复

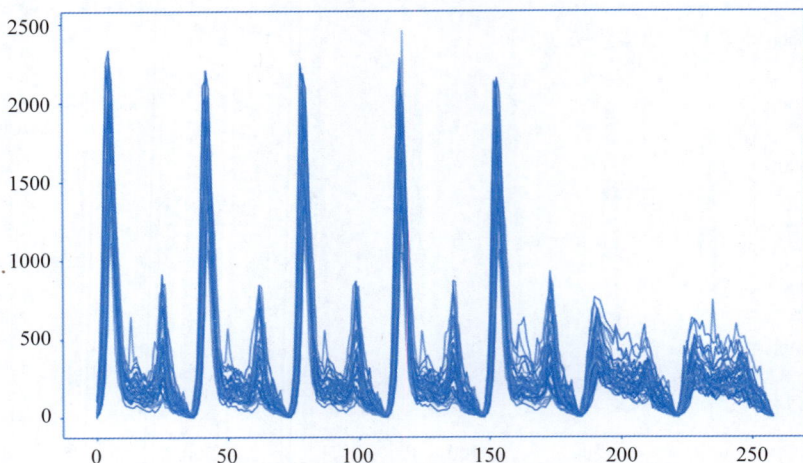

图 6-17 第 5 类站点客流量

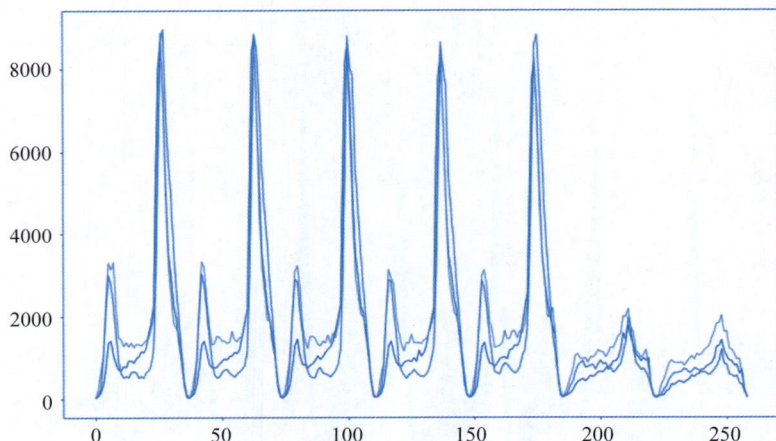

图 6-18 第 6 类站点客流量

兴门等,工作日出现明显的晚高峰和轻微的早高峰,早高峰相对晚高峰不明显,但仍具有很大的客流量,周末客流规模明显降低,如图 6-19 所示。明显的晚高峰反映了车站周边办公场所比较集中,轻微的早高峰反映了周边有少量的居住社区。

第 6 类和第 7 类具有共性的特征,工作日客流量规模很大,具有明显的晚高峰和轻微的早高峰,周末客流规模明显降低,可归为一个大类,即职住偏办公类站点。聚类出的车站朝阳门、国贸、西二旗、东单、复兴门、丰台科技园等车站均临近北京市大型办公场所。

第 8 类站点进站客流峰值在 5500 人左右,出现双峰形,晚高峰高于早高峰,差异相对较小,周末进站客流小于平时,聚类出的 4 个车站分别为大望路、东直门、三元桥、西直门。出现双峰反映了车站周边办公场所和居住社区均比较集中,如图 6-20 所示。

第 9 类站点进站客流峰值在 4800 人左右,出现双峰形,早高峰略高于晚高峰,早晚高峰差异相对较小,周末进站客流量小于平时,聚类出的车站包括常营、崇文门、海淀五路居、积水潭、劲松、青年路等。出现双峰反映了车站周边办公场所和居住社区均比较集中,如图 6-21 所示。

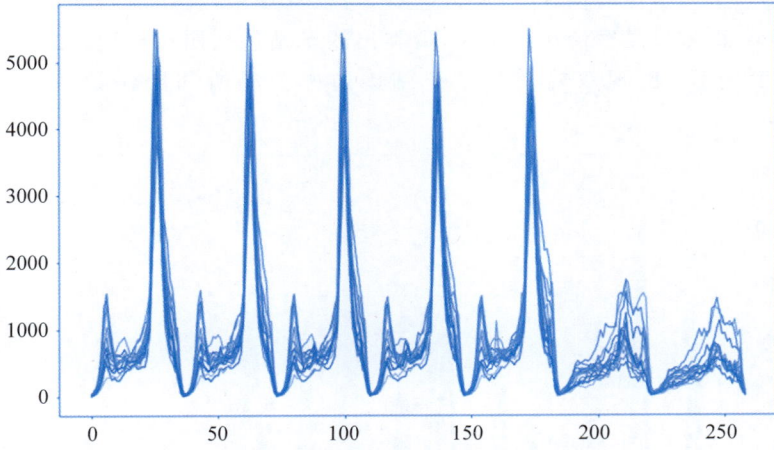

图 6-19　第 7 类站点客流量

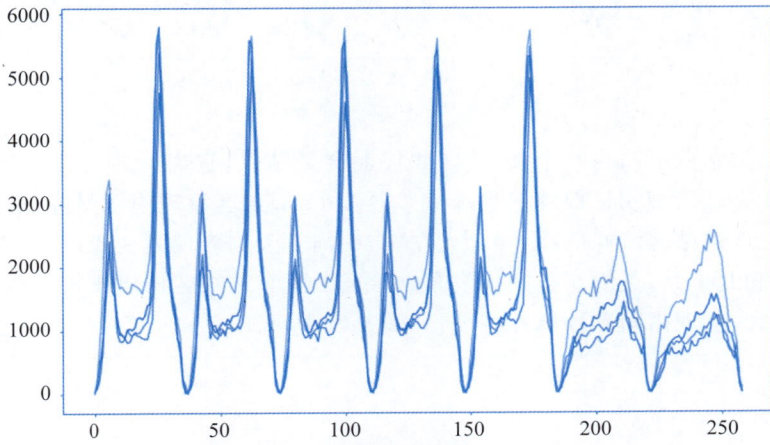

图 6-20　第 8 类站点客流量

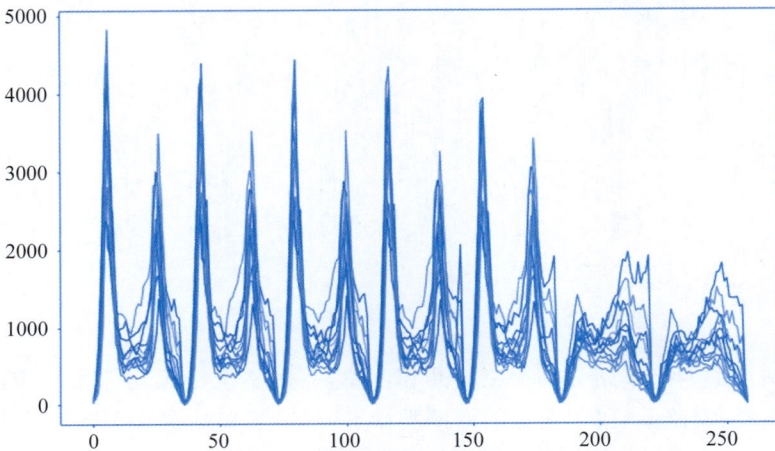

图 6-21　第 9 类站点客流量

第 10 类站点进站客流峰值在 3500 人左右,出现双峰形,晚高峰略高于早高峰,早晚高峰差异相对较小,周末进站客流小于平时,聚类出的车站包括白石桥南、北苑路北、车公庄、大屯路东、灯市口等。出现双峰反映了车站周边办公场所和居住社区均比较集中,如图 6-22 所示。

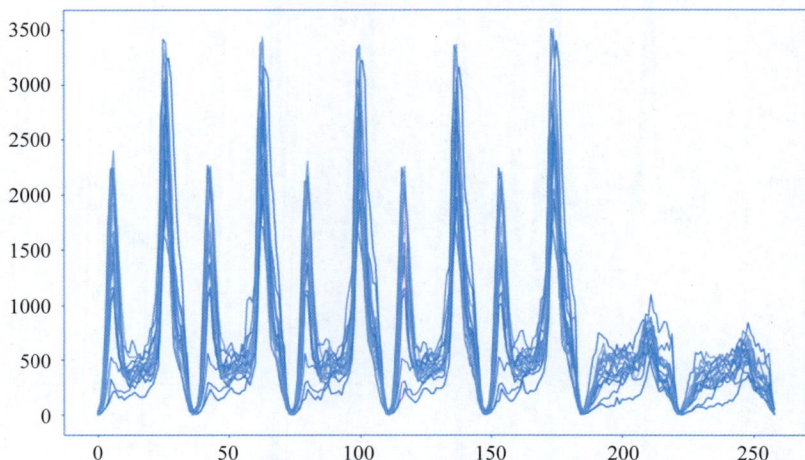

图 6-22　第 10 类站点客流量

第 8、9、10 类站点可归为一个大类,即职住混合类站点,它们的共性特征是工作日客流规模较大,早晚高峰出现明显双峰形且峰值差异较小,周末客流规模明显降低。

第 11 类站点进站客流峰值在 4300 人左右,一周 7 天均表现为全峰形,聚类出的两个车站为北京西站和北京站,是枢纽类的代表车站。反映了车站乘客构成比较复杂,受铁路到达旅客的影响较大,呈现出间歇性脉冲特征,如图 6-23 所示。

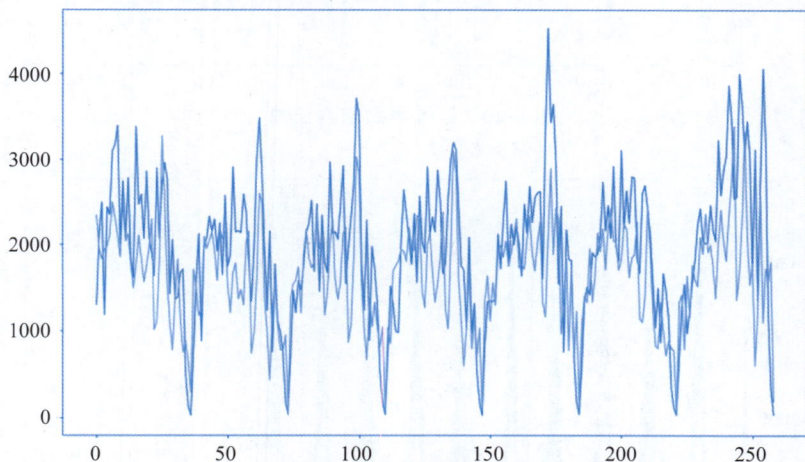

图 6-23　第 11 类站点客流量

第 12 类站点的两个车站分别为王府井和西单,一周 7 天全天均保持一定的客流量,峰值持续出现在午后至晚间,属于明显的商圈类站点,反映了车站乘客主体构成为购物和休闲旅游群体,如图 6-24 所示。

第 13 类站点进站客流峰值在 2300 人左右,客流量规模整体不大,工作日双峰特征比较

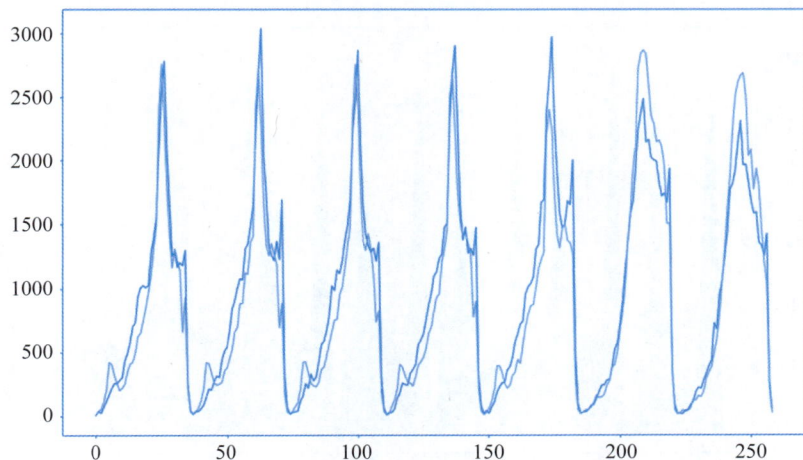

图 6-24　第 12 类站点客流量

突出,早晚高峰差异不大,周末客流量略小于工作日,也有波峰特征,高峰出现在下午。反映了车站进站乘客构成比较复杂,既有职业居住类常旅客,也有休闲购物类客流和其他随机客流。聚类出的车站包括安定门、安华桥、安立路、安贞门、奥林匹克公园等,如图 6-25 所示。

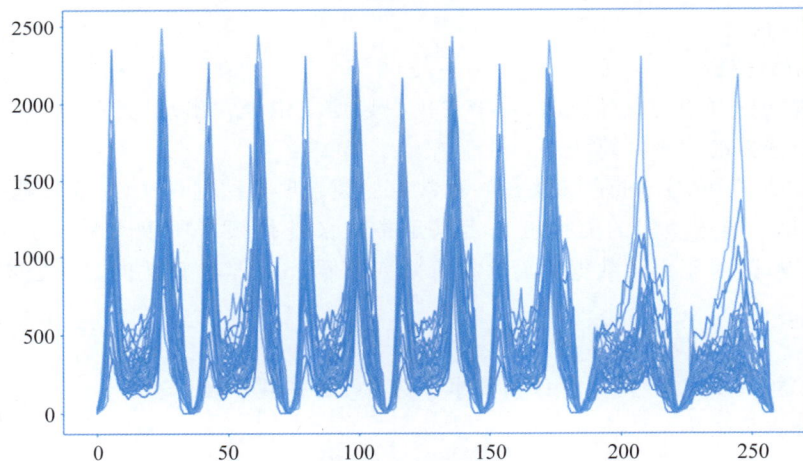

图 6-25　第 13 类站点客流量

　　第 14 类站点进站客流峰值在 1200 人左右,客流量规模整体较小,工作日双峰特征比较明显,早晚高峰差异不大,周末呈现出多峰,最高峰出现在晚间,工作量和周末客流量差别不大。反映了车站进站乘客构成比较复杂,既有职业居住类常旅客,也有休闲购物类客流和其他随机客流。聚类出的车站包括 T2 航站楼、T3 航站楼、安德里北街、奥体中心、八里桥、巴沟、北海北、北沙滩等,如图 6-26 所示。

　　第 13 和 14 类的站点总数较多,暂时归为其他类站点,可进一步分析,总体表现出客流规模较小,大部分车站工作日进站客流表现出双峰形的特征,同时周末客流规模也相对比较大,但是第 14 类站点周末有客流规模比工作日大的站点,经过对第 14 类站点进一步聚类分析,发现北海北、天安门西和什刹海 3 个站点。属于典型的旅游景点占优车站,符合人们周末出行的规律。

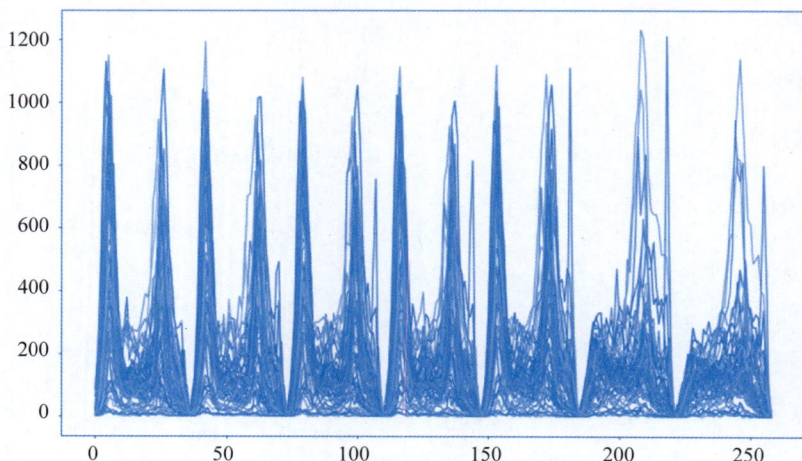

图 6-26　第 14 类站点客流量

6.4.4　关联规则挖掘

关联规则挖掘是一种用于发现数据集中变量之间关系的统计方法。下面是关联规则挖掘的代表性内容。

1. 频繁项集挖掘

是关联规则挖掘中的一种方法,用于查找在数据集中经常出现的变量或项的集合。以下是频繁项集挖掘的代表性算法。

（1）Apriori 算法：Apriori 算法是一种常见的频繁项集挖掘算法,它通过迭代生成候选项集,并检查每个候选项集的支持度是否满足条件来查找频繁项集。Apriori 算法具有简单、有效的特点,但对于大型数据集而言执行效率较低。Apriori 算法的主要公式为

$$\text{supp}(X) = \frac{\text{count}(X)}{N} \tag{6-15}$$

其中,X 为项集,$\text{count}(X)$是包含该项集事务数,N 是总事务数。

置信度计算公式为

$$\text{conf}(X \rightarrow Y) = \frac{\text{supp}(X \bigcup Y)}{\text{supp}(X)} \tag{6-16}$$

其中,X,Y 都是项集,$\frac{\text{supp}(X \bigcup Y)}{\text{supp}(X)}$ 表示同时包含 X 和 Y 的事务数,$\text{supp}(X)$表示包含 X 的事务数。

Apriori 的性质：频繁项集的超集也一定是频繁项集。根据 Apriori 的性质,可以通过迭代计算频繁项集,算法的流程如下。

① 找出所有单个项的频繁项集;
② 由上一步的频繁项集生成包含两个项的候选项集;
③ 对候选项集进行支持度计算,得到所有包含两个项的频繁项集;
④ 由第 3 步生成的频繁项集生成包含 3 个项的候选项集;
⑤ 对候选项集进行支持度计算,得到所有包含 3 个项的频繁项集;

⑥ 重复上述步骤,直到没有新的频繁项集产生。

最终,Apriori 算法会输出所有频繁项集和它们的支持度。根据支持度和置信度,可以进一步挖掘关联规则并进行分析。

（2）FP-Growth 算法:FP-Growth 算法是另一种常用的频繁项集挖掘算法,它先构建一个 FP 树（频繁模式树）,然后从树中抽取所有的频繁项集。FP-Growth 算法发现频繁项集的过程如下。

① 构建 FP 树:扫描数据集,对所有元素项的出现次数进行计数,并去掉不满足最小支持度的元素项;对每个集合进行过滤和排序,过滤是去掉不满足最小支持度的元素项,排序基于元素项的绝对出现频率进行;创建只包含空集合的根节点,将过滤和排序后的每个项集依次添加到树中,如果树中已经存在该路径,则增加对应元素上的值;如果该路径不存在,则创建一条新路径。

② 从 FP 树中挖掘频繁项集:从 FP 树的叶子节点开始,自底向上遍历 FP 树的各个分支,对每个结点的条件模式基（指包含该节点的所有路径,但不包括该节点本身）构建一个条件 FP 树,然后对条件 FP 树应用相同的构建 FP 树和挖掘频繁项集的算法,直到不能再构建新的 FP 树或者 FP 树只包含单个元素为止。

与 Apriori 算法相比,FP-Growth 算法具有更高的效率和更好的可扩展性,尤其适用于大型数据集的情况。

最小支持度:最小支持度是指在数据集中某个项集出现的最小频率阈值。只有当某个项集的出现频率超过最小支持度时,它才会被认为是一个频繁项集。

2. 关联规则生成

关联规则生成是从频繁项集中提取出有价值的规则的过程。这些规则可以帮助我们发现数据项之间的潜在关联关系,从而为决策提供支持。以下是关联规则生成的步骤和相关概念的解释。

1）生成步骤

生成关联规则的过程是从频繁项集中提取出满足最小置信度阈值的规则。以下是详细的步骤:

（1）从频繁项集中生成候选规则。

频繁项集是指在数据集中出现频率大于或等于用户指定的最小支持度阈值的项集。对于每个频繁项集 I,我们可以生成所有可能的规则 $X \to Y$,其中 X 和 Y 是 I 的子集,且 $X \cap Y = \varnothing$。例如,对于频繁项集 $\{A,B,C\}$,可以生成以下规则:

i. $A \to B \cup C$

ii. $B \to A \cup C$

iii. $C \to A \cup B$

iv. $A \cup B \to C$

v. $A \cup C \to B$

vi. $B \cup C \to A$

注:规则"$A \to B \cup C$"的含义示例,如果顾客购买了商品 A,那么他们也可能会购买商品 B 或者 C。在实际应用场景中,可以将商品 B 或 C 与商品 A 进行联合促销,例如推出包含这 3 种商品的套餐,或者在商品 A 的展示页面上推荐商品 B 和 C。

（2）计算规则的置信度。

对于每个候选规则 $X{\to}Y$，计算其置信度：

$$\mathrm{Confidence}(X{\to}Y)=\mathrm{Support}(X)/\mathrm{Support}(X\cup Y)$$

其中，$\mathrm{Support}(X\cup Y)$ 是项集 $X\cup Y$ 的支持度，$\mathrm{Support}(X)$ 是项集 X 的支持度。

（3）筛选满足最小置信度阈值的规则。

保留置信度大于或等于最小置信度阈值的规则。例如，如果最小置信度阈值为 0.6，则只保留置信度大于或等于 0.6 的规则。

（4）可选：计算提升度。

对于每个保留的规则 $X{\to}Y$，计算其提升度：

$$\mathrm{Lift}(X{\to}Y)=\mathrm{Confidence}(X{\to}Y)/\mathrm{Support}(Y)$$

提升度大于 1 表示 X 和 Y 之间存在正相关性，提升度小于 1 表示负相关性，提升度等于 1 表示 X 和 Y 是独立的。

2）评估指标

评估关联规则的质量通常使用以下 3 个指标。

（1）支持度（Support）。

支持度衡量项集 $X\cup Y$ 在所有事务中出现的频率。计算公式为：

$$\mathrm{Support}(X\cup Y)=\frac{\text{Number of transactions containing both } X \text{ and } Y}{\text{Total number of transactions}}$$

支持度反映了项集 $X\cup Y$ 在所有事务中出现的比例。

（2）置信度（Confidence）。

置信度表示在包含 X 的事务中同时包含 Y 的概率。计算公式为：

$$\mathrm{Confidence}(X{\to}Y)=\frac{\mathrm{Support}(X\cup Y)}{\mathrm{Support}(X)}$$

置信度反映了规则的可靠性。

（3）提升度（Lift）。

提升度衡量规则的独立性，即规则 $X{\to}Y$ 的置信度与 Y 的支持度的比值。计算公式为：

$$\mathrm{Lift}(X{\to}Y)=\frac{\mathrm{Confidence}(X{\to}Y)}{\mathrm{Support}(Y)}$$

提升度大于 1 表示 X 和 Y 之间存在正相关性，提升度小于 1 表示负相关性，提升度等于 1 表示 X 和 Y 是独立的。

3）示例

假设我们有一个频繁项集 $\{A,B,C\}$，其支持度为 0.4。

假设我们有一个简单的数据集如下，我们希望生成关联规则并评估它们。

Transaction1：牛奶，面包，尿布

Transaction2：可乐，面包，尿布，啤酒

Transaction3：牛奶，尿布，啤酒，橙汁

Transaction4：面包，牛奶，尿布，啤酒

Transaction5：面包，牛奶，尿布，可乐

总共有 5 笔交易。

（1）计算基本支持度。

Support(牛奶)：出现在交易 1、3、4、5 中，共 4 次，支持度为 4/5＝0.8。

Support(面包)：出现在交易 1、2、4、5 中，共 4 次，支持度为 4/5＝0.8。

Support(尿布)：出现在交易 1、2、3、4、5 中，共 5 次，支持度为 5/5＝1.0。

Support(啤酒)：出现在交易 2、3、4 中，共 3 次，支持度为 3/5＝0.6。

Support(可乐)：出现在交易 2、5 中，共 2 次，支持度为 2/5＝0.4。

Support(橙汁)：出现在交易 3 中，共 1 次，支持度为 1/5＝0.2。

（2）计算组合项集支持度。

Support(牛奶∪面包)：出现在交易 1、4、5 中，共 3 次，支持度为 3/5＝0.6。

Support(牛奶∪尿布)：出现在交易 1、3、4、5 中，共 4 次，支持度为 4/5＝0.8。

Support(牛奶∪啤酒)：出现在交易 3、4 中，共 2 次，支持度为 2/5＝0.4。

Support(面包∪尿布)：出现在交易 1、2、4、5 中，共 4 次，支持度为 4/5＝0.8。

Support(面包∪啤酒)：出现在交易 2、4 中，共 2 次，支持度为 2/5＝0.4。

Support(尿布∪啤酒)：出现在交易 2、3、4 中，共 3 次，支持度为 3/5＝0.6。

Support(牛奶∪面包∪尿布)：出现在交易 1、4、5 中，共 3 次，支持度为 3/5＝0.6。

（3）生成候选规则并计算指标。

以规则牛奶→面包∪尿布为例：

i. 计算置信度：

$$\text{Confidence(牛奶→面包∪尿布)} = \frac{\text{Support(牛奶∪面包∪尿布)}}{\text{Support(牛奶)}} = \frac{0.6}{0.8} = 0.75$$

ii. 计算提升度：

$$\text{Lift(牛奶→面包∪尿布)} = \frac{\text{Confidence(牛奶→面包∪尿布)}}{\text{Support(面包∪尿布)}} = \frac{0.75}{0.8} = 0.9375$$

再以规则面包→牛奶∪尿布为例：

i. 计算置信度：

$$\text{Confidence(面包→牛奶∪尿布)} = \frac{\text{Support(牛奶∪面包∪尿布)}}{\text{Support(牛奶)}} = \frac{0.6}{0.8} = 0.75$$

ii. 计算提升度：

$$\text{Lift(面包→牛奶∪尿布)} = \frac{\text{Confidence(面包→牛奶∪尿布)}}{\text{Support(牛奶∪尿布)}} = \frac{0.75}{0.8} = 0.9375$$

以上示例展示了如何基于给定数据集计算关联规则的支持度、置信度和提升度。

以下是基于前面示例数据的 Python 实现代码，使用 mlxtend 库来挖掘频繁项集和生成关联规则。

```
importpandasaspd
frommlxtend.preprocessingimportTransactionEncoder
frommlxtend.frequent_patternsimportapriori,association_rules

#示例数据集
dataset=[
['牛奶','面包','尿布'],
```

```
['可乐','面包','尿布','啤酒'],
['牛奶','尿布','啤酒','橙汁'],
['面包','牛奶','尿布','啤酒'],
['面包','牛奶','尿布','可乐']
]

#数据预处理
te=TransactionEncoder()
te_ary=te.fit_transform(dataset)
df=pd.DataFrame(te_ary,columns=te.columns_)

#挖掘频繁项集
frequent_itemsets=apriori(df,min_support=0.5,use_colnames=True)

#生成关联规则
rules=association_rules(frequent_itemsets,metric="confidence",min_threshold=0.6)

#输出结果
print("频繁项集:")
print(frequent_itemsets)
print("\n关联规则:")
print(rules[['antecedents','consequents','support','confidence','lift']])
```

习题

一、选择题

1. 以下不属于大数据技术的是( )。

   A. 大数据科学　　B. 大数据工程　　　　C. 大数据存储　　　D. 大数据应用

2. 以下不属于大数据的根本特征的是( )。

   A. 数据量庞大　　B. 数据类型多样化　　C. 数据处理速度快　D. 数据潜在价值大

3. 下列不是大数据信息处理流程的一部分的是( )。

   A. 数据采集　　　B. 数据清洗　　　　　C. 数据销毁　　　　D. 数据分析

4. 在大数据技术中,以下不是数据质量治理的关键措施的是( )。

   A. 数据核查　　　B. 数据标准化　　　　C. 数据泄露　　　　D. 数据清洗

二、填空题

1. 数据按信息构成特点分为_____、_____和半结构化数据 3 种类型。

2. 大数据的 7V 特征即_____、_____、_____、_____、Veracity、Visualization、Viscosity。

3. 在大数据信息处理流程中,ETL 操作包括数据抽取、_____、_____。

三、简答题

1. 什么是大数据?

2. 简述大数据存储技术。

3. 描述大数据信息处理流程的主要步骤及其重要性。

4. 基本统计分析中的频数分析、中心趋势和离散程度分析在大数据分析中扮演什么角色？

5.在大数据的分析挖掘中,样本和总体的区别是什么? 它们在数据分析中的重要性和应用是什么?

6.结合实际,简述大数据在生活中的应用。

四、课外练习与阅读

1.使用 Python 语言设计一个月度消费分析程序,计算日消费均值、中位数和众数,以折线图或柱形图的形式反映日消费趋势。

2.讨论大数据与物联网的关系。

第 7 章   探索人工智能

本章将引领读者深入人工智能的丰富世界,从专家系统到智能计算,再到神经网络和机器学习,我们将探索这些技术如何塑造现代智能。专家系统将展示其模拟专家决策的能力,而遗传算法、粒子群优化和蚁群算法将揭示自然界启发的优化策略。深入人工神经网络,我们将发现深度学习如何推动图像识别和自然语言处理的边界。计算机视觉部分将带读者领略机器如何"看"世界,而自然语言理解将揭示机器如何"听懂"并"说话"。本章旨在激发读者对 AI 技术的兴趣,同时思考其社会影响和未来趋势,引导读者认识到 AI 在塑造未来世界中的关键作用。让我们启程探索人工智能的无限潜能。

‖ 7.1   人工智能研究领域

7.1.1   人工智能的诞生与发展

1. 什么是智能

人类之所以主宰地球,就是因为人类的祖先早就有了比较高级的智能,但谁也不知道人类的智能是怎么产生的。因此,智能及智能的本质是古今中外许多哲学家、脑科学家一直在努力探索和研究的问题,但至今仍然没有完全了解。智能的发生与物质的本质、宇宙的起源和生命的本质一起被列为自然界的四大奥秘。

近年来,随着脑科学、神经心理学等研究的进展,人们对人脑的结构和功能有了初步认识,但对整个神经系统的内部结构和作用机制,特别是脑的功能原理还没有认识清楚,有待进一步探索。因此,人们还是不完全了解自己的智能,即使要给智能下一个确切的定义也是很难的。

简单地说,智能是知识与智力的总和。其中,知识是一切智能行为的基础,而智力是获取知识并应用知识求解问题的能力。

2. 人工智能的萌芽——古老的亚里士多德三段论

自古以来,人们就一直试图用各种机器来代替人的部分脑力劳动,以提高人们征服自然的能力。早在公元前就出现了人工智能的萌芽,伟大的哲学家和思想家亚里士多德(Aristotle,公元前 384—公元前 322)就在他的名著《工具论》中提出了形式逻辑的一些主要定律,其中的三段论至今仍是演绎推理的基本依据。

大前提:已知的一般性知识或假设。小前提:关于所研究的具体情况或个别事实的判断。结论:由大前提推出的适合于小前提所示情况的新判断。例如,大前提:足球运动员的身体都是强壮的。小前提:高波是一名足球运动员。所以得到结论:高波的身体是强壮的。

3. 人工智能的先驱图灵与著名的图灵测试

所谓人工智能(Artificia Intelligence,AI),就是用人工的方法在机器(计算机)上实现的智能,也称为机器智能(Machine Intelligence)。人工智能的目标是用机器实现人类的部分智能,但人工智能和人类智能的产生机理是大相径庭的。那么,人工智能是智能吗? 早在"人工智能"的概念正式提出之前,为了回答"机器能思维吗"这个问题的相关争论就非常激烈,英国数学家图灵(A.M.Turing)于 1950 年发表了题为《计算机与智能》的文章,提出了著名的"图灵测试"(Turing Test),形象地指出了什么是人工智能以及机器应该达到的智能标准。图灵在这篇论文中指出不要问机器是否能思维,而是要看它能否通过如下测试:让人与机器分别在两个房间里,他们可以进行对话,但彼此都看不到对方,如果通过对话,作为人的一方不能分辨对方是人还是机器,那么就可以认为对方的那台机器达到了人类智能的水平。其实,图灵测试是一个思想实验,主要用来直观地说明人工智能的概念。

几十年来,许多人希望真正实现人工智能通过图灵测试,但每当有人宣称自己开发的人工智能系统通过了图灵测试时,就会遭到许多人的质疑。另一部分人认为图灵测试仅仅反映了结果,没有涉及思维过程,即使机器通过了图灵测试,也不能认为机器就拥有智能。最著名的是美国哲学家约翰·塞尔勒(John Searle)在 1980 年设计的"中文屋"(Chinese Room)思想实验。

实际上,要使机器达到人类智能的水平是非常困难的。人工智能的研究正朝着这个方向前进,特别是在专业领域内,人工智能能够充分利用计算机的特点,具有显著的优越性。

4. 达特茅斯会议与人工智能的诞生

1956 年夏季,由当时达特茅斯(Dartmouth)大学的年轻数学助教麦卡锡(J.McCarthy)联合他的 3 位朋友:哈佛大学数学与神经学初级研究员明斯基(M.L.Minsky)、IBM 信息研究经理罗切斯特(N.Rochester)、贝尔电话实验室数学家香农(C. E.Shannon),共同发起并在美国达特茅斯大学召开了一次为时两个月的人工智能夏季研讨会,讨论关于机器智能的问题。达特茅斯会议上,经麦卡锡提议正式采用"人工智能"(Artificial Intelligence)这一术语。尽管这次会议并未解决任何具体问题,但它使人工智能获得了计算机科学界的重视,成为一个独立且充满活力的新兴研究领域。这是一次具有历史意义的重要会议,它标志着人工智能作为一门新兴学科正式诞生,极大地推动了人工智能的研究。麦卡锡因此被称为人工智能之父。

5. 几起几落的人工智能曲折发展

达特茅斯会议之后的 10 多年间,人工智能迎来了它的第一个春天,在机器学习、定理证明、模式识别、问题求解、专家系统及人工智能语言等方面都取得了许多引人瞩目的成就。例如,1972 年,法国马赛大学的科麦瑞尔(A. Comerauer)提出并实现了逻辑程序设计语言PROLOG;斯坦福大学的肖特利夫(E.H.Shortlife)等从 1972 年开始研制用于诊断和治疗感染性疾病的专家系统 MYCIN。但由于早期方法的局限性,特别是人们寄予厚望的机器翻译等许多项目的失败,人工智能陷入了第一次低潮。

面对人工智能遇到的问题,1977 年,费根鲍姆在第五届国际人工智能联合会议上提出了"知识工程"的概念,对以知识为基础的智能系统的研究与建造起到了重要的作用。人工智能又迎来了蓬勃发展的以知识为中心的新时期。这个时期,专家系统的研究在多个领域取得了重大突破,各种不同功能、不同类型的专家系统如雨后春笋般地建立起来,产生了巨大的经济效益及社会效益。

由于对知识的表示、利用及获取等的研究取得了较大的进展,特别是对不确定性知识的表示与推理取得了突破,人们建立了主观 Bayes 理论、确定性理论、证据理论等,为人工智能中模式识别、自然语言理解等领域的发展提供了支持,解决了许多理论及技术上的问题。20世纪 80 年代兴起的计算智能(Computer Intelligence,CI)弥补了人工智能在数学理论和计算上的不足,使人工智能进入了一个新的发展时期。

6. 大数据驱动人工智能发展的新时期

随着大数据、云计算、物联网等信息技术的发展,以及深度学习的提出,人工智能在算法、算力和算料(数据)"三算"方面取得了重要突破,直接支撑了图像分类、语音识别、知识问答、人机对弈、无人驾驶等人工智能的复杂应用。目前,人工智能进入了以深度学习为代表的大数据驱动的迅速发展期。

7.1.2　知识表示与知识图谱

1. 知识表示

世界上的每个国家或民族都有自己的语言和文字,它是人们表达思想、交流信息的工具,促进了人类文明及社会的进步。人类语言和文字是人类知识表示中最优秀、最通用的方法。

人工智能研究的目的是建立一个能模拟人类智能行为的系统,知识是一切智能行为的基础,但计算机不能直接处理人类的语言和文字。因此,首先要研究适合于计算机的知识表示方法,只有这样,才能把知识存储到计算机中,供求解现实问题使用。

对于知识表示方法的研究离不开对知识的研究与认识。由于目前人们对人类知识的结构及机制还没有完全搞清楚,因此目前只能结合具体问题研究提出一些知识表示方法,分为符号表示法和连接机制表示法两大类。

符号表示法是用各种包含具体含义的符号表示知识,主要用来表示逻辑性知识,目前用得较多的有产生式表示法、框架表示法和知识图谱等。

框架表示法是一种结构化的知识表示方法,它通过框架结构来组织和表示知识。每个框架由若干个被称为"槽"(slot)的结构组成,每个槽可以拥有若干个"侧面"(facet),而每个侧面又可以拥有若干个值。这些值可以是具体的数值、字符串、布尔值,也可以是另一个框架的名字,从而实现框架之间的联系。

例如,我们可以为"教室"构建一个框架,这个框架包括多个槽,如"大小""门窗数量""桌凳数量""颜色"等。当一个人进入一个教室并观察到具体的教室细节时,他可以将这些细节作为槽的值填入框架,从而得到一个具体教室的事例框架。

另一个例子是"教师"框架,它包括"姓名""年龄""性别""职称""部门""地址""工资""开始工作时间""截止时间"等槽。每个槽都有相应的说明信息,如"性别"槽的范围是"男"或"女",并且有一个默认值"男"。当具体信息填入这些槽后,就形成了一个具体的"教师"事例框架。

框架表示法的优点在于它能够很好地表达结构性知识,并具有继承性,可以构建复杂的框架网络,减少知识的冗余并保证知识的一致性。

连接机制表示法是用神经网络表示知识的一种方法。连接机制表示法是一种隐式的知识表示方法,在这里,知识并不像在产生式系统中那样表示为若干条规则,而是将某个问题的若干知识在同一个网络中表示,这就如同我们人类大脑中存储知识一样,因此特别适用于表示各种形象化的知识。

随着计算机网络的飞速发展,计算机处理的信息量越来越大。数据库中包含的大量信息无法得到充分利用,造成了信息浪费,甚至变成大量的数据垃圾。因此,人们开始考虑以数据库作为新的知识源。数据挖掘(Data Mining)和知识发现(Knowledge Discovery)是 20 世纪 90 年代初期兴起的一个活跃的研究领域。知识发现系统通过各种学习方法自动处理数据库中大量的原始数据,提炼出有用的知识,从而揭示蕴含在这些数据中的内在联系和本质规律,实现知识的自动获取。知识发现是从数据库中发现知识的全过程,而数据挖掘则是这个全过程的一个特定、关键的步骤。数据挖掘的目的是从数据库中找出有意义的模式,这些模式可以是一组规则、聚类、决策树或其他方式表示的知识。知识获取是人工智能的关键问题之一。因此,知识发现和数据挖掘成为当前人工智能的一个研究热点。

2. 知识图谱的提出

计算机是如何在庞大的互联网上找到人们需要的相关信息的呢?互联网内容具有大规模、异质多元、组织结构松散的特点,给人们有效获取信息和知识提出了挑战。如果说知识是人类进步的阶梯,那么知识图谱(Knowledge Graph)可能成为人工智能进步的阶梯。有了知识图谱,人工智能就可以迅速举一反三。例如,人们经常在互联网上查阅科技资料、旅游信息、商品信息等,当某用户浏览网页商城中的《人工智能通识教程》书籍超过几秒时,该用户的行为就被机器记录了。经过估算,人工智能就可以很快地把相关的人工智能书籍推荐给该用户。

1989 年出现的万维网为知识获取提供了极大的方便。2006 年,伯纳斯·李提出"链接数据"的概念,希望建立数据之间的链接,从而形成一张巨大的数据网。谷歌为了提升网络信息搜索引擎返回的答案质量和用户查询的效率,于 2012 年 5 月 16 日首先发布了知识图谱,这也标志着知识图谱正式诞生。

知识图谱是一种互联网环境下的知识表示方法。在表现形式上,知识图谱和语义网络相似,但语义网络更侧重于描述概念与概念之间的关系,而知识图谱则更偏重描述实体之间的关联。除了语义网络,万维网之父 Tim Berners Lee 于 1998 年提出的语义网(Semantic Web)也可以说是知识图谱的前身。

知识图谱的目的是提高搜索引擎的能力,改善用户的搜索质量以及搜索体验。随着人工智能的技术发展和应用,知识图谱已被广泛应用于智能搜索、智能问答、个性化推荐、内容分发等领域。现在的知识图谱已被用来泛指各种大规模的知识库。Google、百度和搜狗等搜索引擎公司为了改进搜索质量,纷纷构建自己的知识图谱,分别称为知识图谱、知心和知立方。

3. 知识图谱的定义

知识图谱又称为科学知识图谱,它利用各种不同的可视化技术描述知识资源及其载体,挖掘、分析、构建、绘制和显示知识及它们之间的相互联系。

知识图谱以结构化的形式描述客观世界中概念、实体之间的复杂关系,将互联网的信息表达成更接近人类认知世界的形式,提供了一种更好地组织、管理和理解互联网海量信息的能力。它把复杂的知识领域通过数据挖掘、信息处理、知识计量和图形绘制显示出来,从而揭示知识领域的动态发展规律。

目前,知识图谱还没有一个标准的定义。简单地说,知识图谱是由一些相互连接的实体及其属性构成的。当然,知识图谱也可以看作一张图,图中的节点表示实体或概念,而图中的边则由属性或关系构成。一个典型的知识图谱如图 7-1 所示。

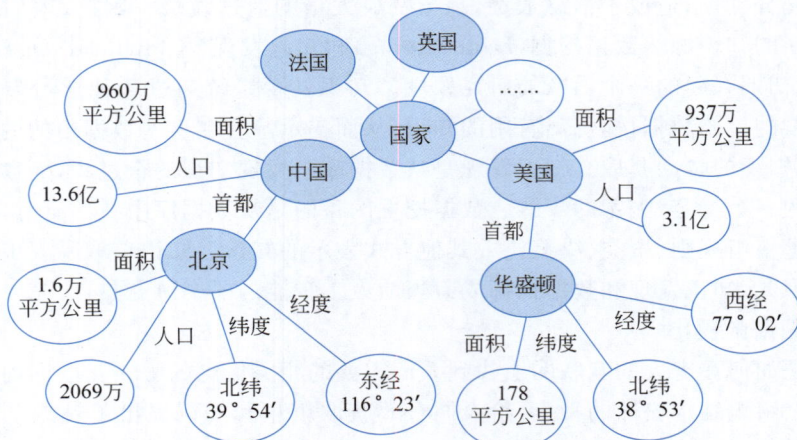

图 7-1　知识图谱示意

1)实体

实体是指具有可区别性且独立存在的某种事物,如"中国""美国""日本"等,又如某个人、某个城市、某种植物、某种商品等。

实体是知识图谱中的最基本元素,不同的实体之间存在不同的关系。

2)概念(语义类)

概念是指具有同种特性的实体构成的集合,如国家、民族、图书、计算机等。概念主要指集合、类别、对象类型、事物的种类,如人物、地理等。

3)内容

内容通常作为实体和语义类的名字、描述、解释等,可以由文本、图像、音视频等来表达。

4)属性(值)

属性描述资源之间的关系,即知识图谱中的关系。不同的属性类型对应不同类型属性的边。属性值主要指对象指定属性的值,如城市的属性,包括面积、人口、所在国家、地理位置等。

4. 知识图谱的表示方式

三元组是知识图谱的一种通用表示方式。三元组主要分为以下两种基本形式。

1)(实体 1-关系-实体 2)

(中国-首都-北京)是一个(实体 1-关系-实体 2)的三元组样例。

2)(实体-属性-属性值)

北京是一个实体,人口是一种属性,2069 万是属性值。(北京-人口-2069 万)构成一个(实体-属性-属性值)的三元组样例。

5. 知识图谱的应用

目前,知识图谱产品的客户行业分类主要集中在社交网络、人力资源、金融、保险、零售、广告、IT、制造业、传媒、医疗、电子商务和物流等领域。例如,金融公司用知识图谱分析用户群体之间的关系,发现他们的共同爱好,从而更有针对性地对这类用户人群制定营销策略。如果对知识图谱进行扩展(如个人爱好、交易数据等),还可以更加精准地分析用户的行为,准确地进行信息推送。

维基百科(Wiki pedia)是由维基媒体基金会负责运营的一个自由内容、自由编辑的多语言知识库。全球各地的志愿者通过互联网和 Wiki 技术合作编撰。目前,维基百科一共有285 种语言版本,其中英语、德语、法语、荷兰语、意大利语、波兰语、西班牙语、俄语、日语版本已经有超过 100 万篇条目,而中文和葡萄牙语版本也有超过 90 万篇条目。维基百科中的每个词条包含对应语言的客观实体、概念的文本描述,以及各自丰富的属性、属性值等。

知识图谱可以增强搜索结果,改善用户搜索体验,即语义搜索。Watson 是 IBM 公司研发团队历经十余年努力开发出的基于知识图谱的智能机器人,最初目的是参加美国的一档智力游戏节目 *Jeopardy*!,并于 2011 年以绝对优势赢得了人机对抗比赛。除去大规模并行化的部分,Watson 工作原理的核心部分是概率化基于证据的答案生成,根据问题线索不断缩小在结构化知识图谱上的搜索空间,并利用非结构化的文本内容寻找证据支持。

7.1.3　机器感知与机器行为

人的感知是产生智能活动的前提,而行为是智能的表达。如果把感知能力看作信息的输入,那么行为能力就可以看作信息的输出,它们都受到神经系统的控制。

1. 机器感知

机器感知就是使机器(计算机)具有类似于人的视觉、听觉、触觉、嗅觉、味觉等感知能力。人类有 80% 以上的外界信息是通过视觉得到的,约有 10% 是通过听觉得到的,因此,机器感知以计算机视觉(Computer Vision)为主,功能是让计算机能够代替人的眼睛进行测量和判断,已经得到大量应用,例如在半导体及电子、汽车、冶金、食品饮料、零配件装配及制造等工业的生产过程中。

机器感知的一个重要工具是模式识别(Pattern Recognition)。近年来,迅速发展的模糊数字及人工神经网络技术已经广泛应用到模式识别中,形成模糊模式识别、神经网络模式识别等方法,其应用领域包括手写体识别、指纹识别、虹膜识别、医学图片识别、语音识别、人脸识别等。特别是基于深度学习的 X 光、核磁、CT、超声等医疗影像识别能够提取二维或三维医疗影像隐含的疾病特征,辅助医生识别诊断,展示了广阔的应用前景。

2. 机器行为

与人的行为能力相对应,机器行为主要是指计算机的表达能力,即"说""写""画"等能力。对于智能机器人,它还应具有人的四肢的功能,即行走、取物、操作等。

机器人是模拟人类行为的机器。自 20 世纪 60 年代以来,已经从低级到高级经历了程序控制机器人、自适应机器人、智能机器人三代的发展历程。智能机器人具有感知环境的能力,配备视觉、听觉、触觉、嗅觉等感觉器官,能从外部环境中获取有关信息;具有思维能力,能对感知到的信息进行处理,以控制自己的行为;具有作用于环境的行为能力,能通过传动机构使自己的"手""脚"等肢体行动起来,正确、灵巧地执行思维机构下达的指令。

目前研制的机器人大多只具有部分智能,真正的智能机器人还处于研究之中,但已迅速发展为新兴的高技术产业。由于无线网络和云计算技术的发展,机器人可以方便地连接网络,而且具有强大的计算能力,多机器人协作控制取得了突破。目前,机器人已经活跃在各种生产线,涉及自动化、金属加工、食品和塑料等诸多行业。

7.1.4 机器思维与机器学习

思维与学习是人脑最重要的功能,是人有智能的根本原因。

1. 机器思维

人的智能是来自大脑的思维活动,机器智能也是通过机器思维实现的。机器思维是指对通过感知得来的外部信息及机器内部的各种工作信息进行有目的的处理。因此,机器思维是人工智能研究中最重要、最关键的部分,它使机器能模拟人类的思维活动,能像人那样既可以进行逻辑思维,又可以进行形象思维。

自动定理证明(Automated Theorem Proving,ATP)是机器思维最先研究并得到成功应用的研究领域,同时它也对人工智能的发展起到了重要的推动作用。

自动定理证明是利用计算机程序来验证数学定理或猜想的学科,它是人工智能和数学逻辑领域的一个重要分支。自动定理证明器作为基础性工具,在科学与应用方面具有重要价值,广泛应用于自然科学、技术科学、社会科学等多个领域,尤其是在数学定理的证明与发现方面。

自动定理证明的起源可以追溯到 20 世纪 50 年代,第一个可运行的定理证明程序由逻辑学家 Martin Davis 在 1954 年完成,实现了普利斯伯格算术的判定过程。随后,1956 年的达特茅斯会议上,Newell 和 Simon 发表了论文《逻辑理论机》,标志着自动定理证明领域的正式起步。

在自动定理证明中,一个重要的里程碑是归结原理的提出,它由 J. A. Robinson 在 1964 年提出,为自动定理证明领域带来了革命性的变化。归结原理是一种基于逻辑的证明方法,它通过归结规则推导出结论,是谓词演算中的一个完备系统。

自动定理证明器的发展经历了多个阶段,从最初基于 Herbrand 定理和 Skolem 结果的方法,到后来的归结原理、超归结方法、语义归结、线性归结等。近年来,随着人工智能技术的发展,深度学习也被引入自动定理证明,例如 OpenAI 公司推出的 GPT-f 模型,它在 Metamath 库上取得了新的进展,能够自动证明多个定理。

实际上,除了数学定理证明以外,像医疗诊断、信息检索、问题求解等许多非数学领域问题也都可以转换为定理证明问题。在这方面,海伯伦(Herbrand)与鲁滨孙(Robinson)先后进行了卓有成效的研究,尤其是鲁滨孙提出的归结原理使定理证明得以在计算机上实现,对机器推理做出了重要贡献。中国科学院吴文俊院士提出并实现的几何定理机器证明"吴氏方法"是机器定理证明领域的一项标志性成果。

俄罗斯人工智能学者亚历山大·克隆罗德说"象棋是人工智能中的果蝇",他将象棋在人工智能研究中的作用类比于果蝇在生物遗传研究中作为实验对象所起的作用。机器博弈要求系统有很强的思维能力,是人工智能机器思维的一个重要研究领域。1997 年 5 月 3—11 日,"深蓝"再次挑战卡斯帕罗夫,以 3.5∶2.5 的总比分赢得了这场世人瞩目的"人机大战"的胜利。其实,1957 年西蒙就曾预测 10 年内计算机可以击败人类世界冠军。虽然在 10

年内没有实现该预测,但 40 年后的"深蓝"计算机还是击败了国际象棋棋王卡斯帕罗夫,仅仅比预测时间推迟了 30 年。

专家系统(Expert System)是目前人工智能中最活跃、最有成效的一个研究领域。自费根鲍姆等于 1968 年研制出第一个专家系统 DENDRAL 以来,它已获得了快速的发展,广泛地应用于医疗诊断、地质勘探、石油化工、教育及军事等各个领域。专家系统是一个智能的计算机程序,运用知识和推理以及机器学习等步骤来解决只有专家才能解决的困难问题。因此,专家系统是一种具有特定领域内大量知识与经验的程序系统,它应用人工智能技术,模拟人类专家求解问题的思维过程以求解领域内的各种问题。

2. 机器学习

知识是智能的基础,要使计算机有智能,就必须使它有知识。人们可以把有关知识归纳、整理在一起,并用计算机可接收、处理的方式输入计算机,使计算机具有知识。显然,这种方法不能及时更新知识,特别是计算机不能适应环境的变化。为了使计算机具有真正的智能,必须使计算机像人类那样具有获得新知识、学习新技巧,并在实践中不断完善、改进的能力,从而实现自我完善。

机器学习(Machine Learning)研究如何使计算机具有类似人的学习能力,使它能通过学习自动地获取知识。计算机可以直接向书本学习,通过与人谈话学习,通过对环境的观察学习,并在实践中自我完善。机器学习与脑科学、神经心理学、计算机视觉、计算机听觉等都有密切联系,依赖于这些学科的共同发展。近些年,机器学习研究虽然已经取得了很大的进展,提出了很多学习方法,特别是深度学习的研究取得了长足的进步,但还没有从根本上解决问题。

如果能让计算机"听懂""看懂"人类语言(如汉语、英语等),则将使计算机具有更广泛的用途。自然语言理解(Natural Language Understanding)就是研究如何让计算机理解人类的自然语言,是人工智能中十分重要的一个研究领域。关于自然语言理解的研究可以追溯到 20 世纪 50 年代初期,经历了曲折的发展过程。2006 年以来,深度学习成为人工智能研究领域发展最为迅速、性能最为优秀的技术之一。应用深度学习算法构造的神经机器翻译系统,相比统计机器翻译系统,翻译速度与准确率大幅提高,使机器翻译进入了神经机器翻译阶段,现在已经得到非常广泛的成功应用。

数据库系统是存储大量信息的计算机系统。随着计算机应用的发展,数据库存储的信息量越来越庞大,研究智能信息检索系统具有重要的理论意义和实际应用价值。智能信息检索系统应该具有理解自然语言和推理的能力,并拥有一定的常识性知识,因此,机器学习是其中最核心的技术。随着知识图谱(Knowledge Graph/Vault)相关技术的快速发展,近年来,学术界和产业界也开始了对知识图谱在搜索引擎中的应用,成为互联网搜索的重要工具。

7.1.5 专用人工智能和通用人工智能

尽管 AI 一词最初就是用于表达与人类智能相似的机器智能的含义,但在人工智能跌宕起伏的发展过程中,AI 的研究逐渐走向某一领域的智能化(如机器视觉、语音识别等),早已远离了一开始 AI 研究的初衷。为了区别起见,可以把人工智能分为专用人工智能(Dedicated Arti-ficial Intelligence,DAI)和通用人工智能(Artificial General Intelligence,

AGI）。

（1）**专用人工智能**：只对某一方面有自动化专业能力。目前的人工智能主要是面向特定任务（如下围棋）的专用人工智能，处理的任务需求明确，应用边界清晰，领域知识丰富，在局部智能水平的单项测试中往往能够超越人类智能。例如，阿尔法狗（AlphaGo）在围棋比赛中战胜人类冠军；人工智能程序在大规模图像识别和人脸识别中超越人类的水平；人工智能系统识别医学图片等的能力达到甚至超过专业医生的水平，这些都属于专用人工智能。

（2）**通用人工智能**：人的大脑是一个通用的智能系统，可以处理视觉、听觉、判断、推理、学习、思考、规划、设计等各类问题。通用人工智能主要专注于研制像人一样的思维水平以及心理结构的全面性智能化，以从事多种任务。

人工智能是研究使机器具有能听、会说、能看、会写、能思维、会学习、能适应环境变化、能解决各种面临的实际问题等功能的学科。人工智能应该是从专用智能向通用智能方向发展。但相对于专用人工智能技术的发展，通用人工智能尚处于起步阶段。目前所说的人工智能如果没有特别说明，一般指专用人工智能。

‖ 7.2　模拟人类专家的专家系统

专家系统是什么？一般有哪些组成部分？本节将回答上述问题，并介绍专家系统中最常用的产生式知识表示和一个简单的动物识别专家系统。

7.2.1　专家系统的定义

专家系统基于知识的系统，用于在某种特定的领域中运用领域专家多年积累的经验和专业知识，求解只有专家才能解决的领域困难问题。专家系统作为一种计算机系统，具有计算快速、准确的特点，在某些方面比人类专家更可靠、更灵活，可以不受时间、地域以及人为因素的影响。所以，专家系统的专业水平能够达到或超过人类专家的水平。

专家系统的奠基人是斯坦福大学的费根鲍姆教授，他把专家系统定义为"专家系统是智能的计算机程序，它运用知识和推理来解决只有专家才能解决的复杂问题"。也就是说，专家系统是一种模拟专家决策能力的计算机系统。

一些复杂的专家系统开发仍然存在许多问题。例如，2013 年 IBM 与世界顶级肿瘤治疗与研究机构 MD 安德森癌症中心合作开发了癌症诊断与治疗的专家系统 Watson，用于辅助医生开展抗癌药物的临床测试。在 IBM 和 MD 安德森癌症中心这两大机构合作之初，《福布斯》杂志发表了社论《在 MD 安德森癌症中心，IBM Watson 解决了临床测试难题》，对 Watson 寄予厚望。在当时看来，一扇新的大门正在被人类打开，而支撑这一切的正是 AI 与现代医疗技术的无缝结合。然而，4 年之后的 2017 年 7 月，《福布斯》杂志同样发表了一篇关于 Watson 的文章——《Watson 是不是一个笑话？》，这表明 Watson 近几年进展缓慢、难堪大用。Watson 系统面临的窘境其实也是整个专家系统现状的缩影。造成专家系统发展乏力的因素有很多，主要原因在于专家数据匮乏且昂贵，也就是知识获取成了难题。因此，目前专家系统研制的目的不是让 AI 专家代替人类专家，而是研制人类专家的 AI 助手。

7.2.2　专家系统的一般结构

由专家系统的定义可知,专家系统的主要组成部分是知识库和推理机。各种实际专家系统的功能和结构可能有些差异,但完整的专家系统一般应包括人机接口、推理机、知识库、综合数据库、知识获取机构和解释机构六部分,各部分的关系如图7-2所示。

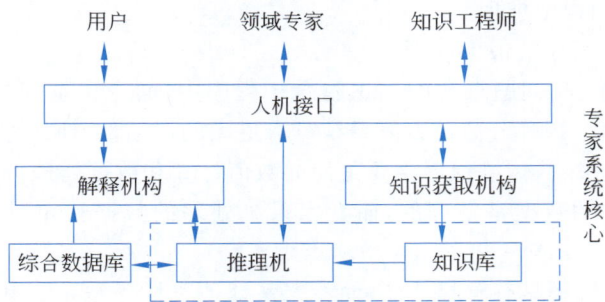

图 7-2　专家系统的一般结构

综合数据库或动态数据库又称为黑板,主要用于存放初始事实、问题描述及系统运行过程中得到的中间结果、最终结果等信息。在开始求解问题时,综合数据库中存放的是用户提供的初始事实。数据库的内容随着推理过程的进行而不断变化,推理机会根据数据库的内容从知识库中选择合适的知识进行推理,并将得到的结果存放于数据库中。综合数据库记录了推理过程中的各种有关信息,又为解释机构提供了回答用户咨询的依据。

专家系统的核心是知识库和推理机,其工作过程是根据知识库中的知识和用户提供的事实进行推理,不断地由已知事实推理出一些结论(中间结果),并将中间结果放到综合数据库中,作为新事实继续进行推理。在专家系统的运行过程中,会不断地通过人机接口与用户进行交互,向用户提问,并向用户做出解释。

推理机的功能是模拟领域专家的思维过程,控制并执行对问题的求解。它能根据当前综合数据库中的已知事实,利用知识库中的知识,按一定的推理方法和控制策略进行推理,直到得出相应的结论为止。

知识获取机构通过人机接口与领域专家及知识工程师进行交互,然后更新、完善、扩充知识库中存储的知识。在推理过程中,推理机通过人机接口与用户交互。专家系统根据需要不断向用户提问,以得到相应的事实数据,在推理结束时会通过人机接口向用户显示结果。

知识库主要用来存放领域专家提供的专门知识。知识库中的知识来源于知识获取机构,同时它又为推理机提供求解问题所需的知识。

解释机构回答用户提出的问题,解释系统的推理过程。解释机构由一组程序组成,它跟踪并记录推理过程,当用户提出的询问需要给出解释时,它将根据问题的要求分别做出相应的处理,最后把解答用约定的形式通过人机接口输出给用户。

人机接口是专家系统与领域专家、知识工程师、用户进行交互的界面,由一组程序及相应的硬件组成,用于完成输入/输出工作。在不同的专家系统中,由于硬件、软件环境不同,接口的形式与功能也有较大的差别。随着计算机硬件和自然语言理解技术的发展,现有的专家系统已经可以用简单的自然语言与用户交互。

从图 7-2 可见,专家系统其实也是一个程序,但它又与传统程序不同,主要体现在以下方面。

(1) 从编程思想来看,传统程序是根据某个确定的算法和数据结构来求解某个确定的问题,而专家系统求解的许多问题没有可用的数学方法,而是根据知识和推理来求解,即:

- 传统程序＝数据结构＋算法
- 专家系统＝知识＋推理

这是专家系统与传统程序的最大区别。

(2) 传统程序把关于问题求解的知识隐含于程序中,而专家系统则将知识与运用知识的过程(推理机)分离。这种分离使专家系统具有更大的灵活性,便于修改。

(3) 从处理对象来看,传统程序主要是面向数值计算和数据处理,而专家系统面向符号处理。传统程序处理的数据是精确的,而专家系统处理的数据和知识大多是不精确的、模糊的。

(4) 传统程序一般不具有解释功能,而专家系统一般具有解释机构,可以解释自己的行为。因为专家系统依赖于推理,它必须能够解释这个过程。

(5) 从系统的体系结构来看,传统程序与专家系统具有不同的结构。专家系统的一般结构如图 7-2 所示。

(6) 传统程序根据算法求解问题,每次都能产生正确的答案,而专家系统则像人类专家那样工作,一般情况下能产生正确的答案,但有时也会产生错误的答案,这也是专家系统存在的问题之一。但专家系统有能力从错误中吸取教训,从而改进对某一问题的求解能力。例如,2016 年 3 月在韩国举行的 AlphaGo 对决世界围棋冠军李世石的比赛中,AlphaGo 连赢 3 局;在 3 月 13 日的第 4 局比赛的 78 手之前,全世界的人都认为 AlphaGo 必赢;但此后 AlphaGo 犯了一个连初学者都不应该犯的错误,导致了第 4 局比赛的失败。其实,这正是专家系统有时会产生错误答案的一个体现。

7.2.3　专家系统中的产生式知识表示

1. 概述

以师傅教徒弟为例。人们学开车时,教练说得最多的话就是"如果怎么样,你就怎么样"。例如,"如果要把车开向右方,则将方向盘往右打""如果车速度太快,就要轻轻踩一点刹车"等。在很多场合,人们都用"如果怎么样,你就怎么样"的形式传授知识,这就是产生式表示法。

产生式表示法又称为产生式规则(Production Rule)表示法,这一术语是由美国数学家波斯特在 1943 年首先提出来的,目前它已成为专家系统中应用最多的术语。

产生式表示法通常用于表示事实、规则以及它们的不确定性度量,适合表示事实性知识和规则性知识。

2. 确定性知识的产生式表示和确定性规则知识的产生式表示

1) 确定性知识的产生式表示

确定性事实一般用三元组表示为:

(对象,属性,值)

或者

(关系,对象 1,对象 2)

例如,老李年龄是 40 岁表示为(Li,Age,40)。老李和老王是朋友表示为(Friend,Li, Wang)。

2) 确定性规则知识的产生式表示

确定性规则知识的产生式表示的基本形式是:

```
IF  P  THEN  Q
```

其中,P 是产生式的前提,用于指出该产生式是否可用的条件;Q 是一组结论或操作,用于指出当前提 P 所指示的条件满足时,应该得出的结论或应该执行的操作。整个产生式的含义是:如果前提 P 被满足,则可执行 Q 所规定的操作。例如:

```
r4: IF   动物会飞   AND   会下蛋   THEN  该动物是鸟
```

就是一个产生式。其中,r4 是该产生式的编号;"动物会飞 AND 会下蛋"是前提 P;"该动物是鸟"是结论 Q。之所以说它是确定性规则,是因为只要这个动物会飞并且会下蛋,那么这个动物一定是鸟。

3. 随机性知识的产生式表示和随机性规则知识的产生式表示

1) 随机性知识的产生式表示

随机性知识一般用四元组表示为:

(对象,属性,值,置信度)

或者

(关系,对象 1,对象 2,置信度)

例如,老李的年龄很可能是 40 岁表示为(Li,Age,40,0.8)。老李和老王不大可能是朋友表示为(Friend,Li,Wang,0.1)。

2) 随机性规则知识的产生式表示

随机性规则知识的产生式表示的基本形式是:

```
IF  P  THEN  Q(置信度)
```

例如,在专家系统 MYCIN 中有这样一条产生式:

```
IF  本微生物的染色体是革兰氏阴性,
本微生物的形状呈杆状,
病人是中间宿主
THEN 该微生物是绿脓杆菌,置信度为 0.6
```

它表示当前提中列出的各个条件都得到满足时,结论"该微生物是绿脓杆菌"可以相信的程度为 0.6。这里用 0.6 指出了知识的强度。

4. 模糊性知识的产生式表示

人们经常思考这样的问题:今天天气很冷,要穿什么衣服? 你的潜意识里进行着这样的推理过程:因为我们有知识"如果天气冷,则多穿衣服",现在的事实是"今天天气冷",我们推理得到结论"今天要多穿衣服"。这就是所谓的模糊知识表示和模糊推理。

"模糊"是人类感知万物、获取知识、推理思维、实施决策的重要特征。"模糊"比"清晰"所拥有的信息容量更大,内涵更丰富,更符合客观世界。为了用数学方法描述和处理自然界出现的不精确、不完整的信息,如人类语言信息和图像信息,1965 年美国加利福尼亚大学教授扎德(L.A. Zadeh)发表了介绍 fiuzyser 的论文,首先提出了模糊理论。在人工智能领域里,特别是在知识表示方面,模糊逻辑有相当广泛的应用。

模糊集合(Fuzry Sets)是经典集合的扩充。在经典集合中,元素 a 和集合 A 的关系只有两种:a 属于 A 或 a 不属于 A,即只有两个值"真"和"假"。例如,若定义 18 岁以上的人为"成年人"集合,则一位超过 18 岁的人属于"成年人"集合,而另一位不足 18 岁的人,哪怕只差一天也不属于"成年人"集合。这是一种对事物的二值描述,即二值逻辑。

日常生活中的"成年人"是一个模糊概念。例如,18、25、30 岁等都是成年人,但他们属于"成年人"的程度是不同的。对于模糊不确定性,一般采用隶属度来刻画元素隶属于某个集合的程度。给集合中的每个元素赋予一个介于 0 和 1 之间的实数,描述其属于一个集合的强度,该实数称为元素属于一个集合的隶属度。例如,18、25、30 岁属于"成年人"的隶属度逐渐增加,如可以分别取为 0.6、0.8、1.0。

隶属度是人们主观给定的,不同的人可能给出不同的值。其实,引进隶属度后,事物的模糊性就转换为确定隶属度的主观性。

7.2.4　动物识别专家系统

下面以一个动物识别专家系统为例,介绍专家系统中采用产生式规则推理的过程。这个动物识别专家系统是识别虎、金钱豹、斑马、长颈鹿、企鹅、鸵鸟、信天翁 7 种动物的产生系统。

首先根据这 7 种动物识别的专家知识建立如下规则库。

r_1:IF 该动物有毛发　　　　　　　　　　THEN 该动物是哺乳动物

r_2:IF 该动物有奶　　　　　　　　　　　THEN 该动物是哺乳动物

r_3:IF 该动物有羽毛　　　　　　　　　　THEN 该动物是鸟

r_4:IF 该动物会飞 AND 会下蛋　　　　　THEN 该动物是鸟

r_5:IF 该动物吃肉　　　　　　　　　　　THEN 该动物是食肉动物

r_6:该动物有犬齿 AND 有爪 AND 眼盯前方　THEN 该动物是肉食动物

r_7:IF 该动物是哺乳动物 AND 有蹄　　　　THEN 该动物是有蹄类动物

r_8:IF 该动物是哺乳动物 AND 是嚼反刍动物　THEN 该动物是有蹄类动物

r_9:IF 该动物是哺乳动物 AND 是肉食动物 AND 是黄褐色 AND 身上有暗斑点 THEN 该动物是金钱豹

r_{10}:IF 该动物是哺乳动物 AND 是食肉动物 AND 是黄褐色 AND 身上有黑色条纹 THEN 该动物是虎

r_{11}:IF 该动物是有蹄类动物 AND 有长脖子 AND 有长腿 AND 身上有暗斑点 THEN 该动物是长颈鹿

r_{12}:IF 该动物是有蹄类动物 AND 身上有黑色条纹　THEN 该动物是斑马

r_{13}:IF 该动物是鸟 AND 有长脖子 AND 有长腿 AND 不会飞 AND 有黑白二色 THEN 该动物是鸵鸟

r_{14}:IF 该动物是鸟 AND 会游泳 AND 不会飞 AND 有黑白二色　THEN 该动物是企鹅

r$_{15}$：IF 该动物是鸟 AND 善飞　　　　　　THEN 该动物是信天翁

由上述产生式规则可以看出，虽然系统是用来识别 7 种动物的，但它并不是简单地只设计 7 条规则，而是设计了 15 条。其基本想法是，首先根据一些比较简单的条件，如"有毛发""有羽毛""会飞"等对动物进行比较粗略的分类，如"哺乳动物""鸟"等，然后随着条件的增加，逐步缩小分类范围，最后给出识别 7 种动物的规则。这样做有两个好处：一是当已知事实不完全时，虽然不能推出最终结论，但可以得到分类结果；二是当需要增加对其他动物（如牛、马等）的识别时，规则库中只需增加关于这些动物个性方面的知识，如 r$_9$～r$_{15}$ 那样，而对r$_1$～r$_8$ 可直接利用，这样增加的规则就不会太多。r$_1$～r$_{15}$ 分别是对各产生式规则所做的编号，以便对它们的引用。

设在综合数据库中存放有下列初始事实：

> 该动物身上有：暗斑点，长脖子，长腿，奶，蹄

这里采用正向推理，从第一条规则（r$_1$）开始依次逐条取规则进行匹配，即取综合数据库中的已知事实与规则库中的知识的前列进行匹配。当推理开始时，推理机的工作过程如下。

（1）从规则库中取出第一条规则 r$_1$，检查其前提是否可与综合数据库中的已知事实匹配成功。由于综合数据库中没有"该动物有毛发"这一事实，所以匹配不成功，r$_1$ 不能被用于推理。然后取第二条规则 r$_2$ 进行同样的工作。显然，r$_2$ 的前提"该动物有奶"，可与综合数据库中的已知事实"该动物有奶"匹配。再检查 r$_3$～r$_5$ 均不能匹配。因为只有 r$_2$ 一条规则被匹配，所以 r$_2$ 被执行，并将其结论部分"该动物是哺乳动物"加入综合数据库，并且为 r$_2$ 标注已经被选用过的记号，避免下次再被匹配。

此时，综合数据库的内容变为：

> 该动物身上有：暗斑点，长脖子，长腿，奶，蹄，哺乳动物

检查综合数据库中的内容，没有发现要识别的任何一种动物，所以要继续进行推理。

（2）分别用 r$_1$、r$_3$、r$_4$、r$_5$、r$_6$ 与综合数据库中的已知事实进行匹配，均不成功。但当用 r$_7$与之匹配时，获得了成功。再检查 r$_8$～r$_{15}$，均不能匹配。因为只有 r$_7$ 一条规则被匹配，所以执行 r$_7$ 并将其结论部分"该动物是有蹄类动物"加入综合数据库，并且为 r$_7$ 标注已经被选用过的记号，避免下次再被匹配。

此时，综合数据库的内容变为：

> 该动物身上有：暗斑点，长脖子，长腿，奶，蹄，哺乳动物，有蹄类动物

检查综合数据库中的内容，没有发现要识别的任何一种动物，所以还要继续进行推理。

（3）在此之后，除已经匹配过的 r$_2$、r$_7$ 外，只有 r$_{11}$ 可与综合数据库中的已知事实匹配成功，所以将 r$_{11}$ 的结论加入综合数据库。此时，综合数据库的内容变为：

> 该动物身上有：暗斑点，长脖子，长腿，奶，蹄，哺乳动物，有蹄类动物，长颈鹿

检查综合数据库中的内容，发现要识别的动物"长颈鹿"包含在综合数据库中，所以推理出了"该动物是长颈鹿"这一最终结论。至此，问题的求解过程就结束了。

上述问题的求解过程是一个不断从规则库中选择可用规则与综合数据库中的已知事实进行匹配的过程，规则的每次成功匹配都使综合数据库增加了新的内容，并朝着问题的解决方向前进了一步，这一过程称为推理，是专家系统中的核心内容。

当然，上述过程只是一个简单的推理过程，实际的专家系统要复杂得多，除了规则的数

量会更大,而且知识或者事实是随机、模糊的等,推理中还会出现冲突。可以使用普通编程语言(如 C、Python 等)中的 if 语句实现这个系统。

‖ 7.3 模拟人看东西的计算机视觉

类比人的视觉系统,计算机视觉是一门研究如何对数字图像或视频进行高层理解的交叉学科。从人工智能的角度看,计算机视觉要赋予机器"看"的智能,与语音识别赋予机器"听"的智能类似,都属于智能感知的范畴。从工程角度看,计算机视觉是用计算机实现人类视觉系统的功能。目前,基于深度学习的计算机视觉是最热门的研究领域之一。本节介绍计算机视觉的基本概念,以及人脸识别、虹膜识别等计算机视觉前沿技术。

7.3.1 计算机视觉的任务

越来越多的计算机视觉系统开始走入人们的日常生活,如车牌识别、指纹识别、人脸识别、虹膜识别、视频监控、自动驾驶、人体动作视觉识别系统、工业视觉检测识别系统、智能移动机器人、增强现实系统、生物医学影像检测和识别系统等。计算机视觉的内涵非常丰富,需要完成的任务众多,主要有以下几种。

1. 目标检测、跟踪和定位

目标检测、跟踪和定位是指在图像视频中发现和跟踪某一个或多个特定感兴趣的目标,并给出其位置和区域。目标跟踪任务就是在给定某视频序列初始帧的目标的大小与位置的情况下,预测后续帧中该目标的大小与位置。例如,要用算法判断图片中是不是一辆汽车,还要在图片中标记出它的位置,用边框或红色方框把汽车圈起来,这就是目标检测问题。其中,"定位"的意思是判断汽车在图片中的具体位置,"跟踪"的意思是判断汽车下一时刻的位置。现在,目标跟踪在无人驾驶领域发挥着重要作用。

2. 前背景分割和物体分割

前背景分割和物体分割是指将图像视频中前景物体所占据的区域或轮廓勾勒出来。如果有一张没有游客的房间或者没有车辆的道路背景图,那么只要将新图和背景图做减法,就能得到前景图了。但是多数情况是没有这样的背景图的,所以需要在任何情况下都可以提取背景图。

3. 目标分类和识别

目标分类和识别是指图像视频中出现的一个特殊目标(或某种类型的目标)从其他目标(或其他类型的目标)中被区分出来的过程,包括两个非常相似的目标的识别和一种类型的目标同其他类型目标的识别。这里"类别"的概念是非常丰富的,例如画面中人的男女、老少、种族等,视野内车辆的款式乃至型号,甚至是对面走来的人是谁(认识与否)等。

4. 场景分类与识别

场景分类指的就是从多幅图像中区分出具有相似场景特征的图像,并正确地对这些图像进行分类。场景识别从给定的图片中识别出这张图片中出现的场景,识别的结果既可以是具体的地理位置,也可以是该场景的名称,还可以是数据库中某个同样的场景。

5. 场景文字检测与识别

检测与识别图片和视频中的文字在场景识别、信息检索以及商业等领域具有很重要的作用。在互联网中,图片是传递信息的重要媒介,特别是电子商务、社交、搜索等领域,每天都有亿兆级别的图像在传播。自然场景中的文字面临背景复杂、光照条件不同和视角变化模糊等多种因素的影响,因此,场景文字检测与识别一直是研究热点。

6. 事件检测与识别

事件检测与识别是指对视频中的人、物和场景等进行分析,识别人的行为或正在发生的事件(特别是异常事件)。例如,监控系统中出现拥堵、踩踏、打架斗殴等突发事件;在道路监控系统中出现闯红灯、逆行等事件。

7. 距离估计

距离估计是指计算输入图像中的每个点距离摄像机的物理距离。例如,在自动导盲系统中需要知道人与障碍物的距离。

8. 图像自动标题

图像自动标题的目标是生成输入图像的文字描述,即人们常说的“看图说话”,这也是一个因为深度学习才取得了重要进展的研究方向。深度学习方法应用于该问题的代表性思路是使用 CNN 学习图像表示,然后采用循环神经网络(RNN)或长短期记忆模型(LSTM)学习语言模型,并以 CNN 特征输入初始化 RNN/LSRM 的隐层节点,组成混合网络进行端到端的训练。有些系统采用这样的方法在 MSCOCO 数据集(微软公司开发和维护的大型图像数据集)上的部分结果甚至已经优于人类给出的语言描述。

7.3.2　人脸识别

生物特征识别一直是人们研究与应用的重要内容。早在 1885 年,法国巴黎的侦探阿方斯·贝蒂隆就将利用生物特征识别个体的思路应用在巴黎的刑事监狱中,当时所用的生物特征包括耳朵的大小、脚的长度、虹膜等。阿方斯还是罪犯指纹鉴定之父,就连小说《福尔摩斯》中也提到过他的名字。目前,基于计算机视觉的生物特征识别技术已成为人工智能最重要的研究与应用领域,如人脸识别、指纹识别、虹膜识别、掌纹识别、指静脉识别等。

人脸识别作为一种生物特征识别技术已经得到了广泛应用。人脸识别是计算机视觉领域的典型研究课题,不仅可以作为计算机视觉、模式识别、机器学习等学科领域理论和方法的验证案例,还在金融、交通、公共安全等行业有非常广泛的应用价值。特别是近年来,人脸识别技术逐渐成熟,基于人脸识别的身份认证、门禁、考勤等系统开始大量部署,得到了人们广泛的关注。下面将介绍人脸识别系统的基本组成,以期读者能对计算机视觉系统有更加清晰的认识。

人脸识别的本质是对两张照片中人脸相似度的计算。为了计算该相似度,人脸识别系统主要包括 6 部分:人脸检测、特征点定位、面部子图预处理、特征提取、特征比对和决策。

1. 人脸检测

从输入图像中判断是否有人脸,如果有,则给出人脸的位置和大小。

2. 特征点定位

在人脸检测给出的矩形框内进一步找到眼睛的中心、鼻尖和嘴角等关键的特征点,以便进行后续的预处理操作。理论上,也可以采用通用的目标检测技术实现对眼睛、鼻子和嘴巴等目标的检测。此外,也可以采用回归的方法,直接用深度学习算法实现从检测到的人脸子图到这些关键特征点坐标位置的回归。

3. 面部子图预处理

完成人脸子图的归一化主要包括两部分：一是把关键点对齐，即把所有人脸的关键点放到差不多接近的位置，以消除人脸大小、旋转等的影响；二是对人脸核心区域子图进行光亮度方面的处理，以便消除光强弱、偏光等的影响。该步骤的处理结果是一个标准大小（如 100×100 像素）的人脸核心区子图像。

4. 特征提取

从人脸子图中提取可以区分不同人的特征是人脸识别的核心。当前，主要采用深度学习方法自动提取特征。

5. 特征比对

对两幅图像所提取的特征进行距离或相似度的计算。

6. 决策

对前述相似度或距离进行阈值化，最简单的做法是采用阈值法，如果相似程度超过设定阈值，则判断为相同的人，否则为不同的人。

7.3.3　虹膜识别

人眼的外观图由巩膜、瞳孔、虹膜三部分构成。巩膜即眼球外围的白色部分，约占眼球总面积的 30%；眼睛中心为瞳孔部分，约占眼球总面积的 5%。瞳孔犹如相机中可调整大小的光圈。虹膜位于巩膜和瞳孔之间，是人眼瞳孔和巩膜之间的环状区域，约占眼球总面积的 65%。人体基因表达决定了虹膜的形态、生理、颜色和总体外观。人发育到 8 个月左右，虹膜就基本上发育到了足够的尺寸，进入了相对稳定的时期，虹膜形貌可以保持数十年而不会有多少变化，据称没有任何两个虹膜是一样的。虹膜的高度独特性、稳定性及不可更改的特点是虹膜可用作身份鉴别的物质基础。

虹膜识别是利用眼睛虹膜区域的随机纹理特性区分不同人的技术。

1987 年，眼科专家 Aran Safir 和 Leonardnom 首次提出利用虹膜图像进行自动虹膜识别的概念。1991 年，美国洛斯阿拉莫斯国家实验室的 Johnson 实现了一个自动虹膜识别系统。1993 年，Johndaugman 实现了一个高性能的自动虹膜识别原型系统。

虹膜识别也是人体生物识别技术的一种。虹膜识别的步骤和人脸识别的步骤相似，主要有虹膜图像获取、虹膜定位、虹膜图像归一化、图像增强、特征提取、特征匹配等。

在包括指纹在内的所有生物识别技术中，虹膜识别是当前应用最为方便和精确的一种。虹膜识别的准确性是各种生物识别中最高的，因此，虹膜识别被广泛认为是 21 世纪最具有发展前途的生物认证技术，在未来的安防、国防、电子商务等多个领域将有广泛的应用。

▌7.4　模拟人看书听话的自然语言理解

比尔·盖茨说过"语言理解是人工智能皇冠上的明珠"。如果计算机能够理解、处理自然语言，则将是计算机技术的一项重大突破。下面简要介绍自然语言处理的概念与研究进展、基于循环神经网络的机器翻译和语音识别等人工智能前沿技术，以及游戏中广泛应用的人工智能技术。

7.4.1　怎样才算理解了人的语言

由于自然语言具有多义性、上下文相关性、模糊性、非系统性、环境相关性等,因此,自然语言理解至今尚无一致的定义。

从微观角度看,自然语言理解是指从自然语言到机器内部的一个映射。

从宏观角度看,自然语言理解是指机器能够执行人类所期望的某种语言功能,这些功能主要包括如下方面。

(1) 回答问题:计算机能正确地回答用自然语言输入的有关问题。

(2) 文摘生成:机器能产生输入文本的摘要。

(3) 释义:机器能用不同的词语和句型来复述输入的自然语言信息。

(4) 翻译:机器能把一种语言翻译成另一种语言。

7.4.2　自然语言理解的发展

自然语言理解的研究可以追溯到 20 世纪 40 年代末到 50 年代初期。随着第一台计算机问世,英国的 A. Donald Booth 和美国的 W.Weaver 就开始了机器翻译方面的研究。美国、苏联等国开展的俄语、英语互译研究工作开启了自然语言理解研究的早期阶段。由于当时单纯地使用规范的文法规则,再加上当时计算机的处理能力低下,使得机器翻译工作没有取得实质性进展。

从 20 世纪 60 年代开始,已经产生一些以关键词匹配技术为主的自然语言理解系统,但都没有真正意义上的文法分析。20 世纪 70 年代后,自然语言理解的研究在语义分析技术方面取得了重要进展,出现了若干有影响的自然语言理解系统。20 世纪 80 年代后,自然语言理解研究借鉴了许多人工智能和专家系统中的思想,引入了知识表示和推理机制,使自然语言处理系统不再局限于单纯的语法和词法的研究,提高了系统处理的正确性,从而出现了一批商品化的自然语言人机接口和机器翻译系统。

为了处理大规模的真实文本,研究人员提出了基于大规模语料库的自然语言理解。20 世纪 80 年代,英国莱斯特大学 Leech 领导的 UCREL 研究小组,利用已带有词类标记的语料库开发了 CLAWS 系统,对 LOB 语料库的 100 万词的语料进行词类自动标注,准确率达到 96%。

近年来迅速发展起来的神经机器翻译模拟了人脑的翻译过程,目前已经远远超过统计机器翻译,成为机器翻译的主流技术。长短期记忆神经网络(LSTM)是一种对序列数据建模的神经网络,适合处理和预测序列数据。而且,LSTM 使用“累加”的形式计算状态,这种累加形式导致导数也是累加形式,避免了梯度消失,因此在神经机器翻译中得到了广泛应用。目前,神经机器翻译领域主要研究如何提升训练效率、编解码能力以及双语对照的大规模数据集。

我国机器翻译研究起步于 1957 年,是世界上第 4 个开始研究机器翻译的国家。20 世纪 60 年代中期后一度中断,70 年代中期又有了进一步的发展。近年来,中国的互联网公司也发布了互联网翻译系统。

目前,市场上已经出现了一些可以进行一定自然语言处理的商品软件,但要让机器能像人类那样自如地运用自然语言,仍是一项长远而艰巨的任务。

7.4.3　基于循环神经网络的机器翻译

BP 神经网络和卷积神经网络等前馈神经网络都是从输入层到隐藏层再到输出层,对于很多问题无法处理。例如,要预测句子的下一个单词是什么,一般需要用到前面的单词,因为一个句子中的前后单词并不是独立的。例如,x_{t-1}, x_t, x_{t+1} 是输入,y_{t-1}, y_t, y_{t+1} 是输出,如果输入"我是中国",即 $x_{t-1}=$ 我,$x_t=$ 是,$x_{t+1}=$ 中国,那么 $y_{t-1}=$ 是、$y_t=$ 中国这两个词需要预测下一个词最有可能是什么。我们可以想到 y_{t+1} 是"人"的概率比较大。

循环神经网络(Recurrent Neural Network,RNN)是一种对序列数据建模的神经网络,即一个序列当前的输出与前面的输出也有关,会对前面的信息进行记忆并应用于当前输出的计算。

循环神经网络适合处理和预测语言这类序列数据,可以将一个序列上不同次序的数据依次传入循环神经网络的输入层,而输出可以是对序列中下一个时刻的预测,也可以是对当前时刻信息的处理结果。

循环神经网络是一种对序列数据建模的神经网络,成为常用的对句子进行编码的神经网络。

例如,给定源语言句子"Economic growth has slowed down in recent years."。如图 7-3 所示,循环神经网络在每个时刻根据上一个时刻的隐含层 h_{t-1}、当前的输入 x_t 生成当前时刻的隐含状态 h_t,并基于当前的隐含状态 h_i 预测当前时刻的输出 y_t。

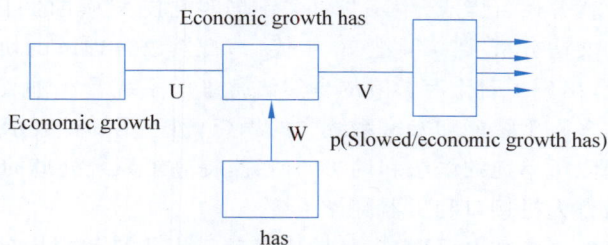

图 7-3　循环神经网络示例

首先将句子里的第一个词"Economic"输入循环神经网络,产生第一个隐含状态 h_1,此时隐含状态 h1 便包含第一个词"Economic"的信息。下一步输入第二个词"growth",循环神经网络将第二个词的信息同第一个隐含状态 h_1 进行融合,产生第二个隐含状态 h_2,第二个隐含状态 h_2 便包含前两个词"Economic growth"的信息。用同样的方法依次将源语言句子里所有的词输入神经网络,每输入一个词,都会同前一时刻的隐含状态进行融合,产生一个包含当前词信息和前边所有词信息的新的隐含状态。

当把整个句子所有的词输入之后,最后的隐含状态理论上包含了所有词的信息,便可以作为整个句子的语义向量表示,该语义向量称为源语言句子的上下文向量。

基于源语言句子编码表示的循环神经网络翻译模型的示例如图 7-4 所示。

编码器将源语言句子编码为一个源语言句子的上下文向量,解码器的任务是根据编码器生成的该上下文向量,生成目标语言句子的符号化表示。

给定源语言的上下文向量,解码器循环神经网络首先产生第一个隐含状态 s_1,并基于该隐含状态预测第一个目标语言词"近",然后第一个目标语言词"近"会作为下一个时刻的

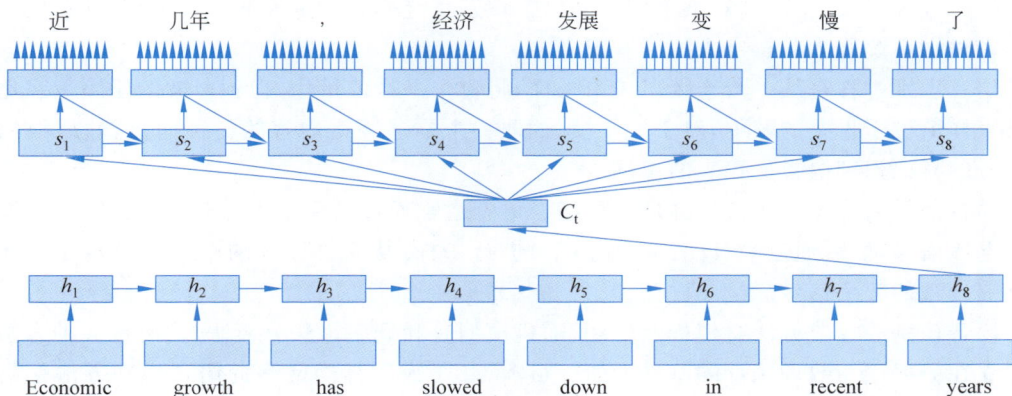

图 7-4　循环神经网络翻译模型示例

输入,连同第一个隐含状态 s_1 以及上下文向量 C_t 来产生第二个隐含状态 s_2,该隐含状态 s_2 包含目标语言句子第一个词"近"的信息和源语言句子的信息,并用来预测目标语言句子第二个词"几年"。第二个目标语言词"纪念"会被再次作为输入来产生第三个隐含状态,如此循环下去,直到预测到一个句子的结束符<S>为止。

7.4.4　让计算机听懂人说话的语音识别

用语音实现人与计算机之间的交互,主要包括语音识别(Speech Recognition)、自然语言理解和语音合成(Speech Synthesis)。语音识别完成语音到文字的转换,自然语言理解完成文字到语义的转换,语音合成用语音方式输出用户想要的信息。

语音控制是人机接口发展历史中的重大突破。虽然它在研究初期进展十分缓慢,但现在已经有许多场合允许使用者用语音对计算机发命令。例如,我们经常对着手机说"给某某打电话",手机就自动拨号了。但是,目前还只能使用词汇有限的简单句子,因为计算机还无法接受复杂句子的语音命令。因此,需要研究基于自然语言理解的语音识别技术。随着手机、耳机、可穿戴设备和智能家居中识别功能和应用的改进,语音控制应用会越来越广泛。

相对机器翻译,语音识别是更加困难的问题。机器翻译系统的输入通常是印刷文本,计算机能清楚地区分单词和单词串。而语音识别系统的输入是语音,其复杂度要大得多,特别是口语有很多的不确定性。人与人交流时,往往是根据上下文提供的信息猜测对方所说的是哪一个单词,还可以根据对方使用的音调、面部表情和手势等来得到很多信息,特别是说话者会经常更正所说过的话,而且会使用不同的词来重复某些信息。显然,要使计算机像人一样识别语音是很困难的。

语音识别分为两种情况。一种情况是识别说话的人是谁。如果你对某个人非常熟悉,那么可以通过只听声音而辨别出那个人的身份。如果用声学仪器来测绘声波频谱,那么每个人的声波频谱都会不一样,这就是声纹。研究表明,成年人的声音可长期保持相对稳定,无论讲话者是故意模仿他人的声音和语气,还是耳语轻声讲话,声纹都始终相同。这就是语音识别中的特定人识别。另一种情况是不管是谁,只需要听清楚他说了什么,这就是语音识别中的非特定人识别。通俗地说,特定人的语音识别是要识别说话人是谁,而非特定人语音识别是要识别说的什么话。

按照服务对象划分,针对某个用户的语音识别系统称为特定人的语音识别,针对任何人的语音识别系统称为非特定人的语音识别。

语音识别过程是从一段连续声波中采样,将每个采样值量化,得到声波的压缩数字化表示。采样值位于重叠的帧中,对于每一帧,抽取一个描述频谱内容的特征向量,然后根据语音信号的特征识别语音所代表的单词。

语音信号采集是语音信号处理的前提。语音通常通过话筒输入计算机。话筒将声波转换为电压信号,然后通过 A/D 装置(如声卡)进行采样,从而将连续的电压信号转换为计算机能够处理的数字信号。

语音识别的经典方法有模板匹配法、随机模型法和概率语法分析法 3 种,这 3 种方法都是建立在概率论与数理统计的基础上的。目前,基于人工神经网络的语音识别方法是语音识别的主流技术和研究热点,特别是深度学习算法近年来在语音识别领域得到了广泛应用,取得了突出效果。

▎7.5　模拟生物神经系统的人工神经网络与机器学习

人类大脑里有大量生物神经元组成的复杂生物神经网络,这是智能产生的物质基础。用数学描述生物神经元的运行过程就是人工神经元。本节将介绍人工神经网络的相关知识,并分别介绍掀起人工智能前两次高潮的感知器、BP 学习算法及其在模式识别中的应用,在此基础上,介绍掀起人工智能第三次高潮的深度学习。

7.5.1　人工神经元与人工神经网络

1. 概述

人工神经网络(Artificial Neural Network,ANN)是一个用大量简单处理单元经广泛连接而组成的人工网络,是对人脑或生物神经网络若干基本特性的抽象和模拟。人工神经网络理论为许多问题的研究提供了一条新的思路,特别是深度学习的兴起,目前已经在模式识别、机器视觉、语音识别、机器翻译、图像处理、联想记忆、自动控制、信号处理、软测量、决策分析、组合优化问题求解、数据挖掘等方面获得成功应用。

2. 生物神经元如何工作

现代人的大脑内约有 1000 亿个神经元,每个神经元与大约 1000 个其他神经元连接,这样,大脑内约有 100 万亿个连接。人的智能行为就是由如此高度复杂的组织产生的。浩瀚的宇宙中,也许只有包含数千亿颗星球的银河系的复杂性能够与人类大脑相比。

生物神经元的主体部分为细胞体。细胞体由细胞核、细胞质、细胞膜等组成。神经元还包括树突和一条长的轴突。从细胞体向外伸出的最长的一条分支称为轴突,即神经纤维。轴突末端部分有许多分枝,称为轴突末梢。一个神经元通过轴突末梢与 10～10 万个其他神经元相连接,组成一个复杂的神经网络。轴突是用来传递和输出信息的,其端部的许多轴突末梢为信号输出端子,用于将神经冲动传给其他神经元。从细胞体向外伸出的其他许多较短的分支称为树突。树突相当于细胞的输入端,树突上的各点都能接收其他神经元的冲动。神经冲动只能由前一级神经元的轴突末梢传向下一级神经元的树突或细胞体,不能做反方向的传递。

神经元具有两种常规工作状态：兴奋与抑制，即满足"0-1"律。当传入的神经冲动使细胞膜电位升高超过阈值时，细胞进入兴奋状态，产生神经冲动并由轴突输出；当传入的冲动使细胞膜电位下降低于阈值时，细胞进入抑制状态，没有神经冲动输出。

3. 生物神经元数学模型

早在 1943 年，美国神经心理学家麦克洛奇和数学家皮兹就提出了神经元的数学模型 (M-P 模型)，从此开创了人工神经网络理论研究的时代。从 20 世纪 40 年代开始，根据神经元的结构和功能不同，先后提出的神经元模型有几百种之多。下面介绍神经元的一种标准、统一的数学模型，它由 3 部分组成，即加权求和、线性环节和非线性函数。

线性环节可以取为比例环节，在 MP 模型中简单地取为 1；也可以取为惯性环节、时滞环节及其组合函数等。最常用的非线性激活函数有阶跃函数、S 型 (Sigmoid) 函数、ReLU 函数等。

Sigmoid 函数的缺点是在输入的绝对值大于某个阈值后会过快地进入饱和状态 (函数值趋于 1 或者 -1，而不再有显著的变化)，出现梯度消失情况，即梯度会趋于 0，在实际模型训练中会导致模型收敛缓慢，性能不够理想。因此，在一些现代网络结构中，Sigmoid 函数逐渐被 ReLU 等类激活函数取代。

ReLU(Rectified Linear Unit) 是近年来深度学习研究中广泛使用的一个激活函数。ReLU 不是一个光滑曲线，而是一个很简单的分段线性函数。

ReLU 函数尽管形式简单，但在实际应用中没有饱和问题，运算速度快，收敛效果好，在卷积神经网络等深度神经网络中效果很好。

4. 人工神经网络

人工神经网络是由众多简单的神经元连接而成的一个网络。尽管每个神经元的结构、功能都不复杂，但神经网络的行为并不是各单元行为的简单相加，网络的整体动态行为极为复杂，可以组成高度非线性动力学系统，具有大规模并行处理能力和自适应、自组织、自学习能力，以及分布式存储等特点，在许多领域得到了成功应用。

如同人脑存储知识一样，人工神经网络是一种隐式的知识表示方法。在这里，将某一问题的若干知识通过学习表示在同一网络中。人工神经网络的学习是指调整人工神经网络的连接权值或者结构，使输入和输出具有需要的特性。

7.5.2 掀起人工智能第一次高潮的感知器

1957 年，美国康奈尔大学的航空实验室的实验心理学家、计算科学家弗兰克·罗森布拉特提出了由两层神经元组成的人工神经网络，并将其命名为感知器 (Perceptron)，并在一台 IBM-704 计算机上模拟实现了感知器神经网络模型，完成了一些简单的视觉处理任务。1962 年，罗森布拉特在理论上证明了单层神经网络在处理线性可分的模式识别问题时可以做到收敛，并以此为基础做了若干感知器有学习能力的实验，在国际上引起了轰动，掀起了基于人工神经网络研究的人工智能的第一次高潮。

连接主义的奠基人、图灵奖得主明斯基和麻省理工学院的另一位教授西摩尔·派普特合作，经过充分的理论研究，于 1969 年出版了影响巨大的著作《感知器：计算几何导论》，指出了感知器存在无法解决不可线性分割的问题，并列举了异或问题这个反例。抑或是一个基本逻辑问题，如果这个问题都解决不了，则表明感知器的计算能力实在有限。由于明斯基在 1969 年刚刚获得计算机科学界最高奖——图灵奖,他的论断直接把人工神经网络的研究送进一个近 20 年的低潮期,史称"人工智能的冬天"。

感知器之所以无法解决"非线性可分"问题,原因就是一个单层神经网络的结构过于简单,仅仅是一个线性分类器。如果想提升感知器神经网络的表征能力,网络结构就要向复杂网络进发,即在输入层和输出层之间添加一层或者多层神经元,称之为隐藏层,从而构成多层感知器,但当时缺乏有效的算法和支撑复杂算法的计算能力。

感知器的失败导致人工神经网络研究进入低潮,但没有影响人工神经网络研究的持续和深入。美国电气电子工程师协会(IEEE)于 2004 年设立了罗森布拉特奖,以奖励在人工神经网络领域的杰出研究。

7.5.3　掀起人工智能第二次高潮的 BP 学习算法

1. BP 学习算法的提出

1974 年,哈佛大学博士生保罗·沃波斯在其博士论文中证明,在感知器神经网络中再多加一层,并利用误差的反向传播(Back Propagation,BP)来训练人工神经网络,可以解决异或问题。令人遗憾的是,那时正值人工神经网络研究的低潮期,沃波斯的研究并没有得到应有的重视。

直到 1985 年,加拿大多伦多大学教授杰弗里·辛顿(Geoffrey Hinton)和戴维·鲁梅尔哈特(David Runelhart)等重新设计了 BP 学习算法,在多层感知器中使用 Sigmoid 激活函数代替原来的阶跃函数,以"人工神经网络"模仿大脑工作机理,发表了具有里程碑意义的论文《通过误差反向传播学习表示》,实现了明斯基多层感知器的设想。BP 学习算法唤醒了沉睡多年的人工智能研究,又一次掀起了人工智能研究的高潮。保罗·沃波斯获得了人工神经网络先驱奖。

2. BP 神经网络的结构

BP 神经网络(Back-Propagation Neural Network)就是多层前向网络,其结构如图 7-5 所示。设 BP 神经网络具有 m 层。第一层称为输入层,最后一层称为输出层,中间各层称为隐藏层。标注"+1"的圆圈称为偏置节点。没有其他单元连向偏置单元。偏置单元没有输入,它的输出总是+1。输入层起缓冲存储器的作用,用于把数据源加到网络上,因此,输入层的神经元的输入/输出关系一般是线性函数。隐藏层中各个神经元的输入/输出关系一般为非线性函数。

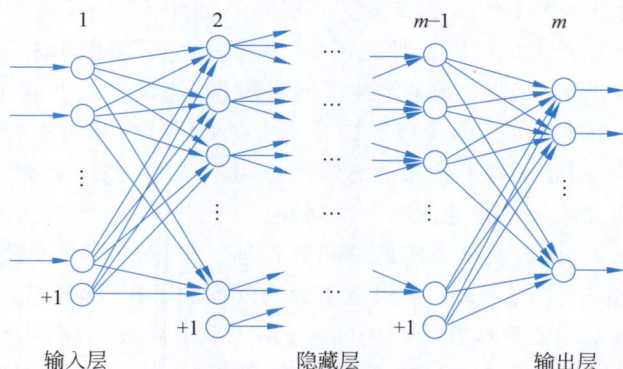

图 7-5　BP 神经网络结构

3. BP 学习算法

当 BP 神经网络输入数据 $X=[X_1\,X_2\cdots X_{p1}]^T$（设输入层有 p_1 个神经元），从输入层依次经过各隐层节点，可得到输出数据 $Y=[y_1{}^m\,y_2\cdots y_{p_m}{}^m]^T$（设输出层有 p_m 个神经元）。因此，可以把 BP 神经网络看成一个从输入到输出的非线性函数。

给定 N 组输入/输出样本为 $|X_{si},Y_{si}|,i=1,2,\cdots,N$。如何调整 BP 神经网络的权值，以使 BP 神经网络输入为样本 X 时神经网络的输出为样本 Y 就是 BP 神经网络的学习问题。

要解决神经网络的学习问题，应解决两个问题：一是能否学，二是怎样学。

所谓能否学，就是这个网络有没有能力学习这个知识。例如，前面介绍的感知器仅仅是一个线性分类器，它不可能学习异或问题，也就是说，无论怎么调整感知器的权值，也不能对异或问题进行分类，因为这是一个非线性分类问题。对于 BP 神经网络，这个问题容易解决，有下列 BP 定理作为保障。

BP 定理：对于任意的连续函数 f，存在一个三层前向神经网络，它可以以任意精度逼近 f。

BP 定理说明，对任何一个非线性函数，只要用三层 BP 神经网络就能够精确逼近，更不用说用更多层了。事实上，对于任何一个问题，虽然理论上只要三层 BP 神经网络就可以了，但为了提高学习性能，许多时候需要采用多层 BP 神经网络。可惜 BP 定理没有说明如何合理地选取多层 BP 神经网络的隐藏层数及隐藏的神经元个数，目前尚无有效的理论和方法，一般用仿真来确定。

所谓怎样学，就是在选择了 BP 神经网络的结构后如何调整其权值，使 BP 神经网络的输入与输出的关系与给定的样本相同。BP 学习算法给出了具体的调整神经网络权值的算法。

在 BP 学习算法中，求第 k 层的误差信号需要第 k+1 层的误差信号。因此，误差函数的求取是一个始于输出层的反向传播的递归过程，所以称之为反向传播学习算法。通过多个样本的学习，修改权值，不断减少偏差，最后达到令人满意的结果。

4. BP 学习算法在模式识别中的应用

模式识别主要研究用计算机模拟生物、人的感知，对模式信息，如图像、文字、语音等进行识别和分类。传统人工智能的研究部分地显示了人脑的归纳、推理等智能。但是，对于人类底层的智能，如视觉、听觉、触觉等方面，现代计算机系统的信息处理能力还不如一个幼儿。

人工神经网络的研究为模式识别开辟了新的研究途径。与传统模式识别方法相比，人工神经网络方法具有较强的容错能力、自适应学习能力和并行信息处理能力。

【例 7-1】　设计一个三层 BP 神经网络对数字 0～9 进行分类。训练数据如图 7-6 所示，测试数据如图 7-7 所示。注意，测试数据相比训练数据发生了变化，表示加入了噪声，以检验 BP 神经网络分类模型的鲁棒性。

解：每个数字划分为 9×7 的网格，灰色网格代表 0，黑色网格代表 1。将网格表示为 0 或者 1 的长位串。位映射由左上角开始向下，直到网格的整个一列，然后重复其他列。

例如，数字"1"的网格的数字串为{0,0,0,0,0,0,0,0,0;0,0,0,0,0,0,1,0;0,0,1,0,0,0,0,1,0;0,1,1,1,1,1,1,1,0;0,0,0,0,0,0,0,1,0;0,0,0,0,0,0,0,1,0;0,0,0,0,0,0,0,0,0}。

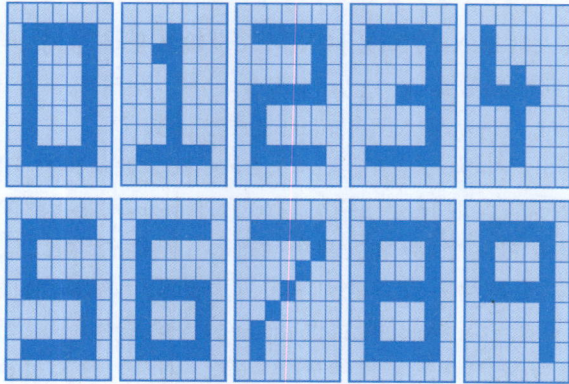

图 7-6　实例训练数据

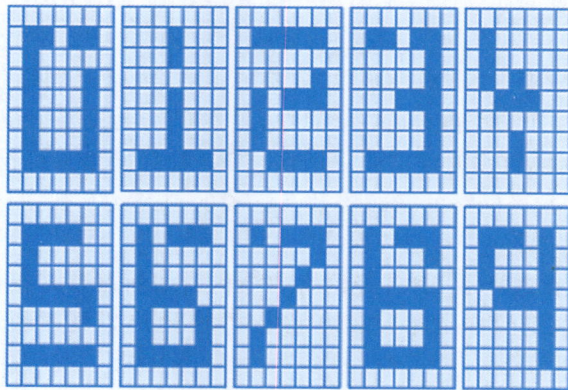

图 7-7　实例测试数据

因为数字串是 63 位,所以选择输入层神经元的个数为 63。

该分类问题有 10 类,BP 神经网络输出层可以设置 9 个神经元。数字 1~9 由 9 个神经元中的一个表示,所有神经元的输出全为 0 表示数字 0。

这里,隐藏神经元的个数为 6,也可以取其他的数目,但不能太少。

因此,选择三层 BP 神经网络结构为 63-6-9。这里使用的学习步长为 0.3,训练 1000 个周期。

当训练成功后,用图 7-7 所示的有残缺的数据进行测试。测试结果表明:除了 8 以外,所有数字都能够被正确地识别。对于数字 8,第 8 个节点的输出值为 0.41,而第 6 个节点的输出值为 0.53,表明第 8 个样本网络是模糊的,可能是数字 6,也可能是数字 8,但也不完全确信是两者之一。实际上,人的眼睛在看这个数字时也会发生类似错误。

BP 算法于 1991 年被指出存在梯度消失问题,只能设计成浅层神经网络,难以学习复杂的问题,这成为影响 BP 神经网络发展的主要原因,影响了神经网络的许多应用,使人工神经网络的研究第二次进入低潮,直到 2006 年深度学习的提出再次掀起了人工神经网络研究的新浪潮。

7.5.4　掀起人工智能第三次高潮的深度学习

深度学习是当前人工智能最重要的研究方向,掀起了人工智能研究与应用的第三次高潮。下面简要介绍类比人的视觉机理的卷积神经网络、运用生成与对抗策略的创作高手生成对抗网络以及它们在一些领域中的应用。

1. 类比人的视觉机理的卷积神经网络

1)一个生物学发现:动物视觉机理

1958 年,神经生物学家大卫·休伯尔(David Hunter Hubel)与托斯坦·威泽尔(Torsten N.Wiesel)等研究瞳孔区域与大脑皮层神经元的对应关系。他们在猫的后脑头骨上开了一个 3mm 的小洞,向洞里插入电极,测量神经元的活跃程度。经历了多次反复的试验,他们发现了一种被称为"方向选择性细胞"的神经元。当瞳孔发现了物体的边缘,而且这个边缘指向某个方向时,这种神经元细胞就会兴奋。因此,神经-中枢-大脑的工作过程或许是一个不断迭代、不断抽象的过程,从原始信号做低级抽象逐渐向高级抽象迭代。1981 年,大卫·休伯尔和托斯坦·威泽尔因为发现了视觉系统的信息处理中可视皮层是分级的而获得诺贝尔医学奖。这个重要的科学发现不仅影响了生理学领域,而且间接促成了 40 多年后人工智能的突破性发展。大卫·休伯尔和托斯坦·威泽尔等对大脑的深入认识启迪了计算机科学家,为科研人员从"观察大脑"到"重现大脑"搭起了桥梁。

2)卷积神经网络的结构

2006 年 7 月,加拿大多伦多大学杰弗里·辛顿教授等受动物视觉机理的启发,提出深度神经网络(Deep Neural Networks,DNN),掀起了深度学习(Deep Leaming,DL)的新高潮。

深度学习的提出也得益于高性能计算和大数据技术的快速发展,如图形处理器(Graphies Processing Unit,GPU)的出现,大规模集群直接支撑了深度神经网络的训练。深度学习是一个数据驱动(Data-Driven)的计算模型,它需要使用大量数据进行训练。目前,海量、高增长率和多样化的信息为大规模深度神经网络训练提供了充分的数据。

卷积神经网络(Convolutional Neural Networks,CNN)是一种多层神经网络,每层由多个二维平面组成,而每个平面由多个独立神经元组成。卷积神经网络的一般结构如图 7-8 所示。

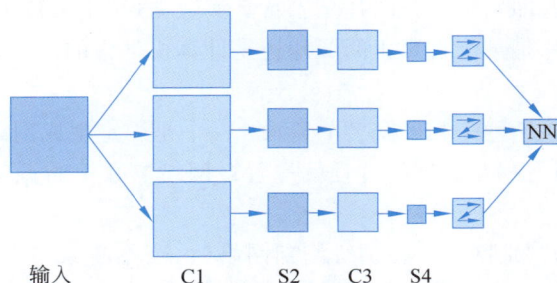

输入　　C1　　S2　　C3　　S4
图 7-8　卷积神经网络的一般结构

这里需要特别注意:输入层是一个矩阵,例如一幅图像的像素矩阵。相比 BP 神经网络,这是一个重大进步。BP 神经网络的输入是特征,一般要靠人工提取,例如用 BP 神经网络识别某个人,先要把刻画这个人的特征提取出来,这显然是很困难的。但卷积神经网络识别可以直接用这个人的照片进行识别,显然简单多了。

3)卷积神经网络的卷积

C 层为特征提取层,称为卷积层,用于对输入图像进行卷积,提取该局部的特征。卷积神经网络通过卷积运算自动提取特征。例如,图 7-8 中的输入图像通过 3 个卷积核的卷积在 C1 层产生 3 个特征图。卷积(Convolutional)源自拉丁文"convolvere",其含义就是"卷在一起(Roll Together)",是数学上的一个重要运算,由于其具有丰富的物理、生物、生态等意义,所以具有非常广泛的应用。

2. 生成对抗网络

1)人们经常遇到的生成与对抗策略

武侠小说《射雕英雄传》里描写的"老顽童"周伯通在被困在桃花岛期间创造了"左右互搏"之术,即用自己的左手和自己的右手打架,在左右手互搏的过程中提高自己左右手的能力。

造假币技术和验钞技术也一样,存在生成与对抗策略。造假币的机器逐步学习生成以假乱真的假币,使验钞机不能识别出假钞,验钞机逐步学习以识别不断出现的假币。造假币技术和验钞技术在对抗中逐步提高了各自的生成和判别能力。

2)生成对抗网络的提出

生成模型是一个极具挑战的机器学习问题。首先,对真实世界进行建模需要大量的先验知识,建模的好坏直接影响生成模型的性能;其次,真实世界的数据往往非常复杂,简单的函数很难把这些随机点恰好都变到真实图像的位置,所以需要非常复杂的模型,拟合模型所需的计算量往往非常庞大,甚至难以承受。针对上述两大困难,伊恩·古德费洛(Ian Goodfellow)于 2014 年提出了一种新型生成模型——生成对抗网络(Generative Adversarial Network,GAN)。

GAN 在生成模型之外引入了一个判别模型,通过两者之间的对抗训练达到优化目的。生成对抗网络是一种属于无监督学习的深度学习模型,通过让"生成模型"和"判别模型"两个神经网络以相互博弈的方式进行学习。

生成对抗网络由生成网络(Generative Network)和判别网络(Discriminative Network)两部分构成,如图 7-9 所示。其中,前者随机生成观测数据,例如"创作"出某个人的照片,后者负责辨别数据的真伪,即判别一张图片是来自真实数据,还是来自由生成网络"伪造"的数据。例如,判断一张照片是某个人真正的照片还是计算机创作的照片。

3)GAN 的训练

GAN 的训练过程包括两个相互交替的阶段:一个是固定生成网络,另一个是固定判别网络。用来训练两个网络相互对抗的过程就是各自网络参数不断调整的过程,而参数的调整过程就是学习过程。

固定生成网络训练判别网络。在训练判别网络时,会不断给判别网络输入两种类别的图片,并标注不同的分值。一类图片是生成网络生成的图片,另一类是真实图片:将生成图片和真实图片组成一个二分类的数据集,训练判别网络。将生成图片和实际图片分别输入判别网络。如果输入图片来自真实数据集,则样本输出为 1;如果输入图片来自生成网络,则样本输出为 0。通过这样的训练可以提高判别网络的判别能力,同时给生成网络的进一

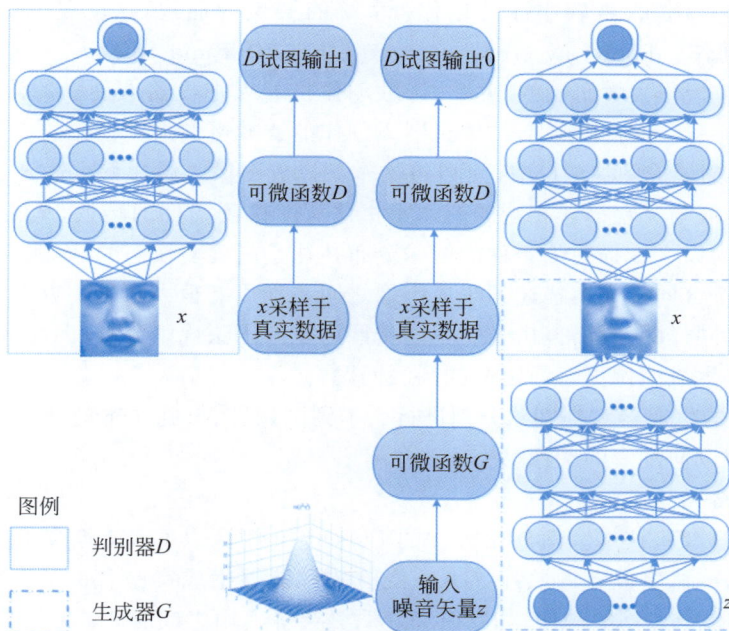

图 7-9 生成对抗网络一般结构

步训练提供信息。

固定判别网络训练生成网络。系统持续地生成一些随机数据,用生成网络将这些数据变换为生成图片,分值越高,说明图片越逼真。将这些图片输入判别器,得到"这个图片为真实图片"的概率越大,说明图片越逼真。例如概率为 0.5,它表示这个图片有 50% 的概率是来自真实数据集,也有 50% 的概率是来自生成网络。生成网络利用这些信息调整生成网络参数,使得后面生成的图片更接近实际图片。

目前,深度学习已经得到非常广泛的应用,而且新的应用正如雨后春笋般不断出现,生成对抗网络因为其内部对抗训练的机制,可以解决一些传统机器学习面临的数据不足的问题。下面列出几方面的应用。

3. 深度学习的应用

1)图像处理

生成对抗网络最先被应用于图像处理领域,后被推广到语音处理和自然语言处理等。

作为一个生成模型,GAN 可以生成一些图像和视频,以及一些自然语句和音乐等。目前,GAN 应用最成功的领域是生成以假乱真的图像和视频、三维物体模型、图像、数字、人脸等,如图像风格迁移、图像翻译、图像修复、图像上色、人脸图像编辑以及构成各种逼真的室内外场景,如从物体轮廓恢复物体图像等。

2)自然语言与图像转换

相对在计算机视觉领域的应用,GAN 在语言处理领域应用的报道较少,这是由于图像和视频数据的取值是连续的,可直接应用梯度下降法对可微的生成器和判别器进行训练,而语言生成模型中的音节、字母和单词等都是离散值,难以直接应用到基于梯度的生成对抗网络。

(1)文本生成。人工智能不仅广泛用于体裁比较固定的新闻写作,而且能够进行诗歌写作等文学创作。例如，微软小冰的创作：幸福的人生的逼迫，这就是人类生活的意义。Meta FAIR 的创作：The crow crooked onmore beautiful and free, he journeyed off in to the quarter sea. 清华大学研制的"九歌"诗歌创作机器人把机器人创作的诗歌与文艺青年创作的诗歌放在一起让专家辨别，结果机器人创作的诗歌更像人类创作的。

（2）将文本翻译成图像。GAN 可以将文本翻译成图像。给计算机输入一段文字描述，计算机会自动生成与文字描述相近的图片。相比从图像到图像的转换，从文本到图像的转换困难得多，因为以文本描述为条件的图像分布往往是高度多模态的，有太多的例子符合文本描述的内容，符合同样文本描述的生成图像之间差别可能很大。另一方面，虽然从图像生成文字也面临着同样的问题，但由于文本能按照一定的语法规则分解，因此从图像生成文本是一个比从文本生成图像更容易定义的预测问题。

通过 GAN 的生成器和判别器分别进行文本到图像、图像到文本的转换，两者经过对抗训练后能够生成以假乱真的图像。

3）视频生成

（1）实时 3D 变脸技术。南加州大学的 Pinscreen 团队以 GAN 等技术实现了实时 3D 变脸技术。输入一张实验者的照片，GAN 变脸软件能够生成实验者的 3D 视频，并且通过软件控制 3D 视频中人物的动作，如眨眼、张嘴、微笑等。用生成的 3D 视频代替实验者本人能够通过刷脸测试。为了防止变脸技术造成的信息安全，美国国防部开发了 AI 侦测工具，其能够识别视频是实验者本人的真实视频，还是计算机生成的实验者视频，反变脸精度达到 99%。

（2）人工智能主持人。2018 年 11 月，在乌镇第五届世界互联网大会上，新华社对外宣布：中国首个人工智能主持人正式上岗。2019 年 2 月 19 日，新华社又发布站立式合成主播上岗。

真正的主持人先主持一段节目，然后用 3D 扫描仪收集节目的视觉数据，计算机生成的主持人即可化身真正的主持人，真假难辨。采集真正的主持人的嗓音作为深度学习的输入数据，然后人工智能会学习该嗓音特征，并能以该嗓音生成新的内容——说话或者唱歌，并记录主体的行为和动作等个人数据，由此就可以再现他的说话模式和性格特点。特别是计算机生成的主持人能以真正的主持人的嗓音生成真正的主持人根本不会讲的语言，例如不仅能够讲中文，而且能够讲英语、日语或韩语等各种语言。

4）医学影像识别

人工智能在医疗中的应用是最有前景和价值的。基于深度学习等人工智能技术的 X 光、核磁、CT、超声等医疗影像多模态大数据的分析技术，可提取二维或三维医疗影像隐含的疾病特征。例如黑色素瘤识别：将 1 万张有标记的影像交给机器学习，然后让 3 名医生和计算机一起看另外 3000 张影像。人的识别精度为 84%，计算机的识别精度达到 97%。

7.6 模拟生物特性的智能计算

生物进化过程是怎么进行的？用数学公式模拟生物进化过程称为进化算法。本节主要介绍模拟生物进化的遗传算法、模拟鸟群觅食行为的粒子群优化算法、模拟蚁群觅食行为的蚁群算法。

7.6.1　生物进化的过程

进化算法（Evolutionary Algorithms，EA）是以达尔文的进化论思想为基础，通过模拟生物进化过程与机制的求解问题的人工智能技术，是一类借鉴生物界自然选择和自然遗传机制的随机搜索算法。这些方法本质上从不同角度对达尔文的进化原理进行了不同的运用和阐述，非常适合处理传统搜索方法难以解决的复杂优化问题。

"适者生存"揭示了大自然生物进化过程中的一个规律：最适合自然环境的群体往往产生了更大的后代群体。生物进化的基本过程如图 7-10 所示。

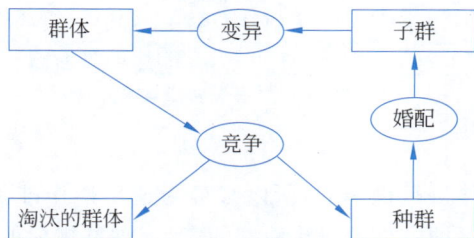

图 7-10　生物进化的基本过程

以一个初始生物群体为起点，经过竞争后，一部分群体被淘汰而无法再进入这个循环，而另一部分则胜出成为种群。竞争过程遵循生物进化中"适者生存，优胜劣汰"的基本规律，所以都有一个竞争标准，或者说是生物适应环境的基本过程价值标准。适应程度高的个体进入种群的可能性比较大，但是并不一定进入种群；适应程度低的个体进入种群的可能性比较小，但是并不一定被淘汰。这一重要特性保证了种群的多样性。进化算法就是模拟生物进化的机理，能够得到最优化问题的最优解。

下面用一群羚羊来说明生物进化过程。有群体的地方就有竞争，羚羊竞争的标准是力气大、速度快。速度快、被吃掉的可能性就小，力气大，占有的母羚羊就多，繁殖的后代就多。当然，跑得最快的也可能被吃掉，只是被吃掉的可能性比较小。同样，力气小的也可能繁殖后代，只是可能性比较小。竞争胜出者进入种群，以一定的随机性选择配偶交配。后代继承了父母的一些基因，称为遗传，但和父母又不完全一样，会发生一些变化，称为变异。新生的羚羊加入群体，新的群体再进行竞争，进入新一轮进化。这样不断进化，羚羊群总体上会越来越优秀。

进化算法就是用数学公式模拟上述生物进化过程。从初始解经过长时间的成长演化，最后收敛到最优化问题的一个或者多个解。因此，进化算法是一个"算法簇"，但它们产生的灵感都来自大自然的生物进化，了解一些生物进化过程有助于理解遗传算法的工作过程。进化算法的基本框架是遗传算法所描述的框架。下面以遗传算法为例介绍进化算法。

7.6.2　模拟生物进化的遗传算法

遗传算法中包含编码、群体设定、适应度函数设计、遗传算子设计等。遗传算子包括个体选择、交叉、变异等算子。

1. 编码

遗传算法首先要要求解问题的解编码成染色体或者个体。对于某个具体问题，编码方式不是唯一的。

一般将问题的解编码为一维排列的染色体的方法称为一维染色体编码方法。一维染色体编码方法中最常用的是二进制编码。

例如,将遗传算法应用于信号采集通道优化问题。使用二进制编码来表示通道组合:0 表示不选择该通道,1 表示选择该通道,即将 c_i 定义为通道 i 是否被选择,$c_i=1$ 表示选择通道i,$c=0$ 表示不选择通道i。例如,选择第 2、4、6、8、9、11、12、16 这 8 个通道,可以表示为 16 位二进制编码为 0101010110110001,如图 7-11 所示。这样的遗传编码不仅给出了选择了多少通道,而且给出了选择了哪些通道。

Channel ID:	C1	C2	C3	C4	C5	C6	C7	C8	C9	C10	C11	C12	C13	C14	C15	C16
Chromosome:	0	1	0	1	0	1	0	1	1	0	1	1	0	0	0	1

图 7-11 二进制编码实例

2. 群体设定

由于遗传算法是对群体进行操作的,所以必须为遗传操作准备一个由若干解组成的初始群体。群体设定主要包括两方面:初始种群的产生,种群规模的确定。

1)初始种群的产生

遗传算法中,初始群体中的个体一般是随机产生的,但最好采用如下策略设定:先随机产生一定数目的个体,然后从中挑选最好的个体添加到初始群体中。这种过程不断迭代,直到初始群体中的个体数目达到预先确定的规模。

2)种群规模的确定

群体规模影响遗传优化的结果和效率。群体规模太小会使遗传算法的搜索空间范围有限,因此搜索有可能停止在未成熟阶段,使算法陷入局部最优解,这就如同动物种群太小会出现近亲繁殖而影响种群质量一样。因此,当群体规模太小时,遗传算法的优化性能一般不会太好,容易陷入局部最优解。因此,必须保持群体的多样性,即群体规模不能太小。

群体规模越大,遗传操作所处理的模式就越多,进化为最优解的机会就越大。但群体规模太大会带来一些弊端,例如所有的计算与操作都是由 CPU 完成的,当群体规模太大时,其适应度评估次数增加,则计算量也增加,从而影响算法效率。综合考虑,许多实际优化问题的群体规模一般取 20~100。

3. 适应度函数设计

遗传算法遵循自然界优胜劣汰的原则,在进化搜索中基本上不用外部信息,而是用适应度值表示个体的优劣,作为遗传操作的依据。例如,羚羊群的优秀评价标准就是力气大和跑得快。个体的适应度高,则被选择的概率就高,反之就低。改变种群内部结构的操作都是通过适应度值加以控制的。可见,适应度函数的设计是非常重要的,这就像评价人们工作成效的标准制定一样重要。

适应度值是对解的质量的一种度量。适应度函数是用来区分群体中个体好坏的标准,是进化过程中进行选择的唯一依据。在具体应用中,适应度函数的设计要结合求解问题本身的要求而定。

一般而言,适应度函数是由目标函数变换得到的,但要保证适应度函数是最大化问题和非负性。最直观的方法是直接将最优化问题的目标函数作为适应度函数。

若目标函数为最大化问题,则选择目标函数作为适应度函数。若目标函数为最小化问题,则需要把目标函数转化为最大化问题,才能作为适应度函数。例如,取最小化问题的目标函数的倒数作为适应度函数。

4. 遗传算子设计

遗传算子是模拟生物基因遗传的操作,从而实现优胜劣汰的进化过程。遗传操作主要包括3个基本遗传算子:选择(Selection)、交叉(Crossover)、变异(Mutation)。

1) 选择

选择操作也称为复制操作,指从当前群体中按照一定概率选出优良的个体,使它们有机会作为父代繁殖下一代子孙。判断个体优良与否的准则是各个个体的适应度值。显然,这一操作借用了达尔文适者生存的进化原则,即个体适应度越高,其被选择的机会就越多。选择操作的实现方法很多。优胜劣汰的选择机制使得适应值大的解有较高的存活概率,这是遗传算法与一般搜索算法的主要区别之一。

不同的选择策略对算法的性能也有较大的影响。下面介绍几种常用的选择方法。

(1) 个体选择概率分配方法

在遗传算法中,哪个个体被选择是概率决定的,所以首先要根据个体的适应度变换为选择概率。具体变换方法主要遵循以下原则:适应度大的个体被选择的概率大,适应度小的个体被选择的概率小。

适应度比例法(Fitness Proportional Model)也称为蒙特卡罗法,是目前遗传算法中最基本也是最常用的选择方法。在适应度比例法中,各个个体被选择的概率和其适应度值呈比例。

(2) 选择个体方法

选择操作是根据个体的选择概率确定哪些个体被选择。轮盘赌选择方法在遗传算法中使用得最多。在轮盘赌选择方法中,先按个体的选择概率造成一个轮盘,轮盘每个区域的角度与个体的选择概率呈比例,然后产生一个随机数,它落入轮盘的哪个区域就选择相应的个体。显然,选择概率大的个体被选中的可能性大,获得交叉的机会就大。

在实际计算时,可以按照个体顺序求出每个个体的累积概率,然后产生一个随机数,它落入累积概率的哪个区域就选择相应的个体交叉。

为了保证遗传算法终止时得到的最终结果一定是历代出现过的最高适应度的个体,常采用最佳个体保存法,即群体中适应度最高的个体不进行交叉,而是直接复制到下一代中。使用这种方法能够明显提高遗传算法的收敛速度。

2) 交叉

遗传算法中起核心作用的是交叉算子,也称为基因重组(Recombination)。采用的交叉方法应能够使父串的特征遗传给子串。子串应能够部分或者全部地继承父串的结构特征和有效基因。

(1) 一点交叉。一点交叉(Single-Point Crossover)又称为简单交叉。其具体操作是:在两个被选择的个体串中随机设定一个交叉点,实行交叉时,该点前或后的两个个体的部分结构进行互换,并生成两个新的个体。

如图7-12所示,A和B两个父类染色体产生两个子染色体A+B和B+A。A+B包含从开始到交叉点的A的基因片段,以及从交叉点到结尾的B的基因片段。类似地,B+A包含从开始到交叉点的B的基因片段,以及从交叉点到结尾的A的基因片段。

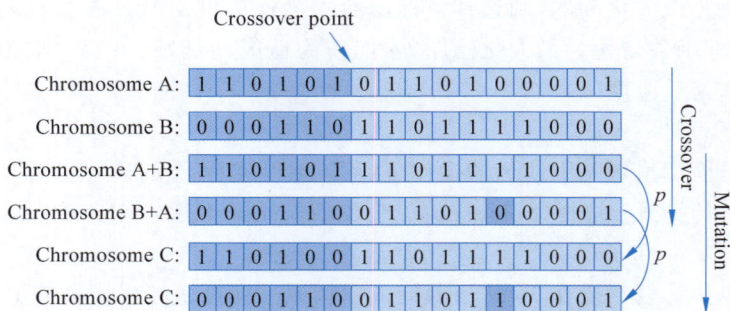

图 7-12　遗传算子设计

（2）二点交叉。二点交叉（Two-Point Crossover）的操作与一点交叉类似，只是设置了两个交叉点（仍然是随机设定），将两个交叉点之间的码串相互交换。

类似于二点交叉，还可以采用多点交叉（Multiple-Point Crossover）。

3）变异

变异的主要目的是维持群体的多样性，为选择、交叉过程中可能丢失的某些遗传基因进行修复和补充。变异算子的基本内容是对群体中选择的个体的某些基因座上的基因值做变动。变异操作是按位进行的，即把某一位的内容进行变异。变异方法有很多种，下面介绍位点变异和逆转变异。

（1）位点变异。位点变异是指对群体中的个体码串随机挑选一个或多个基因座，并对这些基因座的基因值以变异概率 P 做变动。对于二进制编码的个体来说，若某位原为 0，则通过变异操作就变成了 1，反之亦然。为了消除非法性，将其他基因所在的基因座上的基因变为被选择的基因。

如图 7-12 所示，A 和 B 两个父类染色体产生两个子染色体 A+B 和 B+A。随机选择 A+B 的第 6 位进行变异，因为 A+B 的第 6 位是 1，所以变异个体 C 的第 6 位为 0；类似地，随机选择 B+A 的第 12 位进行变异，因为 B+A 的第 12 位是 0，所以变异个体 C 的第 12 位为 1。

（2）逆转变异。为了防止变异出现非法个体，可以采用逆转变异：在个体码串中随机选择两个点（称为逆转点），然后将两个逆转点之间的基因值以逆向排序插入原位置。

7.6.3　模拟鸟群觅食行为的粒子群优化算法

自然界中有许多现象令人惊奇，如蚂蚁搬家、鸟群觅食、蜜蜂采蜜。这些现象不仅吸引了生物学家，也让计算机学家痴迷。例如，鸟群飞行的位置排列看起来似乎是随机的，但其实它们有着惊人的同步性，这种同步性使得鸟群的整体运动非常流畅。有科学家对鸟群的飞行进行了计算机仿真，他们让每个个体按照特定的规则运动，模拟鸟群整体的复杂行为。模型成功的关键在于对个体间距离的操作，也就是说，群体行为的同步性是因为个体努力维持自身与相邻个体之间的距离为最优，所以每个个体必须知道自身位置和相邻个体的信息。

这些由简单个体组成的群落与环境以及个体之间的互动行为称为群体智能。群体智能算法是基于群体行为对给定的目标进行寻优的启发式搜索算法，其寻优过程体现了随机、并行和分布式等特点。

从生物社会学的角度看，群体智能是蚂蚁、鸟群等社会性动物在觅食、御敌、筑巢等活动中所表现出的一种集体形式的"智能"。从计算机科学的角度看,群体智能可以定义为非智能主体组成的系统通过相互之间或环境之间的交互作用表现出的集体智能行为。从应用的角度看,群体智能是以社会性动物群体行为和人工生命理论为基础,研究各群体行为的内在原理,并以这些原理为基础设计新的问题求解方法。

粒子群优化(Particle Swarm Optimization,PSO)算法是美国普渡大学的 Kennedy 和 Flvrhart 受到他们早期对鸟类群体行为研究结果的启发,于 1995 年提出的一种仿生优化算法。PSO 算法是一种基于群体智能理论的全局优化算法,通过群体中粒子之间的合作与竞争产生的群体智能指导优化搜索。

在粒子群优化算法中,在 n 维连续搜索空间(如果 n＝3,则是在人们熟悉的 3 维空间)中,粒子群中的第 i 个粒子(对应于第 i 只鸟)下一时刻的搜索方向取决于以下 3 个因素。

(1) 与该粒子当前时刻的搜索方向与惯性大小有关。显然,一只鸟某个时刻正在以一定的速度向前飞,由于存在一定的惯性,下一时刻的飞行方向肯定不能立刻向后飞。具体的飞行方向与这只鸟的惯性有关。

(2) 与该粒子当前位置和其经历过的最好位置的距离有关,希望向它自己经历过的最好位置方向搜索。粒子对自己以前经历的认可称为个体"认知"(Cognition),表示粒子本身的思考。粒子的自信程度用自信系数表示。自信系数越大,表示粒子对自己曾经经历过的最优位置越自信。为了避免像快速下降法那样容易陷入局部最优解,算法中不是一定向自己曾经经历过的最优位置搜索,而是存在一定的随机性。

(3) 与该粒子当前位置和所有粒子经历过的最好位置的距离有关,希望向所有粒子经历过的最好位置方向搜索。粒子对所有粒子以前经历的认可称为个体"社会"(Social),表示粒子对群体的思考,体现了粒子之间的信息共享与相互合作。粒子对群体的信任程度用群体信任系数表示。群体信任系数越大,表示粒子 i 对群体已经经历过的最优位置越相信,也就是人们经常说的"随大流"。同样,为了避免像快速下降法那样容易陷入局部最优解,算法中不是一定向群体已经经历过的最优位置搜索,而是存在一定的随机性。

粒子群优化算法已在化工、电力、机械设计、通信、机器人、经济、图像处理、生物信息、医学、物流等领域的优化求解中得到应用。

7.6.4　模拟蚁群觅食行为的蚁群算法

意大利科学家 Marco Dorigo 和 V.Maniezzo 等在观察蚂蚁的觅食习性时发现,蚂蚁总能找到巢穴与食物之间的最短路径。经研究发现,蚁群觅食时总存在信息素跟踪和信息素遗留两种行为,即蚂蚁一方面会按照一定的概率沿着信息素较浓的路径觅食;另一方面,蚂蚁会在走过的路上释放信息素,使得在一定范围内的其他蚂蚁能够觉察到并由此影响它们的行为。随着时间的推移,以前留下的信息素逐渐挥发。当一条路上的信息素越来越浓时,后来的蚂蚁选择这条路的概率也越来越大,从而进一步增加该路径的信息素浓度;而当其他分量路径上蚂蚁越来越少时,这条路径上的信息素会随着时间的推移逐渐减弱。蚂蚁寻路过程如图 7-13 所示。

受蚂蚁觅食的启发,Marco Dorigo 等在 20 世纪 90 年代初提出蚁群优化算法(Ant Colony Optimization,ACO),也称为蚁群算法。研究表明,蚁群算法在解决离散组合优化方面具有良好的性能,并在多方面得到应用。

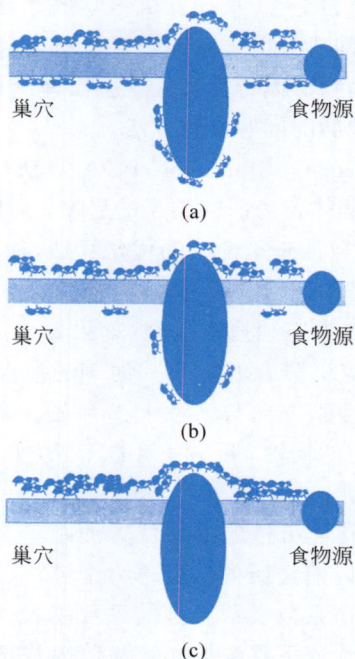

图 7-13　蚂蚁寻路过程

蚁群优化算法的第一个应用是著名的旅行商问题（TSP），M.Dorigo 等充分利用了蚁群搜索食物的过程与旅行商问题之间的相似性，通过人工模拟蚂蚁搜索食物的过程来求解旅行商问题，即通过个体之间的信息交流与相互协作，最终找到从蚁穴到食物源的最短路径。

每只蚂蚁在 t 时刻选择下一个地点（城市），并在 t＋1 时刻到达那里。设各条路径上初始时刻的信息素浓度相等。蚂蚁 $k(k＝1, \cdots, m)$ 在运动过程中，根据各条路径上的信息素浓度和启发信息决定转移方向。

在蚁群算法中，在 t 时刻，蚂蚁 k 选择从地点（城市）x 转移到地点（城市）y 的可能性由 x 和 y 连线上残留的信息素浓度和局部启发信息（能见度）共同决定。为了表示对信息素和局部启发信息（能见度）有所侧重，可以设置权重因子。

‖ 7.7　游戏中的人工智能技术

继 2013 年 *Playing Atari with Deep Reinforcement Learning* 发表后，Google 公司的 AlphaGo 在围棋上的 AI 突破又一次震惊了世界。人工智能游戏的快速发展为计算机游戏产业提供了新的机遇。目前，人工智能技术已经成为优秀计算机游戏开发中不可缺少的部分。

7.7.1　人工智能游戏

计算机游戏始于 1958 年的《两人网球》（*Tennis for Two*）游戏。但直到 20 世纪 70 年代 Atari 公司成功开发《Pong 打砖块》游戏，才使更多的人重视计算机游戏开发，并迅速发展成为新兴的游戏产业。人工智能技术的快速发展为计算机游戏业提供了新机遇。无论玩家是在任天堂的 Wii 游戏机上与马里奥赛车的车手比赛,还是用微软的 Xbox360 游戏手柄在《Halo3》上与外来入侵者对抗,人工智能技术都是目前优秀计算机游戏开发中不可缺少的部分。角色的智能水平是一款游戏可玩性的决定因素之一,也是游戏开发中需要着重考虑的问题。

应用人工智能技术设计的游戏称为人工智能游戏(AI Game),简称智能游戏。

人们对博弈的研究一直抱有极大的兴趣,早在 1956 年人工智能刚刚作为一门学科问世时,塞缪尔就研制出了跳棋程序。这个程序能从棋谱中学习,也能从下棋实践中提高棋艺,1959 年它击败了塞缪尔本人,1962 年又击败了美国一个州的冠军。1991 年 8 月,在悉尼举行的第 12 届国际人工智能联合会议上,美国 IBM 公司的"深思"(Deep Thought)与澳大利亚国际象棋冠军约翰森(D. Johansen)举行了一场人机对抗赛,结果以平局告终。1957 年,西蒙曾预测未来 10 年内计算机可以击败人类的世界冠军,虽然在 10 年内没有实现,但 40 年后,"深蓝"计算机还是击败了国际象棋世界冠军卡斯帕罗夫。

人工智能游戏软件给人以某种程度的智能的感觉,让玩家感觉更"好玩"已成为计算机游戏产品能否畅销的一个决定性因素。游戏开发者利用人工智能让无数角色看起来好像是有智慧的生命一样,表现出不同的人格特质,或者呈现出人类特有的情绪或脾气,从而吸引玩家。人工智能游戏软件通过分析游戏场景变化、玩家输入获得环境态势的理解,进而控制游戏中各种活动对象的行为逻辑,并做出合理决策,使它们表现得像人类一样智能,旨在提高游戏的娱乐性,挑战智能极限。人工智能游戏是结果导向的,最关注决策环节,可以看作"状态(输入)"到"行为(输出)"的映射,只要游戏能够根据输入给出一个看似智能的输出,那么就认为此游戏是智能的,而不在乎其智能是怎么实现的。

人工智能游戏并不是特别关心智能体是否表现得像人类一样,而是更加关心其智能极限——能否战胜人类领域的专家。例如,Waston 在智能问答方面战胜了 Jeopardy,AlphaGo 横扫人类围棋专业选手。

目前最有影响的人工智能游戏比赛是国际机器人图灵测试比赛。比赛内容是让程序员开发一个软件"机器人"来控制游戏人物,看其能否被一群专业玩家认为是真人。机器人图灵测试是图灵测试的一个变种,目标是让机器仅仅在文本谈话下让评委感觉它是真人。

澳大利亚埃迪斯·科文大学计算机与信息学院菲利普·亨斯顿(Philip Hingpton)说:"机器人图灵测试对于游戏当中的人工智能非常重要,通过向游戏玩家提供更有趣的对手,人工智能可以使游戏变得更加好玩。这也对广义的人工智能意义重大,因为它强调了人工智能的核心问题:人类的智能如何与计算机的智能联系起来。"

包括《模拟人生》(The Sims)和《孢子》(Spore)在内的畅销仿真游戏开发者威尔·怀特(Will Wright)希望,机器人图灵测试能够鼓励人工智能研究人员来实现人类最难以捉摸的特性——情感。"机器响应成为我们生活中无处不在的部分,但它们总不那么令人满意。"怀特说,"所以,在人工智能中,认知我们感情的维度是一项有趣的任务。"

从商业角度看,游戏产业主要关心的是采用新技术所带来的效益。现代游戏的制作都是十分庞大的工程,目前还不能利用人工智能来创作整个游戏。人工智能程序还不是游戏开发的关键。游戏开发人员还没有足够重视人工智能技术在游戏开发中的应用,他们主要的注意力仍然放在图画的质量上,包括三维、纹理映射和实时程序渲染等计算机图形学技术。实际上,用花在提高图画质量上的人力和财力可以开发出更好的智能游戏。特别是计算机图形学总有一天将不再成为游戏技术发展的驱动力,因为效用递减规律将使普通玩家无法区分当前的图形技术与以前的图形技术的差别。而人工智能技术将成为游戏革新的新驱动力,带来新风格的游戏,为主流玩家提供令人兴奋的效果,提供有助于市场竞争的新的计算机游戏产品。

不是所有的游戏都需要人工智能。例如,Windows 提供的接龙和扫雷等游戏就没有人工智能问题。网上提供的两人对弈的象棋、围棋、军棋类游戏也不需要人工智能技术。但一旦要求机器与人对弈,那么就需要很高的智能了。

7.7.2　游戏人工智能

游戏角色的智能水平是一款游戏可玩性的决定性因素之一,因此也是游戏开发中需要考虑的重要问题。人工智能技术能够实现智能角色,增强游戏的体验并改善游戏的可玩性。目前,在游戏设计中,除了人们熟知的机器学习,特别是深度学习外,还应用了许多人工智能技术来实现游戏中的非规定性行为。

1. 路径搜索

路径搜索是智能游戏软件中最基本的问题之一。有效的路径搜索方法可以让角色看起来很真实,使游戏变得更有趣味性。当前的棋类游戏几乎都使用了搜索的方式来完成决策,其中最优秀的是蒙特卡洛搜索树。现代游戏设计中特别需要研究对抗搜索等方法。

在简单的情况下,有以下几种路径搜索算法。

(1) 在不考虑躲避障碍物的情况下,路径搜索算法即为追逐算法。

(2) 若考虑躲避障碍物,则随机移动;如果直线上没有障碍物,则沿直线向目标移动。这种方法在开阔且障碍物数量较少、体积较小(如只有少量的树木)的情况下是可行的。

(3) 当场景中有体积较大的障碍物时,从追逐者位置向目标做投射得到一条直线,然后沿直线向目标移动。当碰到障碍物时,则沿着障碍物的边缘移动,直到又回到直线上,继续沿着直线移动。但当碰到障碍物的内转角时,不太适合采用这种方法。

(4) 面包屑寻路法记录目标走过的路径,让追逐者沿着这条路径移动。记录目标移动路径的方法是在目标走过的地方留下玩家看不见的记号(面包屑),追逐者可以按照不同的面包屑顺序移动。采用这种方法可能会出现追逐者走回头路的现象。

(5) A* 搜索算法是一种启发式搜索策略,能保证在任何起点与终点之间找到最佳路径。例如在追捕游戏中以两点间的欧氏距离为启发函数。A* 算法能够保证以最少的搜索找到最优的路径。由于 A* 搜索算法相对比较复杂,要求 CPU 做大量的计算,因此现在还不是游戏软件开发中最常用的路径搜索算法。特别是当 CPU 功能不太强,尤其是在解决多角色游戏的路径选择问题时,A* 算法不是最佳选择,会影响游戏效果。由于路径的类型很多,寻求路径的方法应与路径的类型、需求有关,A* 算法不一定适合所有场合。例如,如果起点和终点之间没有障碍物且有明确的视线,就没有必要使用 A* 算法。

2. 遗传算法

遗传算法已经广泛地应用于智能游戏设计。例如,游戏设计中经常需要为某个角色寻找最优路径,往往只考虑距离是远远不够的。游戏设计中利用了一个 3D 地形引擎,需要考虑路径上的地形坡度。当角色走上坡路时应该慢些,而且更费燃料。当在泥泞里跋涉时,应该比行驶在公路上更慢。采用遗传算法进行游戏设计时,可以定义一个考虑所有要素的适应度函数,从而在移动距离、地形坡度、地表属性之间达到较好的平衡。可以为游戏中不同的地面创建不同的障碍值或者惩罚值以加入适应度函数。如果道路泥泞,则惩罚值大,该道路总的适应度就小,选择这条路径的可能性就小。当然,如果这条路径比较短,则可以使得适应度增加,选择这条路径的可能性将变大。对地形坡度的处理也是类似的。最终路径的选择是所有因素的折中考虑,非玩家角色要平衡好这些因素是比较困难的,但最后一般都会像真人选择路径那样能够为各种地形找出最优路径,而不是仅仅找到距离最短的路径。

3. 模糊逻辑

游戏设计中广泛应用模糊逻辑方法。例如用模糊逻辑控制队友或者其他非玩家角色,能够实现平滑运动,使之看上去更自然。在战争游戏中,计算机军队经常配置防卫兵力,以抵抗敌军。计算机军队可以根据敌军的距离以及规模等用模糊逻辑评估玩家对计算机军队(非玩家)的威胁。其中,距离可以用"很近""较近""较远"和"很远"等表示;规模可以用"零星""少量""中等""大量"等表示;而威胁程度可以用"无""小""中""大"等表示。可以根据玩家或者非玩家角色的体力、武器熟练度、被击中的次数、盔甲等级等因素,将玩家或者非玩家的战斗能力分为"弱""较弱""一般""较强""很强"等等级。

4. 专家系统

专家系统用于模拟专业玩家的行为,游戏开发人员编写知识库控制角色的行为。尽管智能游戏的知识库在表达上不需要像其他专家系统的知识库那样复杂,但随着游戏的日益复杂化,专家系统越来越难以建立。现在有少数游戏专家系统中引入了机器学习,机器学习将在未来的智能游戏开发中得到越来越广泛的应用。

5. 人工生命

1987 年,计算机科学家克里斯·兰顿在美国洛斯·阿莫斯国家实验室召开的"生成以及模拟生命系统的国际会议"上首先提出了"人工生命"(Artificial Life,AL)的概念。人工生命是以计算机为研究工具,模拟自然界的生命现象,生成表现自然生命系统行为特点的仿真系统。游戏 *The Sims* 和 *Sim City* 的成功证明了人工生命技术的有效性和娱乐价值。例如用人工生命设计群聚,控制对象的智能化运动,协调多个智能主体的动作,使它们在整体上看起来像逼真的动物群。

人工智能游戏设计中或多或少地采用了上述技术,所获得的效果也不尽相同,还有许多人工智能技术就不一一介绍了。

7.7.3 史上最著名的两次人机大战

1. "深蓝"战胜国际象棋棋王卡斯帕罗夫

1996 年 2 月 10—17 日,为纪念世界第一台电子计算机诞生 50 周年,IBM 公司出巨资邀请国际象棋棋王卡斯帕罗夫与 IBM 公司的"深蓝"进行了 6 局的"人机大战"。这场比赛被人们称为"人脑与电脑的世界决战",因为参赛双方分别代表了人脑和计算机的世界最高水平。当时的"深蓝"是一台运算速度达每秒 1 亿次的超级计算机。第一盘,"深蓝"给了卡斯帕罗夫一个下马威,赢了这位世界冠军,轰动了世界棋坛。但卡斯帕罗夫总结经验,稳扎稳打,在剩下的 5 盘中赢下 3 盘,平 2 盘,最后以总比分 4∶2 获胜。

1997 年 5 月 3—11 日,"深蓝"再次挑战卡斯帕罗夫。这时,"深蓝"是一台拥有 32 个处理器和强大并行计算能力的超级计算机,运算速度达每秒 2 亿次。计算机里存储了百余年来世界顶尖棋手对弈的棋局。5 月 3 日,卡斯帕罗夫首战击败深蓝;5 月 4 日,"深蓝"扳回一盘,之后双方战平 3 局。双方的决胜局于 5 月 11 日拉开了帷幕,卡斯帕罗夫仅走了 19 步便认输。这样,"深蓝"最终以 3.5∶2.5 的总比分赢得了这场世人瞩目的"人机大战"的胜利。

"深蓝"的胜利表明人工智能所达到的成就。尽管它的棋路还远非真正地对人类思维方式的模拟,但它已经向世人说明,计算机能够以人类远远不能企及的速度和准确性实现属于人类思维的大量任务。"深蓝"精湛的残局战略使观战的国际象棋专家大为惊讶。卡斯帕罗夫也表示:"这场比赛中有许多新的发现,其中之一就是计算机有时也可以走出人性化的棋步。在一定程度上,我不能不赞扬这台机器,因为它对盘势因素有着深刻的理解,我认为这是一项杰出的科学成就。"因为这场胜利,IBM 的股票升值 180 亿美元。

此后的 10 年里,人类与机器在国际象棋比赛上互有胜负,直到 2006 年棋王姆尼克被国际象棋软件"深弗里茨"(Deep Fritz)击败后,人类再也没有击败过计算机。

2. AlphaGo 无师自通战胜世界围棋大师

阿尔法围棋(AlphaGo)是第一个击败人类职业围棋选手、第一个战胜围棋世界冠军的人工智能机器人,由谷歌(Google)旗下的 DeepMind 公司戴密斯·哈萨比斯领衔的团队开发,其主要工作原理是深度学习。

2016 年 3 月,AlphaGo 与围棋世界冠军、职业九段棋手李世石进行围棋人机大战,以 4∶1 的总比分获胜。

2016 年末至 2017 年初,AlphaGo 在中国棋类网站上以"大师"(Master)为注册账号与中、日、韩数 10 位围棋高手进行快棋对决,连续 60 局无一败绩。

2017 年 5 月,在中国乌镇围棋峰会上,AlphaGo 与世界排名第一的柯洁对战,以 3∶0 的总比分获胜。围棋界公认 AlphaGo 的棋力已经超过人类职业围棋的顶尖水平,在 GoRatings 网站公布的世界职业围棋排名中,其等级分曾超过排名人类第一的棋手柯洁。

2017 年 10 月 18 日,Deep Mind 团队公布了最强版 AlphaGo——AlphaGo Zero。

AlphaGo 的主要工作原理是深度学习。美国 Meta 公司"黑暗森林"围棋软件的开发者田渊栋在网上发表分析文章说,AlphaGo 系统主要由几部分组成:①策略网络(Policy Network)——给定当前局面,预测并采样下一步的走棋;②快速走子(Fastrollout)——目标和策略网络一样,但在适当牺牲走棋质量的条件下,速度要比策略网络快 1000 倍;③价值网络(Value Network)——给定当前局面,估计是白胜概率大还是黑胜概率大;④蒙特卡洛树搜索(Monte Carlo Tree Search)——把以上这三部分连起来,形成一个完整的系统。

AlphaGo 与"深蓝"等此前所有类似软件相比,最本质的不同是什么? 这就是"深蓝"等软件是要向人类师傅学习的,也就是采用有监督学习;而 AlphaGo 采用无监督学习,不需要人类师傅,甚至不需要看任何人类棋谱,它能够根据以往的经验来不断优化算法,梳理决策模式,吸取比赛经验,并通过自己与自己下棋来强化学习。

7.7.4 人工智能研究中的"果蝇"

从 1950 年香农教授提出为计算机象棋博弈编写程序开始,游戏人工智能就是人工智能技术研究的前沿,成为人工智能研究中最好的试验场,被誉为人工智能界的"果蝇",推动着人工智能技术的发展,其主要原因有以下几点。

一是游戏非常复杂,能够让人工智能大显身手。对于可能有的棋局数来说,一字棋是

$9!$,西洋跳棋是 10^{78},国际象棋是 10^{120},围棋是 10^{761}。在人们的想象中,计算机为了保证最后的胜利,可以将所有可能的走法都尝试一遍,然后选择最佳走法。但实际上是不可能做到的,因为这样计算机所付出的时空代价十分惊人。假设每步可以搜索一个棋局,用极限并行速度(10^{-104} 年/步)来处理,搜索一遍国际象棋的全部棋局也要 10^{16} 年,即 1 亿亿年才可以算完,而已知的宇宙寿命才 100 亿年。由此看来,必须研究模拟人类智能的启发式方法求解。

二是人工智能算法在游戏中容易实现,特别是人工智能算法产生错误不会产生重大损失。例如,2016 年 3 月,AlphaGo 在与李世石的对弈中连胜 3 局,当时人们普遍认为接下来的 2 场比赛李世石必输无疑。但在第四 4 比赛中,李世石却在 78 手用一手打入黑子内部的"神来一手",点中了 AlphaGo 的 bug,导致其方寸大乱,不得不中盘认输,就此扳回一局。事后分析表明,AlphaGo 犯了一个初学者都不应该犯的错误。但即使 AlphaGo 犯了错误,也只是输了一场比赛。如果是人工智能应用在工程中,特别是在航空航天中发生了错误,将产生巨大的损失。

在游戏中获得成功的许多人工智能技术可以应用于各个领域。2017 年 5 月 27 日,在柯洁与 AlphaGo 的人机大战之后,AlphaGo 团队宣布 AlphaGo 将不再参加围棋比赛,因为人类棋手已经远远不是 AlphaGo 的对手。谷歌 DeepMind 首席执行官戴密斯·哈萨比斯宣布要将 AlphaGo 和医疗、机器人等进行结合。例如,哈萨比斯于 2016 年初为英国的初创公司"巴比伦"投资了 2500 万美元。巴比伦正在开发医生或患者说出症状后,在互联网上搜索医疗信息、寻找诊断和处方的人工智能应用程序。如果 AlphaGo 和巴比伦结合,诊断的准确度将得到划时代的提高。利用人工智能技术可能攻克现代医学中存在的种种难题。在现有医疗资源的条件下,人工智能的深度学习已经展现出了潜力,可以为医生提供辅助工具。

7.7.5　扫雷机人工智能游戏开发

扫雷机工作在一个很简单的环境中,里面只有若干扫雷机和随机散布的许多地雷。游戏设计目标是设计一个 BP 神经网络,能够自己演化去寻找地雷。基本方法是用一个 BP 神经网络控制一个扫雷机,它的权值用遗传算法进行演化,使扫雷机更聪明。

可以把扫雷机看成与坦克一样,通过左右两个能够转动的履带式轮轨来行动。通过改变两个轮轨的相对速度来控制扫雷机向前进的速度以及向左或者向右转弯的角度。因此,选择左右两个履带轮的速度作为 BP 神经网络的两个输出。

这里为每个扫雷机装上触觉器,从而能够避开障碍物。这里的触觉器是从扫雷机向外辐射出来的几根线段,线段的长度和数目都是可以调整的。

在每一帧中都要调用一个函数来检测每个触觉器是否与周围世界的障碍物的边界线相交。这些触觉器将检测到的数据输入扫雷机的神经网络。因此,选择控制扫雷机的输入信息是扫雷机的视线向量和从扫雷机到达其最近地雷的向量这 4 个参数。

选择几个(如 10 个)神经元作为隐藏,构成一个三层 BP 神经网络,神经元的非线性函数取 S 型函数。

可以将神经网络的所有输入进行规范化。扫雷机的视线向量已经是一个规范化向量,即长度等于 1,分量都在 0 到 1 之间。而从扫雷机到达其最近地雷的向量可能很大,其中的一个分量甚至可能达到窗体宽度或者高度。如果把这个数据以它的原始状态输入网络,将使它的影响比实线向量大很多,会使网络性能变差,因此需要把它规范化,变换到 0 到 1 之间。

首先随机设置权值,然后用遗传算法进行进化。对上面得到的神经网络从左到右依次读取每一层神经元的权值以及阈值,保存到一个向量中,就实现了神经网络的编码。然后采用各种方法进行选择、交叉与变异。当产生新的一代后,就用新个体表示的权值替换扫雷机神经网络的权值。当某个扫雷机找到了地雷后,就增加它的适应度。扫雷机对应的神经网络不断进化,扫雷机的智能就不断提高。

可以用神经网络解决许多游戏中的避障和搜索这两个人工智能问题。扫雷机游戏中增加了一些要求扫雷机躲避的障碍物,障碍物的顶点坐标存放在一个缓冲区里。

设置适应性函数反映扫雷机与障碍物的碰撞情况,适应度值越高,表示扫雷机的避障性能越好。如果扫雷机产生一次碰撞,就降低这个扫雷机的适应度值。

习题

一、选择题

1. 人工智能研究的以下哪个领域专注于模拟专家的决策能力?(　　)

　　A. 机器学习　　　　B. 专家系统　　　C. 自然语言处理　　D. 计算机视觉

2. 以下哪个不是知识图谱的组成部分?(　　)

　　A. 实体　　　　　　B. 关系　　　　　C. 属性　　　　　　D. 算法

3. 以下哪项技术主要用于模拟人类的感知能力?(　　)

　　A. 语音识别　　　　B. 机器翻译　　　C. 计算机视觉　　　D. 专家系统

4. 以下哪个算法是深度学习中常用的网络结构?(　　)

　　A. 决策树　　　　　　　　　　　　　B. 支持向量机

　　C. 卷积神经网络　　　　　　　　　　D. 随机森林

5. 专家系统的开发和应用主要面临哪些挑战?(　　)

　　A. 高计算成本　　　　　　　　　　　B. 知识获取难题

　　C. 用户接受度低　　　　　　　　　　D. 缺乏实际应用场景

6. 以下哪个应用不属于计算机视觉的常见应用?(　　)

　　A. 人脸识别　　　　B. 物体检测　　　C. 语音识别　　　　D. 图像分割

7. 在计算机视觉中,以下哪个技术主要用于提高图像识别的准确性?(　　)

　　A. 数据增强　　　　B. 迁移学习　　　C. 知识蒸馏　　　　D. 特征选择

8. 以下哪个模型不是自然语言处理中常用的模型?(　　)

　　A. 循环神经网络　　　　　　　　　　B. 长短期记忆网络

　　C. 卷积神经网络　　　　　　　　　　D. 决策树

9. 以下哪个不是深度学习中的常见网络结构?(　　)

　　A. 多层感知器　　　　　　　　　　　B. 卷积神经网络

　　C. 循环神经网络　　　　　　　　　　D. 深度信念网络

10. 以下哪个框架不是用于构建和训练深度学习模型的?(　　)

　　A. TensorFlow　　B. PyTorch　　C. Scikit-learn　　D. Keras

11. 以下哪个算法不是模拟自然界生物特性的算法?(　　)

　　A. 遗传算法　　　　　　　　B. 粒子群优化

　　C. 蚁群算法　　　　　　　　D. 梯度下降算法

12. 以下哪个事件不是人工智能在游戏中的里程碑事件？（　　　）

　　A. "深蓝"战胜卡斯帕罗夫　　B. AlphaGo 战胜李世石

　　C. 人工智能在《模拟人生》中的应用　D. 电子游戏的发明

二、简答题

1. 人工智能的定义是什么？请简述其发展历程中经历的几个主要阶段。

2. 知识图谱在人工智能中扮演什么角色？请解释其基本构成。

3. 描述机器感知和机器行为在人工智能领域中的重要性和应用。

4. 解释机器学习和深度学习之间的关系及其在现代人工智能中的重要性。

5. 专家系统的定义是什么？请简述其在特定领域中的作用。

6. 计算机视觉的主要任务包括哪些？请列举并简述其中至少 3 个。

7. 知识图谱在计算机视觉任务中扮演什么角色？请举例说明。

8. 计算机视觉中的深度学习技术如何帮助实现复杂场景的理解？

9. 自然语言理解在人工智能领域中的重要性是什么？请简述其关键技术。

10. 人工神经网络的基本原理是什么？请简述其在机器学习中的应用。

11. 遗传算法在解决优化问题时的基本思想是什么？请简述其主要特点。

12. 游戏中的人工智能技术如何增强游戏的可玩性和用户体验？

三、课外练习与阅读

1. 对于计算机视觉、自然语言处理、专家系统等人工智能研究领域，运用 Python 语言设计一个人工智能应用的程序，如人脸识别、网络爬虫、知识图谱等。

2. 思考如何综合运用人工智能、物联网、大数据技术解决智能矿山或者智慧交通领域的问题。

参 考 文 献

[1] 杨军. 城市轨道交通客流大数据理论与应用[M]. 北京：科学出版社，2023.

[2] 赵学军，武岳，刘振晗. 计算机技术与人工智能基础[M]. 北京：北京邮电大学出版社，2020.

[3] 彭涛，刘畅. 人工智能概论[M]. 北京：清华大学出版社，2023.

[4] 王移芝，桂小林，王万良，等. 大学计算机[M]. 7版. 北京：高等教育出版社，2022.

[5] 李德毅，于剑. 人工智能导论[M]. 北京：中国科学技术出版社，2018.

[6] 刘添华，刘宇阳. 大学计算机——计算思维视角[M]. 北京：清华大学出版社，2024.

[7] 王万良. 人工智能通识教程[M]. 北京：清华大学出版社，2020.

[8] 王万良. 人工智能导论[M]. 5版. 北京：高等教育出版社，2020.

[9] 尼克. 人工智能简史[M]. 2版. 北京：人民邮电出版社，2021.

[10] 申艳光，王彬丽，宁振刚. 大学计算机——计算文化与计算思维基础[M]. 北京：清华大学出版社，2017.

[11] 申艳光，刘志敏，薛红梅，等. 大学计算机——计算思维导论[M]. 北京：清华大学出版社，2019.

[12] 丛晓红，郭江鸿. 大学计算机基础[M]，北京：清华大学出版社，2010.

[13] 陈国良. 计算思维导论[M]. 北京：高等教育出版社，2012.

[14] 宗成庆. 统计自然语言处理[M]. 2版. 北京：清华大学出版社，2018.

[15] 邱锡鹏. 神经网络与深度学习[M]. 北京：机械工业出版社，2020.

[16] 赵军. 知识图谱[M]. 北京：高等教育出版社，2018.

[17] 周志华. 机器学习[M]. 北京：清华大学出版社，2016.

[18] 李航. 机器学习方法[M]. 北京：清华大学出版社，2012.

[19] 郭昕，孟晔. 大数据的力量[M]. 北京：机械工业出版社，2013.

[20] 陈明. 大数据概论[M]. 北京：科学出版社，2014.

[21] 鲁凌云. 计算机网络基础应用教程[M]. 北京：清华大学出版社，2012.

[22] 嵩天. Python语言程序设计基础[M]. 2版. 北京：高等教育出版社，2017.

[23] 江红，余青松. Python程序设计与算法基础教程[M]. 2版. 北京：清华大学出版社，2019.

[24] 唐朔飞. 计算机组成原理[M]. 3版. 北京：高等教育出版社，2020.

[25] 董付国. Python程序设计[M]. 2版. 北京：清华大学出版社，2016.

[26] Donaldson T，袁国忠. Python编程入门[M]. 3版. 北京：人民邮电出版社，2013.

[27] 胡明庆，高巍，钟梅. 操作系统教程与实验[M]. 北京：清华大学出版社，2007.

[28] 刘亚辉，郭祥云，赵庆聪. Python从入门到数据分析应用(项目案例·微课视频版)[M]. 北京：清华大学出版社，2023.